高职高专"十三五"规划教材

电力拖动控制技术（项目化教程）

马志敏 主编
周晓娟 黄志平 副主编

化学工业出版社
·北京·

本书将低压电器、三相交流异步电动机基本控制电路、单相交流异步电动机典型控制电路、交流异步电动机的调速等分散在各门课程中，将专业知识与内容进行了有效融合，采用项目教学、任务驱动的方式编写，对传统教学内容进行了压缩和项目化改革，形成了5个项目39个任务，既方便了老师的教学，也提高了学生的学习兴趣，是现在职业教育急需的新型教改教材。

本书通过10类常用的低压电器、18种三相交流异步电动机的基本控制电路、单相交流异步电动机的6类典型电路、三相交流异步电动机的7种调速方法、单相交流异步电动机的6种调速方法的教学及课程设计，真正做到"一体化"教学，学生毕业后就能与工作岗位"无缝对接"，有效地解决学用脱节问题。

本书可供高职高专、中职技师学校机电类相关专业教学用书。

图书在版编目（CIP）数据

电力拖动控制技术（项目化教程）/马志敏主编. —北京：化学工业出版社，2016.6（2025.2重印）

高职高专"十三五"规划教材

ISBN 978-7-122-26966-9

Ⅰ.①电… Ⅱ.①马… Ⅲ.①电力拖动-自动控制系统-高等职业教育-教材 Ⅳ.①TM921.5

中国版本图书馆CIP数据核字（2016）第106001号

责任编辑：王听讲　　装帧设计：韩　飞

责任校对：宋　夏

出版发行：化学工业出版社（北京市东城区青年湖南街13号　邮政编码100011）

印　　装：北京盛通数码印刷有限公司

787mm×1092mm　1/16　印张16¼　字数427千字　2025年2月北京第1版第7次印刷

购书咨询：010-64518888　　售后服务：010-64518899

网　　址：http://www.cip.com.cn

凡购买本书，如有缺损质量问题，本社销售中心负责调换。

定　　价：45.00元

前 言

本书根据职业教学要求，在内容的选择和处理上，贯彻浅显易懂、少而精、知识体系结构完整、理论联系实际和学以致用的原则，将低压电器、三相交流异步电动机基本控制电路、单相交流异步电动机典型控制电路、交流异步电动机的调速等分散在各门课程中将专业知识与内容进行了有效融合，采用项目教学、任务驱动的方式编写，对传统教学内容进行了压缩和项目化改革，既方便了老师的教学，也提高了学生的学习兴趣，是现在职业教育急需的新型教改教材。

本书与同类传统教材相比，体现了以下编写特色。

1. 紧扣中、高等职业教育目标，对课程体系进行整体优化、精选内容，选取最基本的概念、原理、元器件和常用典型电路及大量应用实例作为教学内容。

2. 在课程结构上打破了原有课程体系，以能力培养为主线，通过5个项目39个教学任务，将电力拖动课程的内容进行重新整合，进而达到有机联系、渗透和互相贯通，并且以实训取代验证性的实验，提高学生对所学知识的应用能力。

3. 完全取消纯理论性的计算，突出典型控制线路的设计、安装和调试等实用知识，采用新标准，体现了教材的实用性、先进性及广泛适用性。

4. 本书编写队伍教学经验丰富，主编马志敏老师是国家级电工与电子技术专业学科带头人、教育部中国教育学会学术研究员、国家职业技能鉴定考评员、吉林省工业技师学院机电技术应用专业建设委员会委员，拥有近30年一线教学经验。

我们将为使用本书的教师免费提供电子教案等教学资源，需要者可以到化学工业出版社教学资源网站 http：//www.cipedu.com.cn 免费下载使用。

本书由吉林省工业技师学院马志敏任主编，河南机电职业学院周晓娟及广东河源技师学院黄志平任副主编，吉林省工业技师学院孙艳雪、罗颖、刘超参加编写。

由于学识水平有限，不妥之处在所难免，敬请读者批评指正。

编　者

2016年4月

目　录

项目一　常用低压电器 …… 1

任务 1　认识熔断器 …… 4
任务 2　认识刀开关 …… 11
任务 3　认识断路器 …… 17
任务 4　认识按钮 …… 22
任务 5　认识行程开关 …… 27
任务 6　认识主令控制器 …… 32
任务 7　认识转换开关 …… 35
任务 8　认识接触器 …… 38
任务 9　认识继电器 …… 45
任务 10　认识其他低压电器 …… 59

项目二　三相异步电动机典型控制电路 …… 66

任务 1　用空气开关控制的手动正转控制电路的安装与调试 …… 66
任务 2　点动控制电路的安装与调试 …… 74
任务 3　长动控制电路的安装与调试 …… 84
任务 4　多地控制电路的安装与调试 …… 95
任务 5　长点兼容控制电路的安装与调试 …… 108
任务 6　顺序控制电路的安装与调试 …… 112
任务 7　倒顺开关控制正反转电路的安装与调试 …… 122
任务 8　电气互锁正反转电路的安装与调试 …… 126
任务 9　机械互锁正反转电路的安装与调试 …… 132
任务 10　双重互锁正反转控制电路的安装与调试 …… 137
任务 11　行程限位控制电路的安装与调试 …… 143
任务 12　自动往返控制电路的安装与调试 …… 149
任务 13　Y—△降压启动控制电路的安装与调试 …… 154
任务 14　串电阻降压启动控制电路的安装与调试 …… 159
任务 15　自耦变压器降压启动控制电路的安装与调试 …… 164
任务 16　电磁抱闸制动控制电路的安装与调试 …… 169
任务 17　单向启动反接制动控制电路的安装与调试 …… 173
任务 18　无变压器能耗制动控制电路的安装与调试 …… 178

项目三　单相异步电动机典型控制电路 …… 183

任务 1　认识单相异步电动机 …… 183
任务 2　单相电阻启动异步电动机的安装与调试 …… 198
任务 3　单相电容启动异步电动机的安装与调试 …… 207
任务 4　单相电容运转异步电动机的安装与调试 …… 212
任务 5　单相电容启动和运转异步电动机的安装与调试 …… 214
任务 6　单相罩极式异步电动机的安装与调试 …… 219
任务 7　单相串激异步电动机的安装与调试 …… 221

项目四　交流异步电动机的调速 …… 225

任务 1　三相异步电动机的调速 …… 225
任务 2　单相异步电动机的调速 …… 234

项目五　课程设计 …… 243

任务 1　了解电力拖动设计的一般原则和方法 …… 243
任务 2　电力拖动课程设计 …… 247

参考文献 …… 254

项目一

常用低压电器

【相关知识】

一、电力拖动

拖动是指驱动、控制；电力拖动是指用电能来驱动和控制生产机械；电力拖动设施由电动机、电动机的控制设备和保护设备以及电动机与生产机械的传动装置 3 个部分组成。

在电力拖动的运动环节中生产机械对电动机运转的要求主要有：启动、改变运动的速度（调速）、改变运动的方向（正反转）和制动等。

电能是现代工业生产的主要能源和动力，电动机是将电能转换为机械能来拖动生产机械的驱动元件。

电动机与其他原动力（如内燃机、蒸汽机等）相比，电动机的控制方法更为简便并可实现遥控和自动控制。

二、电力拖动系统

电力拖动系统是用电动机拖动生产机械运动的系统，主要由：电动机、传动机构和控制设备三个基本环节组成。

电动机与传动机构以及控制设备三者之间的关系如图 1-1 所示。

由于开环的电力拖动系统无反馈装置，只有闭环的电力拖动系统中使用反馈装置，图 1-1 中的反馈装置及反馈控制方向用虚线表示。图中点画线框内为电力拖动系统。

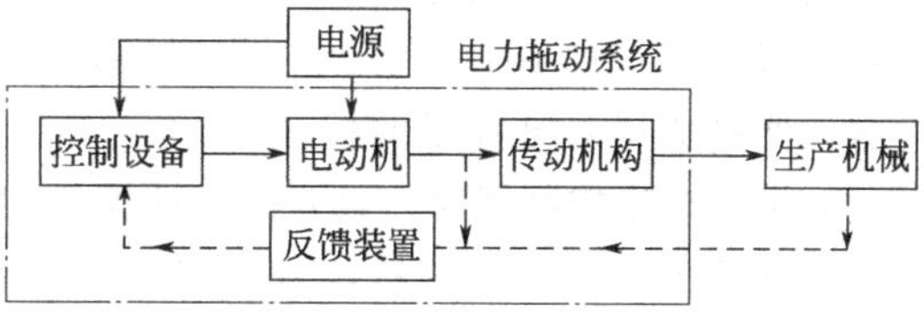

图 1-1　电动机与传动机构以及控制设备三者之间的关系

三、电力拖动系统的控制方式

1. 继电器——接触器式有触点断续控制

电力拖动的控制方式是由手动控制逐步向自动控制方向发展的，最初的自动控制是用数量不多的继电器、接触器及简单的保护元件组成的继电器——接触器系统，由于继电器、接触器均为有触点的控制电器，所以又称为有触点控制系统。这种控制具有使用的单一性，即一台（套）控制装置只适用于某一固定控制程序的设备，如果控制程序要发生变化，必须重新接线。而且这种控制的输入、输出信号只有通和断两种状态，所以这种控制是断续的，又称为断续控制。

2. 连续控制

为了使控制系统具有良好的静态特性和动态特性，常采用反馈控制系统。反馈控制系统由连续控制元件作为反馈装置，它不仅能反映信号的通、断状态，还能反映信号的大小和强弱的变化。这种由连续控制元件组成的反馈控制系统成为闭环控制系统，又称为连续控制系统。

3. 可编程无触点断续控制

20 世纪 60 年代出现了顺序控制器，它能根据生产的需要灵活的改变程序，使控制系统具有较大的灵活性和通用性。但是，顺序控制器仍然采用的是硬件手段（有触点），而且体积大，功能也受到了一定的限制。

1968年，美国通用汽车公司（GM）为了适用生产工艺不断更新的需要，希望用电子化的新型控制器代替继电器控制装置，并对新型控制器提出了“编程简单方便、可现场修改程序、维护方便、采用插件式结构、可靠性要高于继电器控制装置”等10项具体要求。

1969年，美国数字设备公司（DEC）根据上述要求，研制出了世界上第一台可编程控制器，并成功运用到美国通用汽车公司的生产线上。其后日本、德国等国家相继研制出可编程控制器。

早期的可编程控制器是为了取代继电器控制系统，仅有逻辑运算、顺序控制、计时、计数等功能，因而称为可编程逻辑控制器（PLC）。

20世纪80年代，随着大规模集成电路和微型计算机技术的发展，在PLC中采用微处理器，使可编程逻辑控制器的功能大大加强，远远超出了逻辑控制、顺序控制的范围，具有计算机功能，故称为可编程控制器（PC）。为了与个人计算机PC区别开来，将可编程控制器仍称为PLC。

4. 计算机自动控制

计算机自动控制就是在整个自动控制系统中的比较器和控制器这两个很重要的环节运用计算机来代替，使之成为一个完整的计算机自动控制系统。

计算机自动控制在整个自动控制系统中的位置与关系如图1-2所示。

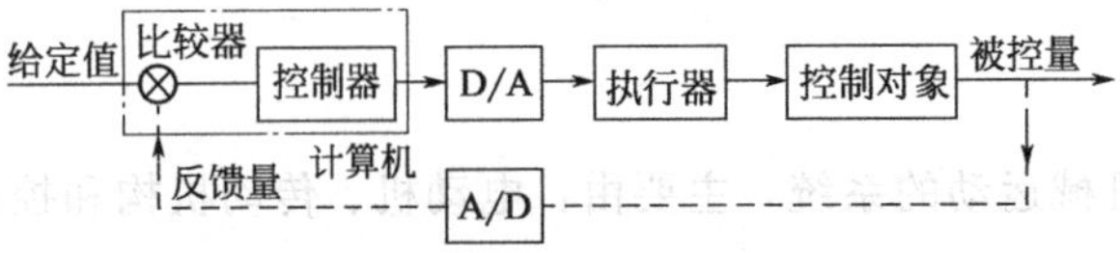

图1-2 计算机自动控制在整个自动控制系统中的位置与关系

在计算机控制的系统中充分利用了计算机的运算、逻辑判断和记忆功能。在系统中的给定值和反馈量都是二进制数字信号，因而从被控量取样的信号要经过将模拟量转换为数字量的A/D转换器。

当计算机接收了给定值和反馈量后，运用计算机中微处理器的各种指令，就能将两者的偏差进行运算（如PID运算），再经过将数字信号转换成模拟信号的D/A转换器输出到执行器，便完成了对被控量的控制。

如果要改变控制规律，只要改变计算机的程序就可以了，这就是计算机控制的最大优点。

从本质上分析，计算机控制过程可以归纳为三个方面。

(1) 实时数据采集。对被控量的瞬时值进行检测并即时输入。

(2) 实时决策。对实时的给定值与被控量的实时数据进行比对，并按已确定的控制规律等因素来决定实时的控制过程。

(3) 实时控制。根据决策适时地对执行器发出控制信号。所谓实时是指信号的输入、计算和输出都在一定的时间内（采样间隙）完成。采样、决策、控制这三个过程不断重复，使整个系统能按一定的动态（过渡过程）指标进行工作，而且可对被控量和设备本身所出现的异常状态及时进行监督并迅速做出处理。这就是计算机控制系统最基本的功能。

注意：一般无特别说明的情况下，电力拖动就是指继电器-接触器式有触点断续控制，简称继电器-接触器控制，不包括连续控制、可编程无触点断续控制以及计算机自动控制。

综上，电力拖动其实就是要研究如何用各种电器来使电动机按着预想的方式运转，从而带动机械按着工艺要求运行。

四、电器

电器就是一种能根据外界的信号和要求，手动或自动地接通或断开电路，实现对电路或非电对象的切换、控制、保护、检测和调节的元件或设备。通常分为低压电器和高压电器两类。

低压电器是指工作在交流额定电压1200V及以下、直流额定电压1500V及以下的电器；高压电器是指工作在交流额定电压1200V以上、直流额定电压1500V以上的电器。电力拖动中使用的电器一般均是低压电器。

五、低压电器分类

（一）按低压电器的用途和所控制的对象分

1. 低压配电电器

包括低压开关、低压熔断器等，主要用于低压配电系统及动力设备中。

2. 低压控制电器

包括接触器、继电器、电磁铁等，主要用于电力拖动及自动控制系统中。

（二）按低压电器的动作方式分

1. 自动切换电器

依靠电器本身参数的变化或外来信号的作用，自动完成接通或分断等动作的电器，如接触器、继电器等。

2. 非自动切换电器

主要依靠外力（如手动）直接操作来进行切换的电器，如按钮、低压开关等。

（三）按低压电器的执行机构分

1. 有触点电器

具有可分离的动触点，主要利用触点的接触和分离来实现电路的接通和断开控制，如接触器、继电器等。

2. 无触点电器

没有可分离的触点，主要利用半导体元器件的开关效应来实现电路的通断控制，如接近开关、固态继电器等。

（四）按工作原理分

1. 电磁式电器

根据电磁感应原理动作的电器，如接触器、继电器、电磁铁等。

2. 非电量控制电器

依靠外力或非电量信号（如速度、压力、温度等）的变化而动作的电器，如转换开关、行程开关、速度继电器、压力继电器、温度继电器等。

（五）按低压电器型号分

为了便于了解文字符号和各种低压电器的特点，采用我国《国产低压电器产品型号编制办法》的分类方法，将低压电器分为13个大类。每个大类用一位汉语拼音字母作为该产品型号的首字母，第二位汉语拼音字母表示该类电器的各种形式。

(1) 刀开关H，例如HS为双投式刀开关（刀型转换开关），HZ为组合开关。

(2) 熔断器R，例如RC为瓷插式熔断器，RM为密封式熔断器。

(3) 断路器D，例如DW为万能式断路器，DZ为塑壳式断路器。

(4) 控制器K，例如KT为凸轮控制器，KG为鼓型控制器。

(5) 接触器C，例如CJ为交流接触器，CZ为直流接触器。

(6) 启动器Q，例如QJ为自耦变压器降压启动器，QX为星-三角启动器。

(7) 控制继电器J，例如JR为热继电器，JS为时间继电器。

(8) 主令电器 L，例如 LA 为按钮，LX 为行程开关。

(9) 电阻器 Z，例如 ZG 为管型电阻器，ZT 为铸铁电阻器。

(10) 变阻器 B，例如 BP 为频敏变阻器，BT 为启动调速变阻器。

(11) 调整器 T，例如 TD 为单相调压器，TS 为三相调压器。

(12) 电磁铁 M，例如 MY 为液压电磁铁，MZ 为制动电磁铁。

(13) 其他 A，例如 AD 为信号灯，AL 为电铃。

六、低压电器的常用术语

(1) 通断时间。从电流开始在开关电器的一个极流过的瞬间起，到所有极的电弧最终熄灭的瞬间为止的时间间隔。

(2) 燃弧时间。电器分断过程中，从触头断开（或熔体熔断）出现电弧的瞬间开始，至电弧完全熄灭为止的时间间隔。

(3) 分断能力。开关电器在规定的条件下，能在给定的电压下分断的预期分断电流值。

(4) 接通能力。开关电器在规定的条件下，能在给定的电压下接通的预期接通电流值。

(5) 通断能力。开关电器在规定的条件下，能在给定的电压下接通和分断的预期电流值。

(6) 短路接通能力。在规定的条件下，包括开关电器的出线端短路在内的接通能力。

(7) 短路分断能力。在规定的条件下，包括开关电器的出线端短路在内的分断能力。

(8) 操作频率。开关电器在每小时内可能实现的最高循环操作次数。

(9) 通电持续率。开关电器的有载时间和工作周期之比，常以百分数表示。

(10) 电寿命。在规定的正常条件下，机械开关电器不需要修理或更换的负载操作循环次数。

任务1 认识熔断器

学习目标

① 熟悉低压熔断器的功能、基本结构、工作原理及型号含义；

② 熟记低压熔断器的图形符号和文字符号；

③ 能够正确识别、选择、安装、使用低压熔断器。

工作任务

首先，学习低压熔断器的功能、基本结构、工作原理及型号含义；熟记低压熔断器的图形符号和文字符号。其次，要做到能够正确识别、选择、安装、使用低压熔断器。

任务实施

【知识准备】

一、低压熔断器

低压熔断器的作用是在线路中作短路保护，通常简称为熔断器。短路是由于电气设备或导线的绝缘损坏而导致的电流不经负载从电源一端直接流回另一端的现象，是一种严重的电气事故。使用时，熔断器应该串联在被保护的电路中。正常情况下，熔断器的熔体相当于一段导线；当电路发生短路故障时，熔体迅速熔断分开电路，从而起到保护线路和电气设备的作用。

二、熔断器的结构和工作原理

（一）结构

熔断器一般由熔断体和底座组成。熔断体主要包括熔体、填料（有的没有填料）、熔管、触刀、盖板、熔断指示器等部件。熔断器结构图如图 1-3 所示。

熔体是熔断器的主要组成部分，常做成丝状、片状或栅状。熔体的材料通常有两种，一种是由铅、铅锡合金或锌等低熔点材料制成，多用于小电流电路；另一种是由银、铜等较高熔点的金属制成，多用于大电流电路。熔管是熔体的保护外壳，由耐热绝缘材料制成，在熔体熔断时兼有灭弧作用。熔座是熔断器的底座，主要起固定熔管和外接引线的作用。

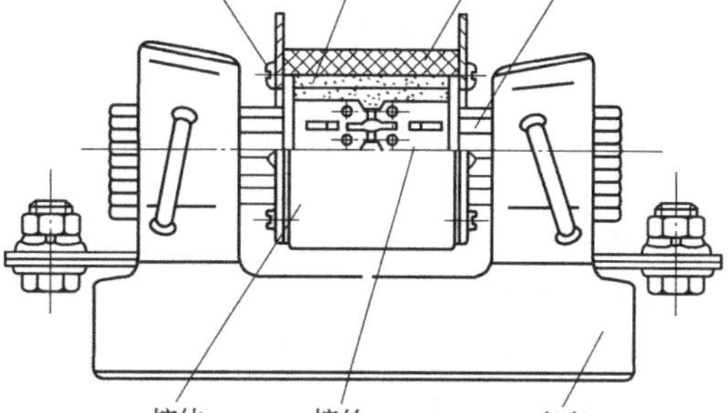

图 1-3　熔断器结构图

（二）工作原理

熔断器使用时利用金属导体作为熔体串联在被保护的电路中，当电路发生短路或严重过载故障时，通过熔断器的电流超过某一规定值时，以其自身产生的热量使熔体熔断，从而自动分断电路，起到保护作用。

注意：熔断器对过载反应是很不灵敏的，当电气设备发生轻度过载时，熔断器将持续很长时间才熔断，有时甚至不熔断。因此，除在照明电路中外，熔断器一般不宜用作过载保护，主要用作短路保护。

三、常用的低压熔断器

熔断器按结构形式分为半封闭插入式、无填料封闭管式、有填料封闭管式和自复式四类。

（一）RC1A 系列插入式熔断器（瓷插式熔断器）

1. 型号（图 1-4）

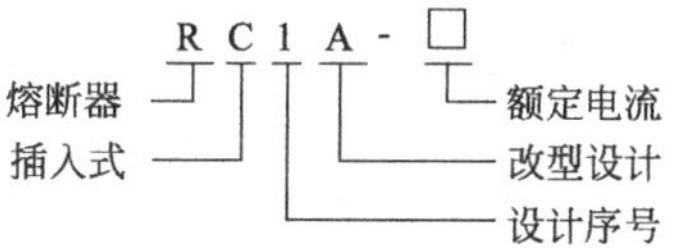

图 1-4　RC1A 系列插入式熔断器型号

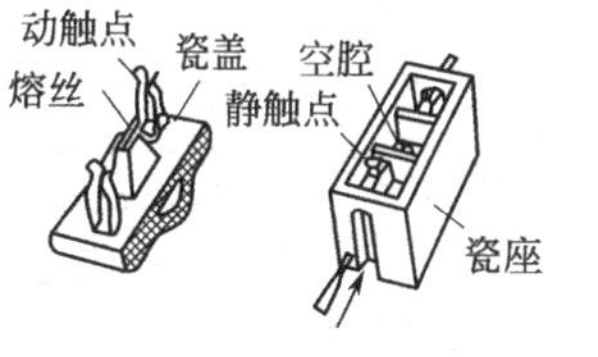

图 1-5　RC1A 系列插入式熔断器结构

2. 结构

RC1A 系列插入式熔断器是将熔丝用固定螺丝固定在瓷盖上，然后插入底座，它由瓷座、瓷盖、动触点、静触点及熔丝五部分组成，其结构如图 1-5 所示。

3. 用途

RC1A 系列插入式熔断器一般用在交流 50Hz、额定电压 380V 及以下，额定电流 200A

及以下的低压线路末端或分支电路中，作为电气设备的短路保护及一定程度的过载保护。

（二）RL1 系列螺旋式熔断器

1. 型号（图 1-6）

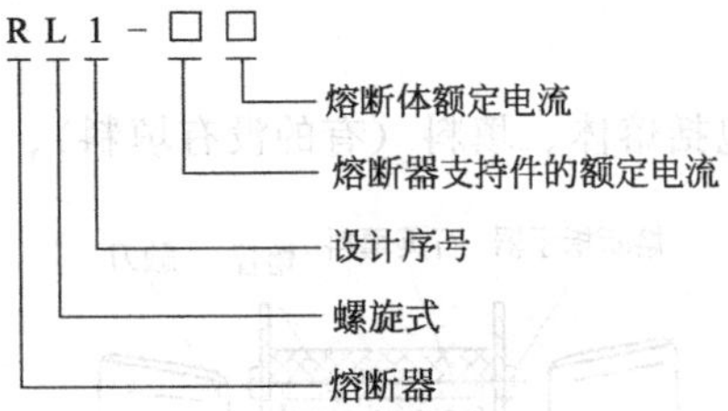

图 1-6　RL1 系列螺旋式熔断器型号

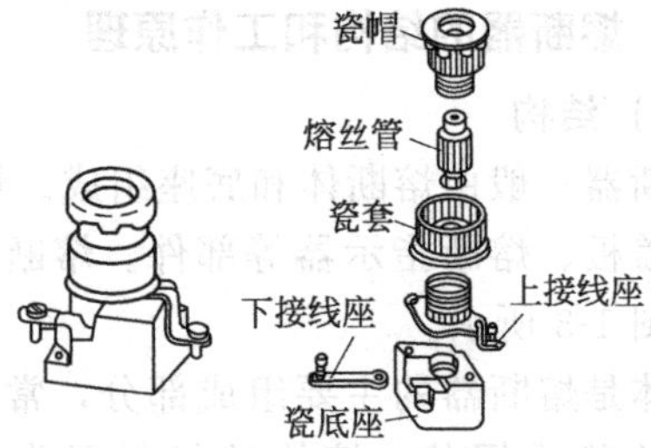

图 1-7　RL1 系列螺旋式熔断器的外形和结构

2. 结构

RL1 系列螺旋式熔断器属于有填料封闭管式，其外形和结构如图 1-7 所示。它主要由瓷帽、熔断管、瓷套、上接线座、下接线座及瓷座等部分组成。

当熔断器的熔体熔断的同时，金属丝也熔断，弹簧释放，把指示件顶出，以显示熔断器已经动作。熔体熔断后，只要旋开瓷帽，取出已熔断的熔体，装上与此相同规格的熔体，再旋入瓷座内即可正常使用，操作安全方便。

3. 用途

RL1 系列螺旋式熔断器广泛应用于控制箱、配电屏、机床设备及振动较大的场合，在交流额定电压 500V、额定电流 200A 及以下的电路中，作为短路保护器件。

（三）RM10 系列无填料封闭管式熔断器

1. 型号（图 1-8）

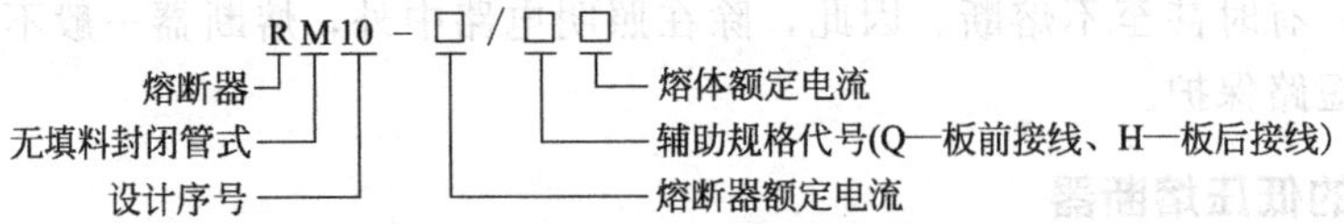

图 1-8　RM10 系列无填料封闭管式熔断器型号

2. 结构

RM10 系列无填料封闭管式熔断器主要由纤维管、变截面的锌熔片、夹头及夹座等部分组成。RM10 型熔断器的外形与结构如图 1-9 所示。这种结构的熔断器具有以下两个特点：一是采用变截面锌片作熔体，将熔片冲制成宽窄不一的变截面是为了改善熔断器的保护性能；二是采用纤维管作熔管，当熔片熔断时，纤维管内壁在电弧热量的作用下产生高压气体，压迫电弧，加强离子的复合，从而改善了灭弧的特性，使电弧熄灭。

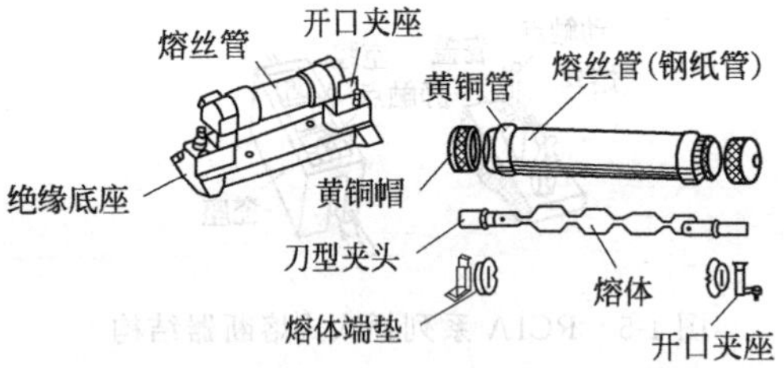

图 1-9　RM10 型熔断器的外形与结构

3. 用途

RM10 系列无填料封闭管式熔断器适用于交流 50Hz、额定电压 380V 或直流额定电压 440V 及以下电压等级的动力网络和成套配电设备中，作为导线、电缆及较大容量电气设备的短路和连续严重过载保护。

（四）RT0 系列有填料封闭管式熔断器

1. 型号（图 1-10）

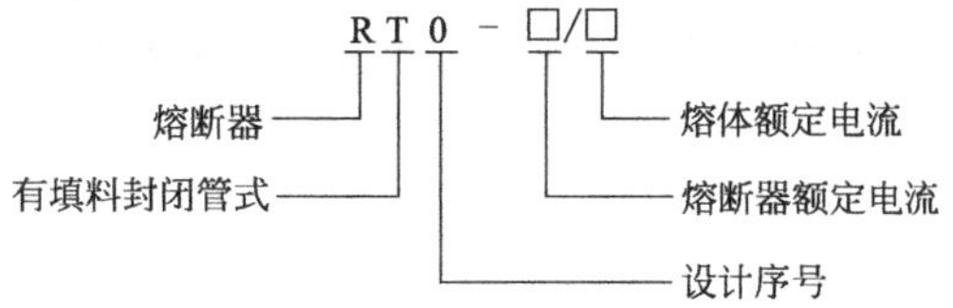

图 1-10　RT0 系列有填料封闭管式熔断器型号

2. 结构

RT0 系列有填料封闭管式熔断器主要由瓷熔管、栅状铜熔体和触点底座等部分组成，其外形与结构如图 1-11 所示。

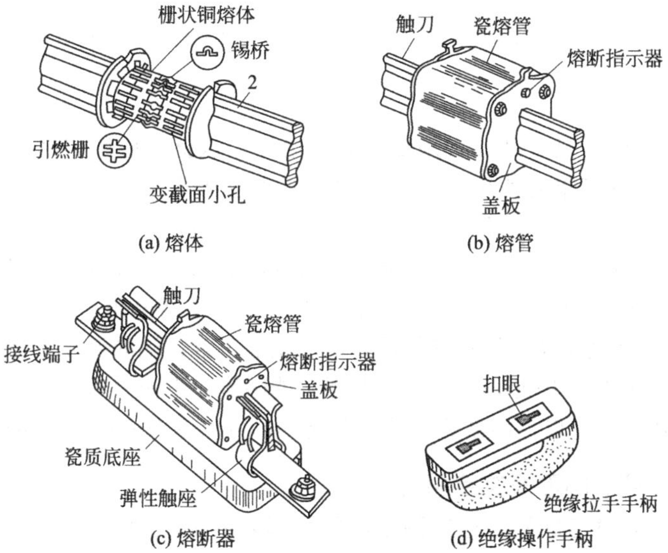

图 1-11　RT0 系列有填料封闭管式熔断器的外形与结构

RT0 型熔断器的熔体是栅状紫铜片，中间用锡桥连接，即在栅状紫铜熔体中部弯曲处焊有锡层。具有引燃栅，由于它的等电位作用可使熔体在短路电流通过时形成多根并联电弧，熔体上还有若干变截面小孔，可使熔体在短路电流通过时在截面较小的地方先熔断，形成多段短弧。在熔体周围填满了石英砂，由于冷却和狭沟的作用使电弧中的离子强烈复合，迅速灭弧。这种熔断器的灭弧能力很强，具有限流的作用，即在短路电流还未达到最大值时就能完全熄灭电弧。又由于在工作熔体（铜熔丝）上焊有小锡球，锡的熔点（232℃）远比铜的熔点（1083℃）低，因此在过负荷电流通过时，锡球首先受热溶化，铜锡分子互相渗透而形成熔点较低的铜锡合金，使铜熔丝也能在较低的温度下熔断，这称为“冶金效应”。由于这种特性，使熔断器在过负荷电流或较小的短路电流时动作，提高了保护的灵敏度。该系列熔断器配有熔断指示装置，熔体熔断后，显示出醒目的红色熔断信号。当熔体熔断后，可使用配备的专用绝缘手柄在带电的情况下更换熔管，装取方便，安全可靠。

3. 用途

RT0 系列有填料封闭管式熔断器是一种大分断能力的熔断器，广泛用于短路电流较大的电力输配电系统中，作为电缆、导线和电气设备的短路保护及导线、电缆的过载保护。

（五）快速熔断器

快速熔断器又称半导体器件保护用熔断器，主要用于硅元件变流装置内部的短路保护。由于硅元件的过载能力差，因此要求短路保护元件应具有快速动作的特征。快速熔断器能满足这种要求，且结构简单，使用方便，动作灵敏可靠，因而得到了广泛应用。快速熔断器的典型结构如图 1-12 所示。

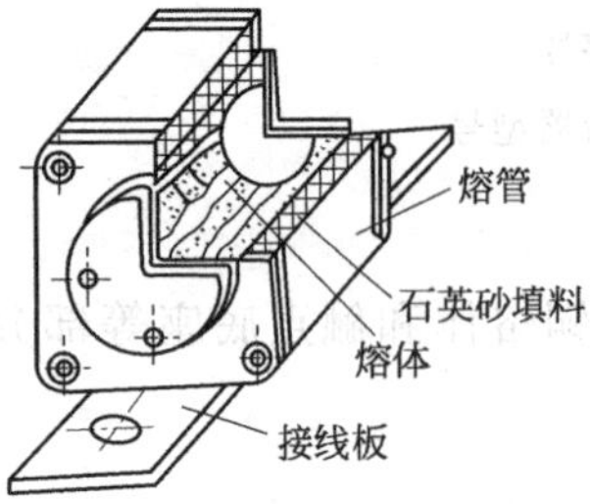

图 1-12　快速熔断器的典型结构

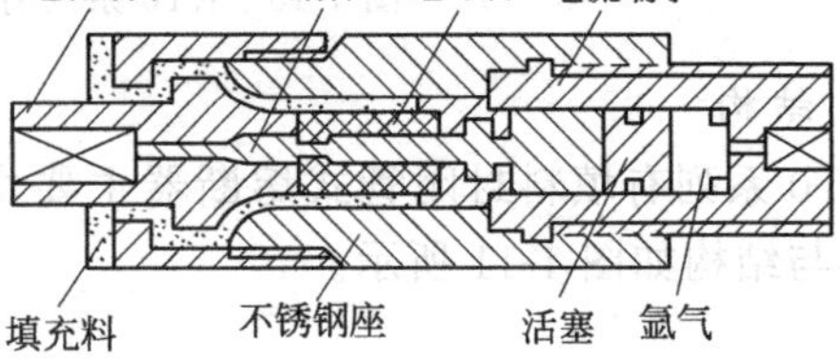

图 1-13　自复式熔断器的结构

（六）自复式熔断器

常用熔断器的熔体一旦熔断，必须更换新的熔体，这就给使用带来不便，而且延缓了供电时间。近年来，出现了重复使用一定次数的自复式熔断器。

自复式熔断器是一种限流电器，其本身不具备分断能力，在正常情况下，电流从左端电流端子通过氧化铍制成的绝缘管细孔中的金属钠到右端电流端子形成电流通路。当发生短路或严重过载时，故障电流使钠急剧气化，形成高温高压的等离子高电阻状态，限制短路电流增加。活塞在高压作用下使氩气压缩。故障修复后，电流恢复正常，钠的温度下降，活塞在压缩氩气的作用下回到原来的位置。因此，自复式熔断器只能限流．不能分断电路。但是和断路器串联使用时，可以提高断路器的分断能力，可以多次使用。其结构如图 1-13 所示。

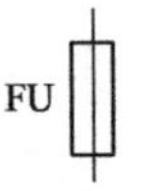

图 1-14　熔断器的图形及文字符号

四、图形及文字符号

各种熔断器在电路图中的符号都如图 1-14 所示。

五、熔断器的选择

1. 熔断器的要求

在电气设备正常运行时，熔断器不应熔断；在出现短路时，应立即熔断；在电流发生正常变动（如电动机启动过程）时，熔断器不应熔断；在用电设备持续过载时，应延时熔断。对熔断器的选用主要包括类型选择和熔断器额定电压、熔体及熔断器的额定电流的确定。

2. 熔断器的类型选择

主要依据负载的保护特性和短路电流的大小。例如，用于保护照明和电动机的熔断器，一般是考虑它们的过载保护，这时，希望熔断器的熔化系数适当小些。所以容量较小的照明线路和电动机宜采用熔体为铅锌合金的 RC1A 系列熔断器，而大容量的照明线路和电动机，除过载保护外，还应考虑短路时分断短路电流的能力。若短路电流较小时，可采用熔体为锡质的 RC1A 系列或熔体为锌质的 RM10 系列熔断器。用于车间低压供电线路的保护熔断器，一般是考虑短路时的分断能力。当短路电流较大时，宜采用具有高分断能力的 RL1 系列熔断器。当短路电流相当大时，宜采用有限流作用的 RT0 系列熔断器。

3. 熔断器的额定电压选择

熔断器的额定电压要大于或等于电路的额定电压。

4. 熔体及熔断器额定电流的选择

熔断器的额定电流要依据负载情况而选择。

（1）电阻性负载或照明电路。这类负载启动过程很短，运行电流较平稳，一般按负载额定电流的1～1.1倍选用熔体的额定电流，进而选定熔断器的额定电流。

（2）电动机的感性负载（单一负载）。这类负载的启动电流为额定电流的4～7倍，一般选择熔体的额定电流为电动机额定电流的1.5～2.5倍。这样一般来说，熔断器难以起到过载保护作用，而只能用作短路保护，过载保护应用热继电器才行。

（3）多台电动机的熔体额定电流

$$I_{FU} \geqslant (1.5 \sim 2.5) I_{NMAX} + \sum I_N$$

式中，I_{FU}为熔体额定电流（A）；I_{NMAX}为最大一台电动机的额定电流（A）；$\sum I_N$为所有电机的额定电流之和。

5. 熔断器选择的注意事项

为防止发生越级熔断，上、下级（供电干、支线）熔断器间应有良好的协调配合，为此，应使上一级（供电干线）熔断器的熔体额定电流比下一级（供电支线）大1～2个级差。

【实际操作】——识别与检修低压熔断器

1. 选用工具、仪表

（1）工具：尖嘴钳、螺钉旋具（一字和十字各一把）。

（2）仪表：MF47型万用表。

（3）器材：在CR1A、RL1、RT0、RT18、RS0系列中，各取不少于2种规格的熔断器。

2. 熔断器的识别训练

（1）在教师的指导下，仔细观察各种不同类型、规格的熔断器外形和结构特点。

（2）由教师从所给的熔断器中任选5只，用胶布盖住其型号并编号，由学生根据实物写出其名称、型号规格及主要组成部分，填入表1-1。

表1-1　熔断器的识别

序号	1	2	3	4	5
名称					
型号					
主要结构					

3. 更换RC1A系列和RL1系列熔断器的熔体

（1）检查所给熔断器的熔体是否完好。对RC1A系列可拔下瓷盖进行检查；对RL1系列应首先查看其熔断器指示器。

（2）若熔体已断，应按原规格选配。

（3）更换熔体。对RC1A系列熔断器，安装熔丝时，熔丝缠绕方向一定要正确，安装过程中不得损伤熔丝。对RL1系列熔断器，熔断管不能倒装。

（4）用万用表检查更换熔体后的熔断器各部分接触是否良好。

4. 评分标准

（1）熔断器识别（50分）

① 写错或漏写名称，每只扣5分；

② 写错或漏写型号，每只扣 5 分；

③ 漏写主要结构，每个扣 5 分。

（2）更换熔体（50 分）

① 检查方法不正确，扣 10 分；

② 不能正确选配熔体，扣 10 分；

③ 更换熔体方法不正确，扣 10 分；

④ 损伤熔体，扣 20 分；

⑤ 更换熔体后熔断器断路，扣 25 分。

（3）文明生产。违反安全文明生产规程，扣 5～40 分。

（4）定额时间。定额时间 60min，每超过 5min（不足 5min 按 5min 计）扣 5 分。

备注：除额定时间外，各项目的最高扣分不应超过配分数。

温馨提示

（1）注意文明生产和安全。

（2）课后通过网络、厂家、销售商和使用单位等多渠道了解关于熔断器的知识和资料，分门别类加以整理，作为资料备用。

【任务评价】

温馨提示

完成【知识准备】、【实际操作】后，进入总结评价阶段。分自评、教师评两种，主要是总结评价本次任务中做得好的地方及需要改进的地方等。根据评分的情况和本次任务的结果，填入表 1-2 和表 1-3 中。

表 1-2　学生自评表格

任务完成进度	做得好的方面	不足、需要改进的方面

表 1-3　教师评价表格

在本次任务中的表现	学生进步的方面	学生不足、需要改进的方面

【总结报告】

温馨提示

总结报告可涉及内容为本次任务的心得体会等，总之，要学会随时记录工作过程，总结经验教训，为今后的工作打下良好的基础。

任务小结

本任务主要是熟悉低压熔断器的功能、基本结构、工作原理及型号含义；熟记低压熔断器的图形符号和文字符号；能够正确识别、选择、安装、使用低压熔断器。

问题探究

1. 熔体熔断的原因分析及排除方法

故障原因：短路故障或过载运行而正常熔断。

排除方法：安装新熔体前，先要找出熔体熔断原因，未确定原因，不要更换熔体试送。

故障原因：熔体使用时间过久，熔体因受氧化或运行中温度高，使熔体特性变化而误断。

排除方法：更换新熔体时，要检查熔断体额定值是否与被保护设备相匹配。

故障原因：熔体安装时有机械损伤，使其截面积变小而在运行中引起误断。

排除方法：更换新熔体时，要检查熔体是否有机械损伤，熔管是否有裂纹。

2. 熔断器与配电装置同时烧坏或连接导线烧断与接线端子烧坏的原因分析及排除方法

故障原因：谐波产生，当谐波电流进入配电装置时回路中电流急增烧坏。

排除方法：消除谐波电流的产生。

故障原因：导线截面积偏小，温升高烧坏。

排除方法：增大导线截面积。

故障原因：接线端与导线连接螺栓未旋紧产生弧光短路。

排除方法：连接螺栓必须旋紧。

3. 熔断器接触件温升过高的原因分析及排除方法

故障原因：熔断器运行年久接触表面氧化或灰尘厚接触不良，温升高。

排除方法：用砂布擦除氧化物，清洁灰尘，检查接触件接触情况是否良好，或更换全新熔断器。

故障原因：载熔件未旋到位接触不良，温升高。

排除方法：载熔件必须旋到位，旋紧、牢固。

任务2　认识刀开关

学习目标

① 能正确识别、选用、安装、使用刀开关；

② 熟悉刀开关的功能、基本结构、工作原理及型号含义；

③ 熟记刀开关的图形符号及文字符号。

工作任务

首先，学习刀开关的功能、基本结构、工作原理及型号含义；熟记刀开关的图形符号及文字符号。其次，要做到能正确识别、选用、安装和使用刀开关。

任务实施

【知识准备】

刀开关是一种手动电器，常用的刀开关有 HD 型单投刀开关、HS 型双投刀开关、HR 型熔断器式刀开关、HZ 型组合开关、HK 型闸刀开关以及 HY 型倒顺开关等。

HD 型单投刀开关、HS 型双投刀开关、HR 型熔断器式刀开关主要用于在成套配电装置中作为隔离开关，装有灭弧装置的刀开关也可以控制一定范围内的负荷线路。作为隔离开关的刀开关的容量比较大，其额定电流为 100～1500A，主要用于供配电线路的电源隔离作用。隔离，开关没有灭弧装置，不能操作带负荷的线路，只能操作空载线路或电流很小的线路，如小型空载变压器、电压互感器等。操作时应注意，停电时应将线路的负荷电流用断路器、负荷开关等开关电器切断后再将隔离开关断开，送电时的操作顺序相反。隔离刀开关断开时有明显的断开点，有利于检修人员停电检修工作。隔离刀开关由于控制负荷能力很小，也没有保护线路的功能，所以通常不能单独使用，一般要和能切断负荷电流和故障电流的电器（如熔断器、断路器和负荷开关等电器）一起使用。HZ 型组合开关、HK 型闸刀开关一般用于电气设备及照明线路的电源开关。HY 型倒顺开关、HH 型铁壳开关有灭弧装置，一般可用于电气设备的启动、停止控制。

一、HD 型单投刀开关

HD 型单投刀开关按极数分为 1 极、2 极、3 极几种，其示意图及图形符号如图 1-15 所示。

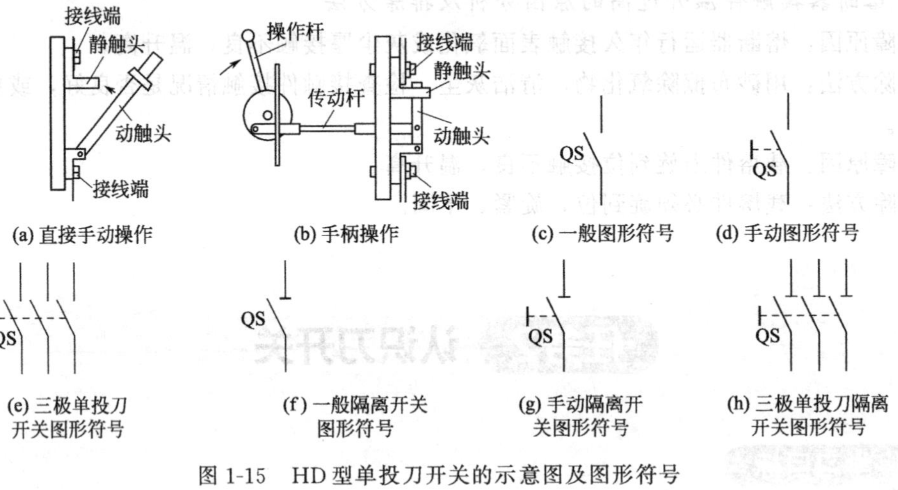

图 1-15　HD 型单投刀开关的示意图及图形符号

单投刀开关的型号含义如图 1-16 所示

设计代号：11 为中央手柄式；12 为侧方正面杠杆操作机构式；13 为中央正面杠杆操作机构式；14 为侧面手柄式。

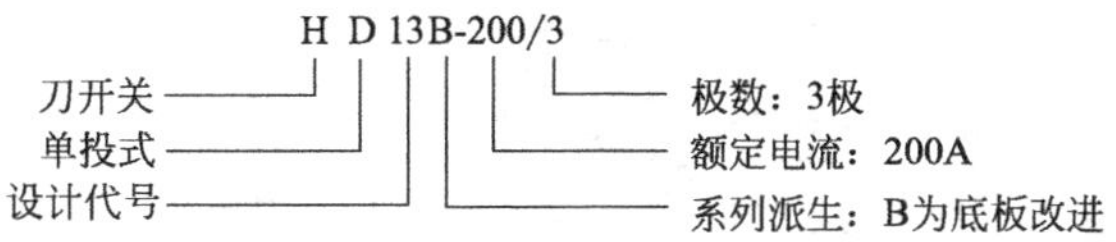

图 1-16　单投刀开关的型号含义

二、HS 型双投刀开关

HS 型双投刀开关也称转换开关，其作用和单投刀开关类似，常用于双电源的切换或双供电线路的切换等，其示意图及图形符号如图 1-17 所示。由于双投刀开关具有机械互锁的结构特点，因此可以防止双电源的并联运行和两条供电线路同时供电。

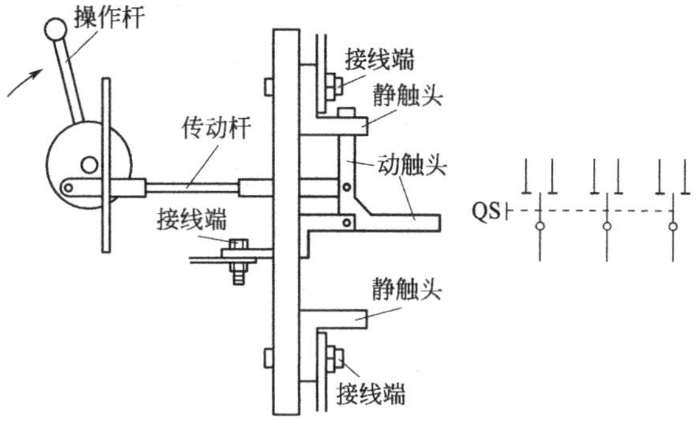

图 1-17　HS 型双投刀开关的示意图及图形符号

三、HR 型熔断器式刀开关

HR 型熔断器式刀开关也称刀熔开关，它实际上是将刀开关和熔断器组合成一体的电器。刀熔开关操作方便，简化了供电线路，在供配电线路上的应用范围很广泛，其工作示意图及图形符号如图 1-18 所示。刀熔开关可以切断故障电流，但不能切断正常的工作电流，所以一般应在无正常工作电流的情况下进行操作。

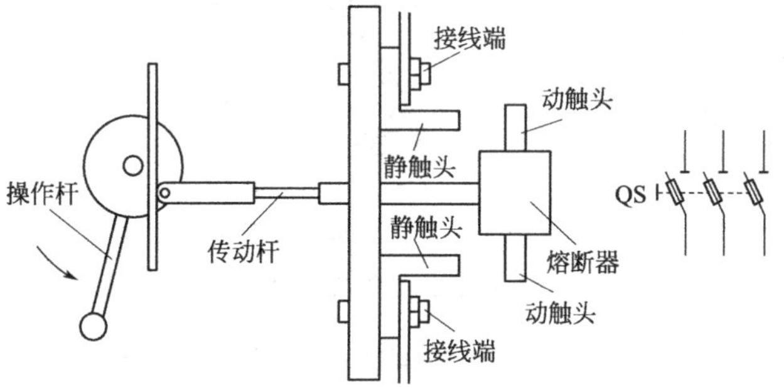

图 1-18　HR 型熔断器式刀开关的示意图及图形符号

四、组合开关

组合开关又称转换开关，控制容量比较小，结构紧凑，常用于空间比较狭小的场所，如机床和配电箱等。组合开关一般用于电气设备的非频繁操作、切换电源和负载以及控制小容量感应电动机和小型电器。

组合开关由动触头、静触头、绝缘连杆转轴、手柄、定位机构及外壳等部分组成。其动、静触头分别叠装于数层绝缘壳内，当转动手柄时，每层的动触片随转轴一起转动。

常用的产品有 HZ5、HZ10 和 HZ15 系列。HZ5 系列是类似万能转换开关的产品，其结构与一般转换开关有所不同；组合开关有单极、双极和多极之分。

组合开关的结构示意图及图形符号如图 1-19 所示。

五、开启式负荷开关和封闭式负荷开关

开启式负荷开关和封闭式负荷开关是一种手动电器，常在电气设备中作隔离电源用，有

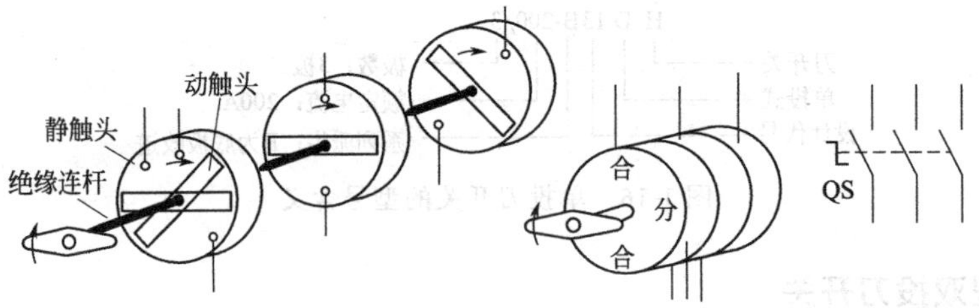

(a) 内部结构示意图　(b) 外形示意图　(c) 图形符号

图 1-19　组合开关的结构示意图和图形符号

时也用于直接启动小容量的笼型异步电动机。

（一）HK 型开启式负荷开关

HK 型开启式负荷开关俗称闸刀或胶壳刀开关，由于它的结构简单、价格便宜、使用维修方便，故得到广泛应用。该类型的开关主要用作电气照明电路和电热电路、小容量电动机电路的不频繁控制开关，也可用作分支电路的配电开关。

瓷底胶盖刀开关由熔丝、触刀、触点座和底座组成，如图 1-20(a) 所示。此种刀开关装有熔丝，可起短路保护作用。

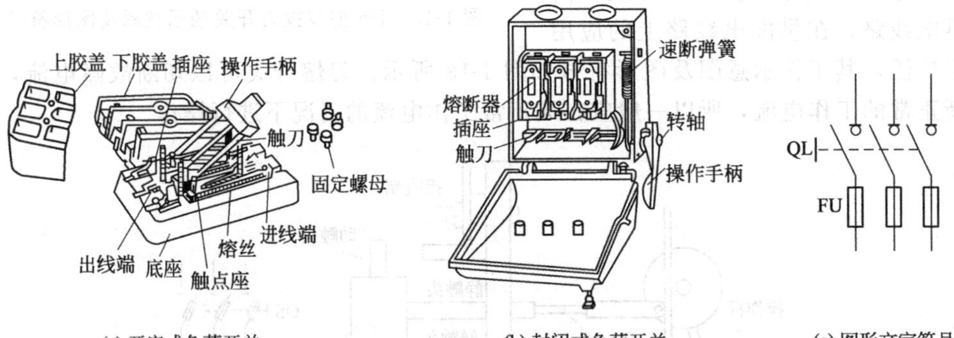

(a) 开启式负荷开关　(b) 封闭式负荷开关　(c) 图形文字符号

图 1-20　负荷开关

闸刀开关在安装时，手柄要向上，不得倒装或平装，以避免由于重力作用使手柄自动下落而引起误动合闸。接线时，应将电源线接在上端，负载线接在下端，这样拉闸后刀开关的刀片与电源隔离，既便于更换熔丝，又可防止意外事故的发生。

（二）HH 型封闭式负荷开关

HH 型封闭式负荷开关俗称铁壳开关，主要由钢板外壳、触刀开关、操作机构、熔断器等组成，如图 1-20(b) 所示。该类型的开关带有灭弧装置，能够通断负荷电流，熔断器用于切断短路电流。一般用于小型电力排灌、电热器、电气照明线路的配电设备中，用于不频繁地接通与分断电路，也可以直接用于异步电动机的非频繁全电压启动控制。

铁壳开关的操作结构有两个特点：一是采用储能合闸方式，即利用一根弹簧以执行合闸和分闸的功能，使开关的闭合和分断时的速度与操作速度无关，这样既有助于改善开关的动作性能和灭弧性能，又能防止触点停滞在中间位置。二是设有联锁装置，以保证开关合闸后便不能打开箱盖，而在箱盖打开后，不能再合上开关，起到安全保护作用。

HK 型开启式负荷开关和 HH 型封闭式负荷开关都是由负荷开关和熔断器组成，其图形符号也是由手动负荷开关 QL 和熔断器 FU 组成，如图 1-20(c) 所示。

【实际操作】——识别与检修刀开关

1. 选用工具、仪表

(1) 工具：电工常用工具。

(2) 仪表：ZC25-3 型兆欧表（500V、0～500MΩ）、MF47 型万用表。

(3) 器材：开启式负荷开关一只（HK1 系列）、封闭式负荷开关一只（HH3 系列）、组合开关一只（HZ10-25 型）。以上刀开关具体规格，可以根据实际情况在规定系列里选择。

2. 刀开关的识别训练

(1) 在教师的指导下，仔细观察各种不同类型、规格的刀开关，熟悉它们的外形、型号、主要技术参数的意义、功能、结构特点及工作原理等。

(2) 将所给的刀开关的铭牌数据用胶布盖住并编号，由学生根据实物写出其名称、型号规格及文字符号，画出图形符号，填入表 1-4 中。

表 1-4 刀开关的识别

序号	1	2	3	4	5
名称					
型号规格					
文字符号					
图形符号					

3. 检测刀开关

将刀开关的手柄搬到合闸位置，用万用表的电阻挡测量各对触头之间的接触情况。再用兆欧表测量每两相触头之间的绝缘电阻。

4. 评分标准

(1) 识别刀开关（50 分）

① 写错或漏写名称，每只扣 5 分；

② 写错或漏写型号，每只扣 5 分；

③ 写错符号，每个扣 5 分。

(2) 检测刀开关（50 分）

① 检查方法或结果有错误，扣 10 分；

② 仪表使用方法错误，扣 10 分；

③ 损坏仪表、电器，扣 10 分；

④ 不会检测，扣 50 分。

(3) 文明生产。违反安全文明生产规程，扣 5～40 分。

(4) 定额时间。定额时间 60min，每超过 5min（不足 5min 按 5min 计）扣 5 分。

备注：除额定时间外，各项目的最高扣分不应超过配分数。

温馨提示

① 注意文明生产和安全。

② 课后通过网络、厂家、销售商和使用单位等多渠道了解关于刀开关的知识和资料，分门别类加以整理，作为资料备用。

【任务评价】

温馨提示

完成【知识准备】、【实际操作】后，进入总结评价阶段。评价分自评、教师评两种，主要是总结评价本次本次任务中做得好的地方及需要改进的地方等。根据评分的情况和本次任务的结果，填入表1-5和表1-6。

表1-5 学生自评表格

任务完成进度	做得好的方面	不足、需要改进的方面

表1-6 教师评价表格

在本次任务中的表现	学生进步的方面	学生不足、需要改进的方面

【总结报告】

温馨提示

总结报告可涉及内容为本次任务的心得体会等，总之，要学会随时记录工作过程，总结经验教训，为今后的工作打下良好的基础。

任务小结

本任务主要是能正确识别、选用、安装、使用刀开关；熟悉刀开关的功能、基本结构、工作原理及型号含义；熟记刀开关的图形符号及文字符号。

问题探究

1. 合闸时静触头和动触刀旁击

故障原因：这种故障是由于静触头和动触刀的位置不合适，因此合闸时造成旁击。刀开关应检查动触刀的紧固螺钉有无松动过紧。熔断器式刀开关检查静触头两侧的开口弹簧有无移位，或是否因接触不良而过热退火变形及损坏。

处理方法：刀开关调整三极动触头连接紧固螺钉的松紧程度及刀片间的位置，调整动触刀紧固螺钉松紧程度，使动触刀调至静触头的中心位置，做拉合试验合闸时无旁击，拉闸时无卡阻现象。熔断器式刀开关调整静触头两侧的开口弹簧，使其静触头间隙置于动触刀刀片的中心线，作拉合试验。

2. 三极触刀合闸深度偏差大

故障原因：三极刀开关和熔断器式刀开关合闸深度偏差值不应大于3mm。造成偏差值大的主要原因是三极动触刀的紧固螺钉和三极联动紧固螺钉松紧程度和位置（三极刀片之间的距离）不合适或螺钉松动。

处理方法；调整三极联动螺钉及刀片极之间的距离，检查刀片紧固螺钉的紧固程度，熔断器式刀开关检查调整静触头两侧的开口弹簧。

3. 合闸后操作手柄反弹不到位

故障原因：刀开关和熔断器式刀开关合闸后操作手柄反弹不到位，其主要原因是开关手柄操作连杆行程调整不合适或静动触头合闸时有卡阻现象。

处理方法：调整操作连杆螺钉使其长度与合闸位置相符，处理静动触头卡阻故障。

4. 连接点打火或触头过热

故障原因：刀开关或熔断器式刀开关连接点打火主要是由于连接点接触不良，接触电阻大所致。触头过热是由于静动触头接触不良（接触面积小，压力不够）所致。

处理方法：停电检查连接点、触头有无烧蚀现象，用砂布打平连接点或触头的烧蚀处，重新压接牢固，调整触头的接触面和连接点压力。

5. 拉闸时灭弧栅脱落或短路

拉闸时灭弧栅脱落是由于灭弧栅安装位置不当，拉闸时灭弧栅与动触刀相碰所致。拉闸时短路的原因有误操作，带负荷拉无灭弧栅的刀开关或有灭弧栅的刀开关不全脱落，或超出刀开关拉合的电流范围。

6. 运行中的刀开关短路

运行中的刀开关突然短路，其原因是刀开关的静动触头接触不良或连接点压接不良发热，使底板的绝缘介质碳化造成短路。处理的办法是应立即更换型号、规格合适的刀开关。

任务3　认识断路器

学习目标

① 熟悉断路器的功能、基本结构、工作原理及型号含义；
② 熟记断路器的图形符号和文字符号；
③ 能够正确识别、选择、安装、使用断路器。

工作任务

首先，学习断路器的功能、基本结构、工作原理及型号含义；熟记断路器的图形符号和文字符号。其次，要做到能够正确识别、选择、安装、使用断路器。

任务实施

【知识准备】

低压断路器俗称自动开关或空气开关，用于低压配电线路中不频繁的通断控制。在线路发生短路、过载或欠电压等故障时能自动分断故障电路，是一种控制兼保护电器。

断路器的种类繁多，按其用途和结构特点可分为 DW 型框架式断路器、DZ 型塑料外壳式断路器、DS 型直流快速断路器和 DWX 型以及 DWZ 型限流式断路器等。框架式断路器主要用作配电线路的保护开关，而塑料外壳式断路器除可用作配电线路的保护开关外，还可用作电动机、照明电路及电热电路的控制开关。

下面以塑料外壳式断路器为例简单介绍断路器的结构、工作原理、使用与选用方法。

一、断路器的结构和工作原理

断路器主要由 3 个基本部分组成，即触头、灭弧系统和各种脱扣器，包括过电流脱扣器、欠电压（失压）脱扣器、热脱扣器、分励脱扣器和自由脱扣器。

如图 1-21 所示是断路器工作原理示意图及图形符号。断路器开关是靠操作机构手动或电动合闸的，触头闭合后，自由脱扣机构将触头锁在合闸位置上。当线路发生故障时，通过各自的脱扣器使自由脱扣机构动作，自动跳闸以实现保护作用。分励脱扣器则作为远距离控制分断线路之用。

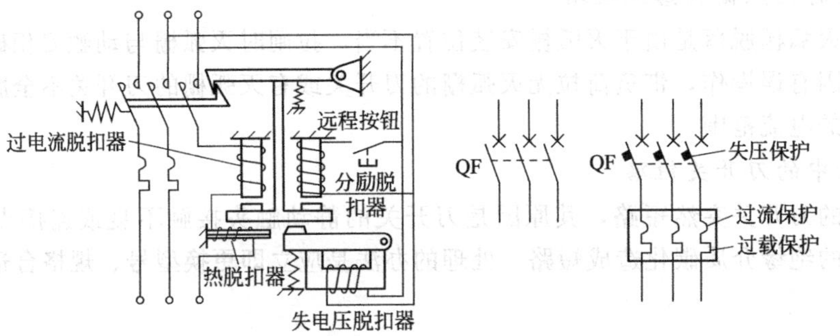

断路器原理图　　断路器图形符号及文字符号

图 1-21　断路器工作原理示意图及图形符号

过电流脱扣器用于线路的短路和过电流保护，当线路的电流大于整定的电流值时，过电流脱扣器所产生的电磁力使挂钩脱扣，动触点在弹簧的拉力下迅速断开，实现断路器的跳闸功能。

热脱扣器用于线路的过负荷保护，工作原理和热继电器相同。

欠电压（失压）脱扣器用于失电压保护，如图 1-21 所示，失电压脱扣器的线圈直接接在电源上，处于吸合状态，断路器可以正常合闸；当停电或电压很低时，失电压脱扣器的吸力小于弹簧的反力，弹簧使动铁芯向上使挂钩脱扣，实现断路器的跳闸功能。

分励脱扣器用于远方跳闸，当在远方按下按钮时，分励脱扣器得电产生电磁力，使其脱扣跳闸。

不同断路器的保护是不同的，使用时应根据需要选用。在图形符号中也可以标注其保护方式，如图 1-21 所示，断路器图形符号中标注了失电压、过负荷、过电流 3 种保护方式。

二、低压断路器的选择原则

（1）断路器类型的选择：应根据使用场合和保护要求来选择。如一般选用塑料外壳式；短路电流很大时选用限流型；额定电流比较大或有选择性保护要求时选用框架式；控制和保护含有半导体器件的直流电路时应选用直流快速断路器等。

（2）断路器额定电压、额定电流应大于或等于线路、设备的正常工作电压、工作电流。

（3）断路器极限通断能力大于或等于电路最大短路电流。

（4）欠电压脱扣器额定电压等于线路额定电压。

（5）过电流脱扣器的额定电流大于或等于线路的最大负载电流。

【实际操作】——识别与检修断路器

1. 选用工具、仪表

（1）工具：电工常用工具；

（2）仪表：ZC25—3型兆欧表（500V、0～500MΩ）、MF47型万用表；

（3）器材：低压断路器（DZ5—20型、DZ47型、DW10型各一只）。

2. 断路器的识别训练

（1）在教师的指导下，仔细观察各种不同类型、规格的断路器，熟悉它们的外形、型号、主要技术参数的意义、功能、结构特点及工作原理等。

（2）将所给的断路器的名牌数据用胶布盖住并编号，由学生根据实物写出其名称、型号规格及文字符号，画出图形符号，填入表1-7。

表 1-7　断路器的识别

序号	1	2	3
名称			
型号规格			
文字符号			
图形符号			

3. 检测断路器

将断路器的手柄搬到合闸位置，用万用表的电阻挡测量各对触头之间的接触情况。再用兆欧表测量每两相触头之间的绝缘电阻。

4. 评分标准

（1）识别断路器（50分）

① 写错或漏写名称，每只扣5分；

② 写错或漏写型号，每只扣5分；

③ 写错符号，每个扣5分。

（2）检测断路器（50分）

① 检查方法或结果有错误，扣10分；

② 仪表使用方法错误，扣10分；

③ 损坏仪表、电器，扣10分；

④ 不会检测，扣50分。

（3）文明生产。违反安全文明生产规程，扣5～40分。

（4）定额时间。定额时间60min，每超过5min（不足5min按5min计）扣5分。

备注：除额定时间外，各项目的最高扣分不应超过配分数。

温馨提示

① 注意文明生产和安全。

② 课后通过网络、厂家、销售商和使用单位等多渠道了解关于断路器的知识和资料，分门别类加以整理，作为资料备用。

【任务评价】

温馨提示

完成【知识准备】、【实际操作】后，进入总结评价阶段。评价分自评、教师评两种，主要是总结评价本次任务中做得好的地方及需要改进的地方等。根据评分的情况和本次任务的结果，填入表 1-8 和表 1-9。

表 1-8　学生自评表格

任务完成进度	做得好的方面	不足、需要改进的方面

表 1-9　教师评价表格

在本次任务中的表现	学生进步的方面	学生不足、需要改进的方面

【总结报告】

温馨提示

总结报告可涉及内容为本次任务的心得体会等，总之，要学会随时记录工作过程，总结经验教训，为今后的工作打下良好的基础。

任务小结

本任务主要是熟悉断路器的功能、基本结构、工作原理及型号含义；熟记断路器的图形符号和文字符号；能够正确识别、选择、安装、使用断路器。

问题探究

1. 手动操作断路器不能闭合

处理方法：检查线路，施加电压或更换线圈、更换储能弹簧、重新调整弹簧反力、调整脱扣接触面至规定值。

2. 电动操作断路器不能闭合

处理方法：调换电源、增大操作电源容量、更换损坏元件、重新调整电磁铁拉杆行程。

3. 有一相触头不能闭合

处理方法：更换连杆、调整限流、调整断路器的可折连杆之间的角度至原技术条件规定值。

4. 分励扣器不能使断路器分断

处理方法：更换线圈、调换电源电压、重新调整脱扣接触面、拧紧螺钉。

5. 欠电压脱扣器不能使断路器分断

处理方法：调整弹簧、消除卡死原因，如生锈、更换储能弹簧。

6. 启动电动机时断路器立即分断

处理方法：重新调整脱扣器某些零件、更换脱扣器反力弹簧。

7. 断路器闭合后经一定时间自行分断

处理方法：调整触头压力或更换弹簧、更换触头或清理接触面，不能更换者，只好更换整台断路器、清除油污或氧化层。

8. 断路器温升过高

处理方法：拨正或重新装好触桥、更换转动杆或更换辅助开关、调整触头，清理氧化膜。

9. 欠电压脱扣器噪声

处理方法：重新调整反力弹簧、清除油污、更换衔铁铁芯。

10. 辅助开关不通

处理方法：拨正或重新装好触桥、更换转动杆或更换辅助开关、调整触头，清理氧化膜。

11. 带半导体脱扣器的断路器误动作

处理方法：更换损坏元件、清除外界干扰，例如邻近的大型电磁铁的操作，接触器的分断、电焊等，予以隔离或更换线路。

12. 漏电断路器经常自行分断

处理方法：送制造厂重新校正。

13. 漏电断路器不能闭合

处理方法：送制造厂修理、清除漏电处或接地处故障。

14. 低压断路器在操作时应当注意事项

① 拉、合闸操作时，动作都要果断、迅速，把操作手柄扳至终点位置，使手柄从上到下要连续运动，确定断路器断开后，方可拉开相应的隔离开关。

② 合闸时，要注意观察有关指示仪表，若故障还没有排除，应立即切断线路。

③ 在分、合闸操作前应考虑分断容量能否满足系统要求，如不能满足时应降低短路容量。

④ 操作隔离开关时，必须确认断路器已经断开、并在断路器的操作手柄悬挂“严禁合闸”的警告牌后，才能操作隔离开关。

⑤ 断路器停电检修或者当系统接线（从一组母线倒换到另一组母线）时，必须断开操作电源。

⑥ 电动操作时，必须将操作手柄拧到终点合闸位置，当合闸指示灯亮时，立即松开手柄返回中间预合位置，否则长时间通电会烧坏合闸线圈。

⑦ 要随时检查操作直流电压，当电源电压过低时，会因合闸功率不足，将使合闸速度降低，可能引起爆炸和不能同期并行的重大事故。

任务4 认识按钮

学习目标

① 了解掌握主令电器的概念含义；
② 熟悉按钮的功能、基本结构、工作原理以及型号含义；
③ 熟记按钮的图形符号和文字符号；
④ 能够正确识别、选用、安装、使用按钮。

工作任务

首先，了解主令电器的概念含义；熟悉按钮的功能、基本结构、工作原理以及型号含义；熟记按钮的图形符号和文字符号。其次，要做到能够正确识别、选用、安装、使用按钮。

任务实施

【知识准备】

一、主令电器

主令电器用于在控制电路中以开关接点的通断形式来发布控制命令，使控制电路执行对应的控制任务。主令电器应用广泛，种类繁多，常见的有按钮、行程开关、接近开关、万能转换开关、主令控制器、选择开关、足踏开关等。

二、按钮

按钮是一种最常用的主令电器，其结构简单，控制方便。

三、按钮的结构、种类

按钮由按钮帽、复位弹簧、桥式触点和外壳等组成，其结构示意图及图形符号如图1-22所示。触点采用桥式触点，额定电流在5A以下。触点又分常开触点（动合触点）和常闭触点（动断触点）两种。

按钮从外形和操作方式上可以分为平钮和急停按钮，急停按钮也称蘑菇头按钮，除此之外还有钥匙按钮、旋转按钮、拉式按钮、万向操纵杆式按钮、带灯式按钮等多种类型（图1-23）。

从按钮的触点动作方式可以分为直动式和微动式两种，如图1-22所示的按钮均为直动式，其触点动作速度和手按下的速度有关。而微动式按钮的触点动作变换速度快，和手按下的速度无关，其动作原理如图1-24所示。动触点由变形簧片组成，当弯形簧片受压向下运动低于平形簧片时，弯形簧片迅速变形，将平形簧片触点弹向上方，实现触点瞬间动作。

小型微动式按钮也称微动开关，微动开关还可以用于各种继电器和限位开关中，如时间继电器、压力继电器和限位开关等。

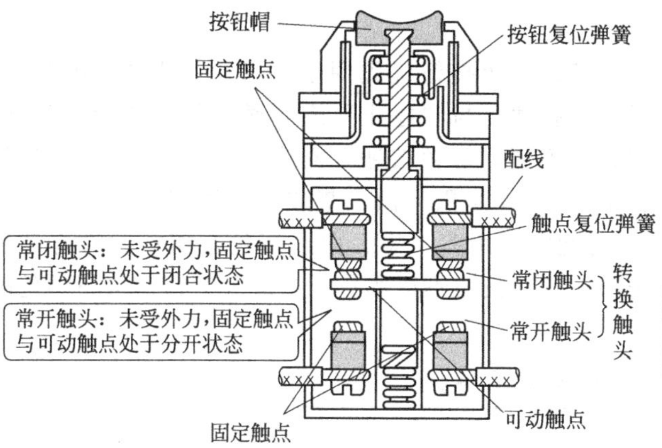

(a) 未按动时按钮示意图

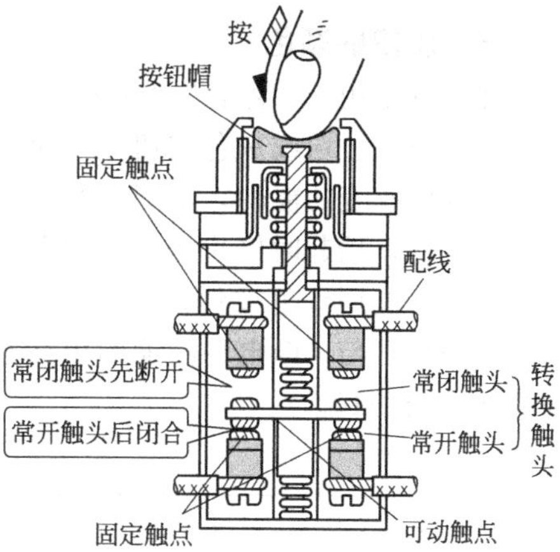

(b) 按动时按钮示意图

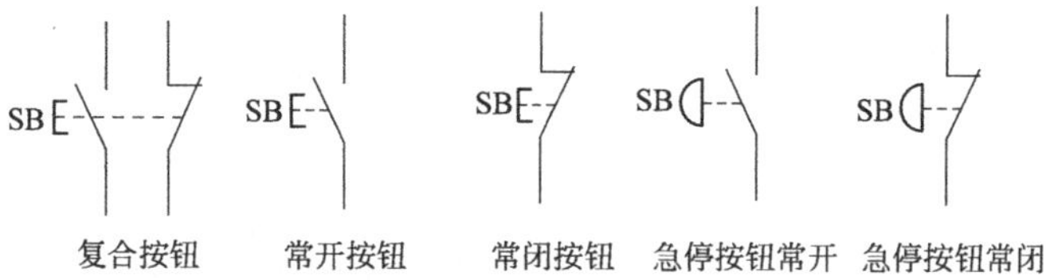

(c) 按钮图形符号及文字符号

图 1-22　按钮结构示意图及图形符号

(a) 钥匙按钮　(b) 旋转按钮　(c) 拉式按钮(蘑菇头式按钮)　(d) 万向操纵杆式按钮　(e) 带灯式按钮

图 1-23　钥匙按钮、旋转按钮、拉式按钮、万向操纵杆式按钮、带灯式按钮

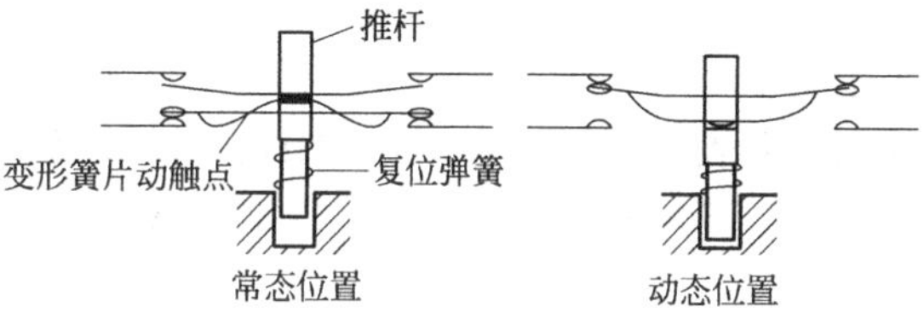

图 1-24　微动式按钮的动作原理

四、按钮常用型号（图 1-25）

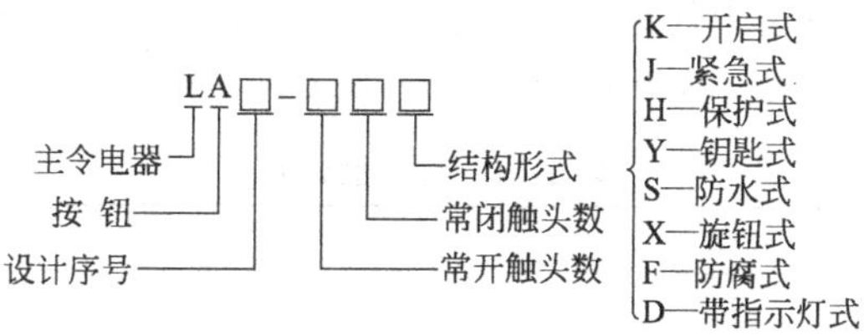

图 1-25　按钮常用型号

五、按钮的颜色

红色按钮用于“停止”“断电”或“事故”；绿色按钮优先用于“启动”或“通电”，但也允许选用黑、白或灰色按钮；一钮双用的“启动”与“停止”或“通电”与“断电”，即交替按压后改变功能的，不能用红色按钮，也不能用绿色按钮，而应用黑、白或灰色按钮；按压时运动，抬起时停止运动（如点动、微动），应用黑、白、灰或绿色按钮，最好用黑色按钮，而不能用红色按钮；用于单一复位功能的，用蓝、黑、白或灰色按钮；同时有“复位”、“停止”与“断电”功能的用红色按钮；灯光按钮不得用作“事故”按钮。按钮颜色的含义详见表1-10。

表 1-10　按钮颜色的含义

颜　色	含　义	举　例
红	处理事故	紧急停机；扑灭燃烧
	“停止”或“断电”	正常停机；停止一台或多台电动机；装置的局部停机；切断一个开关；带有“停止”或“断电”功能的复位
绿	“启动”或“通电”	正常启动；启动一台或多台电动机；装置的局部启动；接通一个开关装置（投入运行）
黄	参与	防止意外情况；参与抑制反常的状态；避免不需要的变化（事故）
蓝	上述颜色未包含的任何指定用意	凡红、黄和绿色未包含的用意，皆可用蓝色
黑、灰、白	无特定用意	除单功能的“停止”或“断电”按钮外的任何功能

六、按钮的选择原则

(1) 根据使用场合，选择控制按钮的种类，如开启式、防水式、防腐式等。

(2) 根据用途，选用合适的型式，如钥匙式、紧急式、带灯式等。

(3) 按控制回路的需要，确定不同的按钮数，如单钮、双钮、三钮、多钮等。

(4) 按工作状态指示和工作情况的要求，选择按钮及指示灯的颜色。

【实际操作】——识别与检修按钮

1. 选用工具、仪表

(1) 工具：常用电工工具。

(2) 仪表：ZC25—3型兆欧表（500V、0～500MΩ）、MF47型万用表。

(3) 器材：按钮LA18—22、LA18—22J、LA18—22X、LA18—22Y、LA19—11D、LA19—11DJ、LA20—22D。

2. 按钮的识别训练

(1) 在教师的指导下，仔细观察各种不同种类、不同结构形式的按钮，熟悉它们的外形、型号及主要技术参数的意义、功能、结构及工作原理等。

(2) 由教师从所给的按钮中任选5只，用胶布盖住其型号并编号，由学生根据实物写出其名称、型号规格及文字符号，画出图形符号，填入表1-11。

表 1-11　按钮的识别

序号	1	2	3	4	5
名称					
型号					

续表

序号	1	2	3	4	5
文字符号					
图形符号					

3. 检测按钮

拆开外壳观察其内部结构，理解常开触头、常闭触头和复合触头的动作情况，用万用表的电阻挡测量各对触头之间的接触情况，分辨常开触头和常闭触头。

4. 评分标准

(1) 识别按钮 (50 分)

① 写错或漏写名称，每只扣 5 分；

② 写错或漏写型号，每只扣 5 分；

③ 写错符号，每个扣 5 分。

(2) 检测按钮 (50 分)

① 仪表使用方法错误，扣 10 分；

② 测量结果错误，扣 5 分；

③ 检查修整触头错误，扣 10 分；

④ 损坏仪表电器，扣 20 分；

⑤ 不会检测，扣 50 分。

(3) 文明生产。违反安全文明生产规程，扣 5～40 分。

(4) 定额时间。定额时间 60min，每超过 5min（不足 5min 按 5min 计）扣 5 分。

备注：除额定时间外，各项目的最高扣分不应超过配分数。

温馨提示

① 注意文明生产和安全。

② 课后通过网络、厂家、销售商和使用单位等多渠道了解关于按钮的知识和资料，分门别类加以整理，作为资料备用。

【任务评价】

温馨提示

完成【知识准备】、【实际操作】后，进入总结评价阶段。评价分自评、教师评两种，主要是总结评价本次任务中做得好的地方及需要改进的地方等。根据评分的情况和本次任务的结果，填入表 1-12 和表 1-13。

表 1-12 学生自评表格

任务完成进度	做得好的方面	不足、需要改进的方面

表 1-13　教师评价表格

在本次任务中的表现	学生进步的方面	学生不足、需要改进的方面

【总结报告】

温馨提示

总结报告可涉及内容为本次任务的心得体会等，总之，要学会随时记录工作过程，总结经验教训，为今后的工作打下良好的基础。

任务小结

本任务主要是了解掌握主令电器的概念含义；熟悉按钮的功能、基本结构、工作原理以及型号含义；熟记按钮的图形符号和文字符号；能够正确识别、选用、安装、使用按钮。

问题探究

一、按钮常见故障

1. 按钮按下，触点不动作、触点接触不良的原因

附着了垃圾、灰尘或有水的进入；受到周围有害气体的影响，接点表面产生了化学膜；焊接时焊剂进入；可能是内部的弹簧坏了；可能是操作速度太慢，导致接点的切换不稳定；可能是操作频率太低，导致接点表面产生氧化膜。

2. 按钮松开，触点不复位的原因

一，按钮有瞬时动作和交替动作，选择交替动作，需要再按按钮（瞬时动作是指按钮按下，触点动作，按钮松开，触点复位；交替动作是指按钮按下，触点动作，按钮松开，触点保持动作状态，再按按钮触点复位）。二，接点熔接，负载超过了触点的负载容量；电弧导致触点熔接了；浪涌电流超过了开关所能承受的最大电流；开关频率超过了允许操作频率范围。

3. 带灯按钮触点动作，显示灯不亮的原因

灯的极性连接可能不对；施加的电源电压可能不适合灯的电压规格。

二、按钮的使用注意事项

1. 交流和直流线路中按钮开关能力有很大差异，请确认额定值

直流电的场合控制容量非常低。这主要是因为直流电不像交流电那样有零点（电流零交叉点），因此一旦产生电弧就很难消除，电弧时间很长，而且电流方向不变，所以会出现触点迁移现象，触点会由于凹凸不平而无法断开，可能导致误动作。

2. 有些种类的负载的恒定电流和浪涌电流相差很大

请在允许的浪涌电流值范围内使用。闭路时的浪涌电流越大，触点的消耗量和迁移量也

越大，就会因触点的熔接和迁移导致触点无法开关的故障。

3. 在含有电感应的情况下

此种情况会产生反向感应电压，电压越高能量越大，触点的消耗和迁移也随之增大，因此请确认额定的条件，在额定值中标出了控制容量，但仅这些是不够的，在接通时和切断时的电压、电流波形、负载的种类等特殊的负载电路中，必须分别进行实际设备测试确认。微小电压、电流的场合请使用微小负载用产品。使用一般用途的银质触点时，可能导致接触可靠性降低。

4. 超出按钮开关范围

按钮开关超出按钮开关范围的微小型、高负载型时，请连接适合该负载的继电器。

5. 确定额定值如下所示

感性负载：功率因数 0.4 以上（交流）、时间常数 7ms 以下（直流）；灯负载：具有相当于恒定电流 10 倍的浪涌电流时的负载；电动机负载：具有相当于恒定电流 6 倍的浪涌电流时的负载。

注：感性负载在直流电路中特别重要，因此必须充分了解负载的时间常数（L/R）的值。

三、按钮的安装

① 将钮罩打开，将螺母选下（一般按钮头部都是可以拆分，带指示灯的话基本也是这么安装）。

② 将打开的开关下部套入面板孔中。

③ 将螺母拧上，然后将钮罩嵌入。这样按钮开关就装好了，后面的就是接线了。

注意：按钮开关用于高温场合时，易使塑料变形老化而导致松动，引起接线螺钉间相碰短路，可在接线螺钉处加套绝缘塑料管来防范，也可选择金属按钮开关；带指示灯按钮因灯泡发热，长期使用易使塑料灯罩变形，应降低灯泡电压，延长使用寿命。同时建议在选取灯珠颜色时，选择暗色调；“急停”按钮开关（如 LAS1—BGQ—TS 金属急停钮）必须是红色蘑菇头式；“启动”按钮必须有防护挡圈，防护挡圈应高于按钮头，以防意外触动使电气设备误动作。

任务5　认识行程开关

学习目标

① 熟悉行程开关的功能、基本结构、工作原理以及型号含义；

② 熟记行程开关的图形符号和文字符号；

③ 能够正确识别、选用、安装、使用行程开关。

工作任务

首先，熟悉行程开关的功能、基本结构、工作原理以及型号含义；熟记行程开关的图形符号和文字符号，其次，要做到能够正确识别、选用、安装、使用行程开关。

任务实施

【知识准备】

行程开关又称限位开关，它的种类很多，按运动形式可分为直动式、微动式、转动式等；按触点的性质分可为有触点式和无触点式。

一、有触点行程开关

有触点行程开关简称行程开关，行程开关的工作原理和按钮相同，区别在于它不是靠手的按压，而是利用生产机械运动的部件碰压而使触点动作来发出控制指令的主令电器。它用于控制生产机械的运动方向、速度、行程大小或位置等，其结构形式多种多样。如图 1-26 所示为几种操作类型的行程开关动作原理示意图及图形符号。如图 1-27 所示为常用行程开关型号及含义。

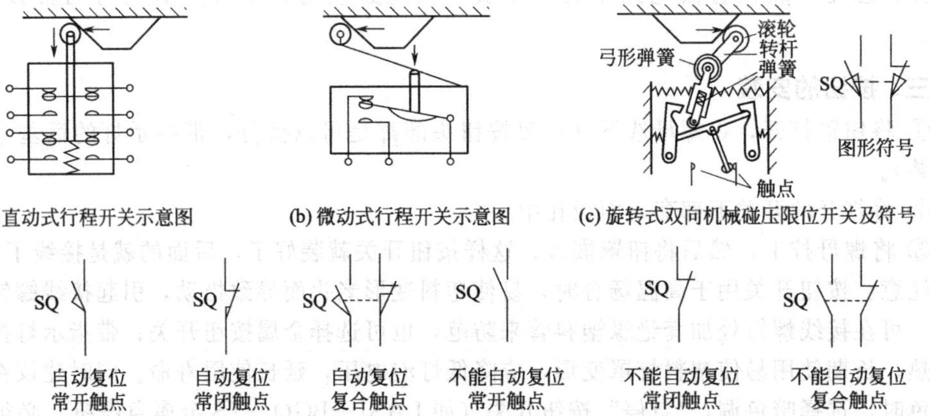

(a) 直动式行程开关示意图　(b) 微动式行程开关示意图　(c) 旋转式双向机械碰压限位开关及符号

(d) 行程开关图形及文字符号

图 1-26　行程开关动作原理示意图及图形符号

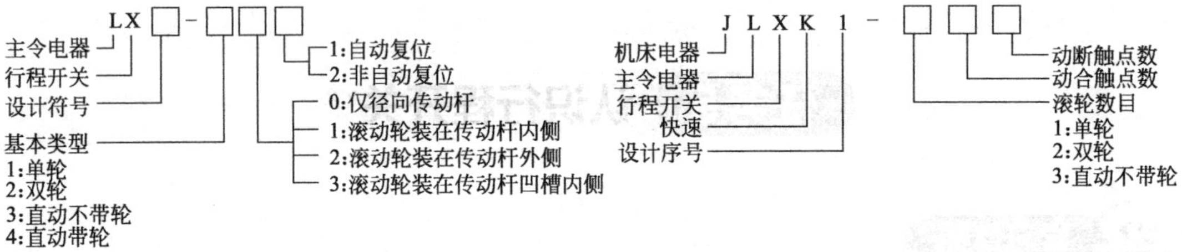

图 1-27　常用行程开关型号及含义

行程开关的主要参数有型式、动作行程、工作电压及触头的电流容量。目前国内生产的行程开关有 LXK3、3SE3、LX19、LXW 和 LX 等系列。常用的行程开关有 LX19、LXW5、LXK3、LX32 和 LX33 等系列。

二、无触点行程开关

无触点行程开关又称接近开关，它可以代替有触头行程开关来完成行程控制和限位保护，还可用于高频计数、测速、液位控制、零件尺寸检测、加工程序的自动衔接等的非接触式开关。由于它具有非接触式触发、动作速度快、可在不同的检测距离内动作、发出的信号稳定无脉动、工作稳定可靠、使用寿命长、重复定位精度高以及能适应恶劣的工作环境等特点，所以在机床、纺织、印刷、塑料等工业生产中应用广泛。

无触点行程开关分为有源型和无源型两种，多数无触点行程开关为有源型，主要包括检测元件、放大电路、输出驱动电路3部分，一般采用5～24V的直流电流，或220V交流电源等。如图1-28所示为三线式有源型接近开关结构框图。

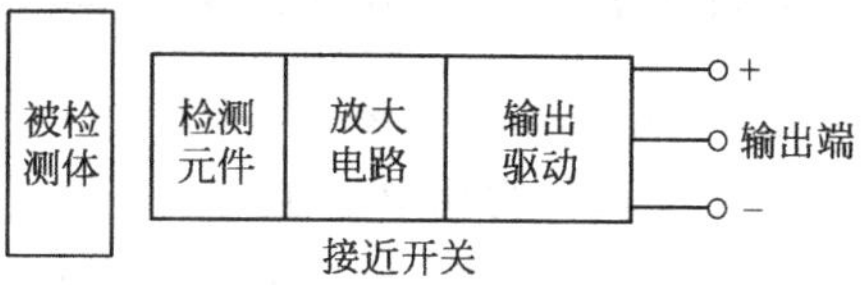

图1-28　三线式有源型接近开关结构框图

接近开关按检测元件工作原理可分为高频振荡型、超声波型、电容型、电磁感应型、永磁型、霍尔元件型与磁敏元件型等。不同型式的接近开关所检测的被检测体不同。

电容型接近开关可以检测各种固体、液体或粉状物体，其主要由电容式振荡器及电子电路组成，它的电容位于传感界面，当物体接近时，将因改变了电容值而振荡，从而产生输出信号。

霍尔元件型接近开关用于检测磁场，一般用磁钢作为被检测体。其内部的磁敏感器件仅对垂直于传感器端面的磁场敏感，当磁极S极正对接近开关时，接近开关的输出产生正跳变，输出为高电平，若磁极N极正对接近开关时，输出为低电平。

超声波型接近开关适于检测不能或不可触及的物体，其控制功能不受声、电、光等因素干扰，检测物体可以是固态、液态或粉末状态的物体，只要能反射超声波即可。其主要由压电陶瓷传感器、发射超声波和接收反射波用的电子装置及调节检测范围用的程控桥式开关等几个部分组成。

高频振荡型接近开关用于检测各种金属，主要由高频振荡器、集成电路或晶体管放大器和输出器3部分组成，其基本工作原理是当有金属物体接近振荡器的线圈时，该金属物体内部产生的涡流将吸取振荡器的能量，致使振荡器停止振荡。振荡器的振荡和停振这两个信号，经整形放大后转换成开关信号输出，输出形式有两线式、三线式和四线式几种，晶体管输出类型有NPN和PNP两种，外形有方形、圆形、槽形和分离型等多种，如图1-29所示为槽型三线式NPN型光电式接近开关的工作原理图和远距分离型光电开关工作示意图。

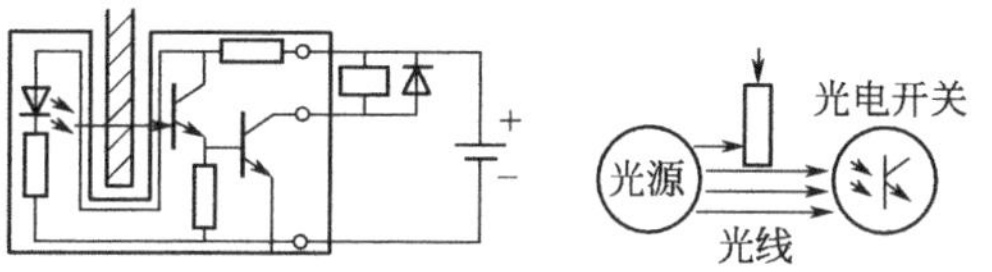

(a) 槽形光电式接近开关　(b) 远距分离型光电开关

图1-29　槽形和分离型光电开关

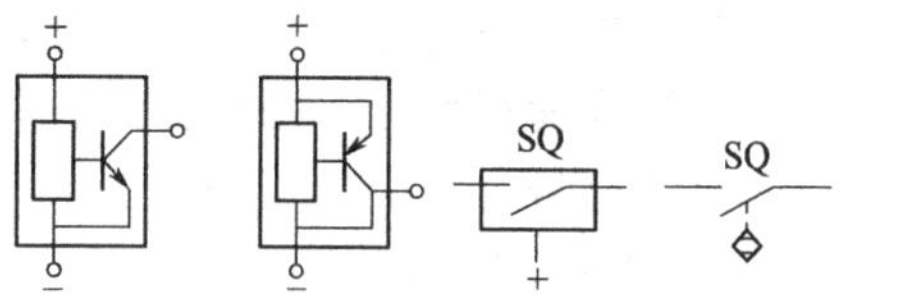

NPN型　PNP型　有源接近开关　无源接近开关

图1-30　接近开关的图形符号

接近开关的种类十分丰富，常用的国产接近开关有LJ、3SG和LXJ18等多种系列，国外进口及引进产品亦在国内有大量应用。接近开关的主要参数有型式、动作距离范围、动作频率、响应时间、重复精度、输出型式、工作电压及输出触点的容量等。接近开关的图形符号如图1-30所示。

三、有触点行程开关的选择

应用场合及控制对象选择；根据安装环境选择防护形式，如开启式或保护式；根据控制线路的电压和电流选择其额定电压和额定电流；根据机械与行程开关的传力与位移关系选择合适的头部形式。

四、接近开关的选择

工作频率、可靠性及精度；检测距离、安装尺寸；触点形式（有触点、无触点）、触点数量及输出形式（NPN 型、PNP 型）；电源类型（直流、交流）、电压等级。

【实际操作】——识别与检修行程开关

1. 选用工具、仪表

（1）工具：常用电工工具。

（2）仪表：ZC25—3 型兆欧表（500V、0～500MΩ）、MF47 型万用表。

（3）器材：行程开关 JXK1—311、JLXK1—211 和 JLXK1—111 等。

2. 行程开关的识别训练

（1）在教师的指导下，仔细观察各种行程开关，熟悉它们的外形、型号及主要技术参数的意义、功能、结构及工作原理等。

（2）由教师从所给的行程开关中选 3 只，用胶布盖住其型号并编号，由学生根据实物写出其名称、型号规格及文字符号，画出图形符号，填入表 1-14。

表 1-14　行程开关的识别

序号	1	2	3
名称			
型号			
文字符号			
图形符号			

3. 检测行程开关

拆开外壳观察其内部结构，理解常开触头、常闭触头和复合触头的动作情况，用万用表的电阻挡测量各对触头之间的接触情况，分辨敞开触头和常闭触头。

4. 评分标准

（1）识别行程开关（50 分）

① 写错或漏写名称，每只扣 5 分；

② 写错或漏写型号，每只扣 5 分；

③ 写错符号，每个扣 5 分。

（2）检测行程开关（50 分）

① 仪表使用方法错误，扣 10 分；

② 测量结果错误，扣 5 分；

③ 检查修整触头错误，扣 10 分；

④ 损坏仪表电器，扣 20 分；

⑤ 不会检测，扣 50 分。

（3）文明生产。违反安全文明生产规程，扣 5～40 分。

（4）定额时间。定额时间 60min，每超过 5min（不足 5min 按 5min 计）扣 5 分。

备注：除定额时间外，各项目的最高扣分不应超过配分数。

温馨提示

① 注意文明生产和安全。

② 课后通过网络、厂家、销售商和使用单位等多渠道了解关于行程开关的知识和资料，分门别类加以整理，作为资料备用。

【任务评价】

温馨提示

完成【知识准备】、【实际操作】后，进入总结评价阶段。评价分自评、教师评两种，主要是总结评价本次任务过程中做得好的地方及需要改进的地方等。根据评分的情况和本次任务的结果，填入表 1-15 和表 1-16。

表 1-15　学生自评表格

任务完成进度	做得好的方面	不足、需要改进的方面

表 1-16　教师评价表格

在本次任务中的表现	学生进步的方面	学生不足、需要改进的方面

【总结报告】

温馨提示

总结报告可涉及内容为本次任务的心得体会等，总之，要学会随时记录工作过程，总结经验教训，为今后的工作打下良好的基础。

任务小结

本任务主要是熟悉行程开关的功能、基本结构、工作原理以及型号含义；熟记行程开关的图形符号和文字符号；能够正确识别、选用、安装、使用行程开关。

问题探究

1. 有触点行程开关故障原因

通用型行程开关动作接近行程为 45°，滚轮大小一般为 17.4～17.5mm，一般的行程开关，驱动杆动作 45°时，滚轮上表面与驱动杆在原位时滚轮的中心点在同一水平线。如果撞铁与行程开关在初始位置接触，撞铁的下表面低于行程开关滚轮的中心点，相撞后设备没有立即停止（比如设置了延时停止，或机械行程停止有延迟），滚轮驱动杆受压超出 45°的接近行程，到达过行程区域，使驱动杆弹簧受损。在驱动杆初始位置，撞铁的下表面低于滚轮中心点多少，受压后过行程即为多少。长此以往，必将降低行程开关的使用寿命。

2. 有触点行程开关故障预防

滚轮驱动杆的接近行程为45°，动作位置大约在接近行程的1/2，即滚轮的1/4位置。所以调整通用型滚轮驱动杆型行程开关时，撞铁的下表面应该在滚轮的1/4～1/2位置为宜。

3. 有触点行程开关常见故障

（1）滚轮在碰撞后，杠杆被杂物卡住，不能驱动触点；或者是操作头偏斜，与部件不能碰撞，在到达路程时不能停止；行程开关在部件的碰撞下由于弹簧片的弹力寿命有限，在碰撞时不能弹回，或者选择型号的弹力不足；或是触点在长期的工作中由于制造问题导致脱落，接触之后并不能驱动电动机，以上情况会出现有触点行程开关复位后，但是常闭触头确不能闭合，则相当于线路一直处于断开状态；

（2）开关的安装位置不当；触头的导电性能老化，在运行过程中不能很好地起到导电作用，接触不良；或是触头的连接线断裂、脱落；由于开关的型号选择不对，在长期的运行当中，线圈出现老化或者电流过大造成线圈烧坏（电力行业一般要用带磁吹灭式行程开关，这样可以承受比较大的直流电流），触头与线路失去连接，这些情况都会使得当部件碰撞开关时，触头不做出任何动作；

（3）行程开关在安装过程中位置的测算不精准，位置偏低，或是由于工艺问题或开关内有杂质，其机械阻力过大，都会使得杠杆偏转后触头没有动作。

4. 有触点行程开关常见故障的维修方法

（1）针对常闭触头不能闭合的现象。应该按时清扫有触点行程开关，重新将动触头的位置进行调整，将弹簧或者触头更换成符合要求的。

（2）对于触头不动作的现象。要根据实际需要，及时调整开关的位置，将接触不良的触头进行清洗或者更换掉，对于连接线则需要加固其与触头的连接，或更换连接线；

（3）触头未动的情况。应将开关上调至合适的位置，使得部件与开关能进行很好的碰撞，对开关进行清扫，或是根据实际的部件碰撞力的大小选择恰当机械阻力的开关。

任务6 认识主令控制器

学习目标

① 熟悉主令控制器的功能、基本结构、工作原理以及型号含义；

② 熟记主令控制器的图形符号和文字符号；

③ 能够正确识别、选用、安装、使用主令控制器。

工作任务

首先，熟悉主令控制器的功能、基本结构、工作原理以及型号含义；熟记主令控制器的图形符号和文字符号。其次，要做到能够正确识别、选用、安装、使用主令控制器。

任务实施

【知识准备】

主令控制器是一种手动操作，直接控制主电路大电流（10～600A）的开关电器。常用的主令控制器有 KT 型凸轮主令控制器、KG 型鼓形主令控制器和 KP 型平面主令控制器，各种主令控制器的作用和工作原理基本类似，下面以常用的凸轮主令控制器为例进行说明。

凸轮主令控制器是一种大型的手动控制器，主要用于起重设备中直接控制中小型绕线式异步电动机的启动、停止、调速、换向和制动，也适用于有相同要求的其他电力拖动场合。

凸轮主令控制器主要由触头、转轴、凸轮、杠杆、手柄、灭弧罩及定位机构等组成。如图 1-31 所示为凸轮主令控制器的结构原理示意图及图形符号。凸轮主令控制器中有多组触点，并由多个凸轮分别控制，以实现对一个较复杂电路中的多个触点进行同时控制。由于凸轮主令控制器中的触点多，每个触点在每个位置的接通情况各不相同，所以不能用普通的常开常闭触点来表示。如图 1-31(a) 所示为 1 极 12 位凸轮主令控制器示意图，如图 1-31(b) 所示的图形符号表示这一个触点有 12 个位置，图中的小黑点表示该位置触点接通。由示意图可见，当手柄转到 2、3、4 和 10 号位时，由凸轮将触点接通。如图 1-31(c) 所示为 5 极 12 位凸轮主令控制器，它是由 5 个 1 极 12 位凸轮主令控制器组合而成。如图 1-31(d) 所示为 4 极 5 位凸轮主令控制器的图形符号，表示有 4 个触点，每个触点有 5 个位置，图中的小黑点表示触点在该位接通。例如，当手柄打到右侧 1 号位时，2、4 触点接通。

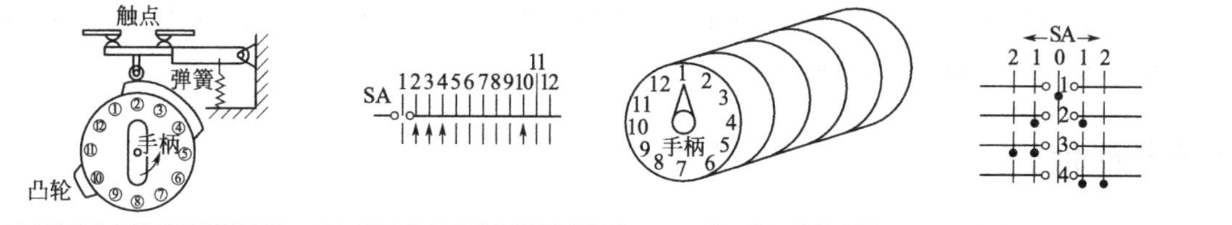

(a) 1极12位凸轮控制器示意图　(b) 1极12位凸轮控制器图形符号　(c) 5极12位凸轮控制器　(d) 4极5位凸轮控制器图形符号

图 1-31　凸轮主令控制器的结构原理示意图及图形符号

由于凸轮主令控制器可直接控制电动机工作，所以其触头容量大并有灭弧装置。凸轮主令控制器的优点为控制线路简单、开关元件少、维修方便等，缺点为体积较大、操作笨重、不能实现远距离控制。目前使用的凸轮主令控制器有 KT10、KTJ14、KTJ15 及 KTJ16 等系列。

主令控制器型号含义如图 1-32 所示。

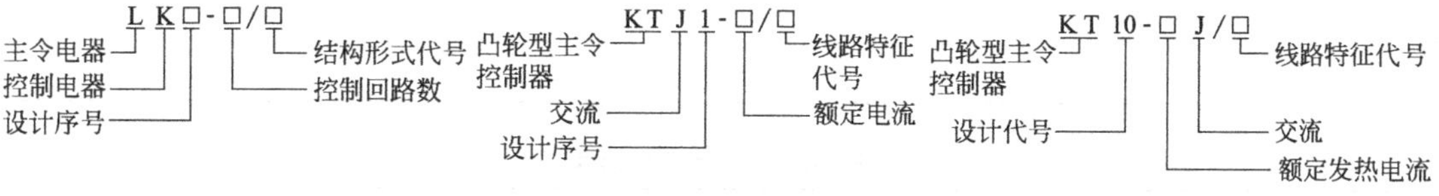

(a) 主力控制器型号含义　(b) 凸轮主令控制器型号含义　(c) 凸轮主令控制器型号含义

图 1-32　主令控制器型号含义

【实际操作】——识别与检修主令控制器

1. 选用工具、仪表

（1）工具：常用电工工具。

（2）仪表：ZC25—3 型兆欧表（500V、0～500MΩ）、MF47 型万用表。

（3）器材：主令控制器 LK1—12/90、凸轮主令控制器 KTJ1—50/1 等。

2. 主令控制器的识别与检测

（1）在教师的指导下，仔细观察各种主令控制器，熟悉它们的外形、型号及主要技术参数的意义、功能、结构及工作原理等。

（2）用兆欧表测量各触点对地电阻，其值应不小于 0.5MΩ。

（3）用万用表通断挡测量手柄位于不同位置时各对触点的通断情况，根据结果分别做出触点分合表，并与给出的分合表对比，初步判断触头的工作情况是否良好。

（4）打开外壳，仔细观察、比较控制器的结构和动作过程，指出主要零部件的名称，理解其工作原理。

（5）检查各对触点的接触情况和各凸轮片的磨损情况，若触头接触不良应予以修整，若凸轮片磨损严重应予以更换。

（6）合上外壳，转动手柄检查转动是否灵活、可靠，并再次用万用表测量手柄位于不同位置时各触点的通断情况，看是否与给定的触点分合表相符。

温馨提示

① 注意文明生产和安全。

② 课后通过网络、厂家、销售商和使用单位等多渠道了解关于主令控制器的知识和资料，分门别类加以整理，作为资料备用。

【任务评价】

温馨提示

完成【知识准备】、【实际操作】后，进入总结评价阶段。评价分自评、教师评两种，主要是总结评价本次任务过程中做得好的地方及需要改进的地方等。根据评分的情况和本次任务的结果，填入表 1-17 和表 1-18。

表 1-17　学生自评表格

任务完成进度	做得好的方面	不足、需要改进的方面

表 1-18　教师评价表格

在本次任务中的表现	学生进步的方面	学生不足、需要改进的方面

【总结报告】

温馨提示

总结报告可涉及内容为本次任务的心得体会等，总之，要学会随时记录工作过程，总结经验教训，为今后的工作打下良好的基础。

任务小结

本任务主要是熟悉主令控制器的功能、基本结构、工作原理以及型号含义；熟记主令控制器的图形符号和文字符号；能够正确识别、选用、安装、使用主令控制器。

问题探究

1. 凸轮非调整式主令控制器的使用

（1）主令控制器应用安装螺钉固定，然后将手柄用力下推，自锁装置自动脱开，即可操作手柄。

（2）按照触头元件分合程序，分别逐挡操作控制器，观察触头的分合是否与触头分合程序相符，如有不符，应予以调整或更换凸轮。

（3）在通电前必须检查电动机和电阻器等有关电气系统的接线是否正确，接地是否可靠。

（4）通电后应细心检查电动机运行情况，若有差异立即切断电源，待查明原因后方可继续通电。

2. 主令控制器应按以下要求经常检查维修

（1）所有螺钉连接部分必须紧固，特别是触头接线螺钉；

（2）摩擦部分应经常保持一定的润滑；

（3）触头工作表面应无明显的熔斑，烧熔的部位可用细锉刀精心修理，不允许使用砂纸；

（4）损坏的零件要及时更换。

任务7　认识转换开关

学习目标

① 熟悉转换开关的功能、基本结构、工作原理以及型号含义；

② 熟记转换开关的图形符号和文字符号；

③ 能够正确识别、选用、安装、使用转换开关。

工作任务

首先，熟悉转换开关的功能、基本结构、工作原理以及型号含义；熟记转换开关的图形符号和文字符号。其次，要做到能够正确识别、选用、安装、使用转换开关。

任务实施

【知识准备】

转换开关是一种多挡位、多触点、能够控制多回路的主令电器，主要用于各种控制设备中线路的换接、遥控和电流表、电压表的换相测量等，也可用于控制小容量电动机的启动、换向、调速。

转换开关的工作原理和凸轮控制器一样，只是使用地点不同，凸轮控制器主要用于主线路，直接对电动机等电气设备进行控制，而转换开关主要用于控制电路，通过继电器和接触器间接控制电动机。常用的转换开关主要有两大类，即万能转换开关和组合开关。二者的结构和工作原理基本相似，在某些应用场合下二者可相互替代。转换开关按结构类型分为普通型、开启组合型和防护组合型等；按用途又分为主令控制用和控制电动机用两种。转换开关的图形符号和凸轮控制器一样，如图 1-33 所示。

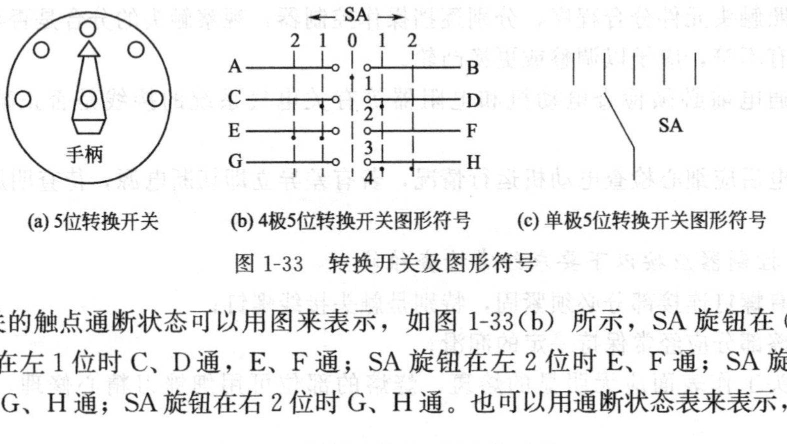

(a) 5位转换开关　　(b) 4极5位转换开关图形符号　　(c) 单极5位转换开关图形符号

图 1-33　转换开关及图形符号

转换开关的触点通断状态可以用图来表示，如图 1-33(b) 所示，SA 旋钮在 0 位时 A、B 通；SA 旋钮在左 1 位时 C、D 通，E、F 通；SA 旋钮在左 2 位时 E、F 通；SA 旋钮在右 1 位时 C、D 通，G、H 通；SA 旋钮在右 2 位时 G、H 通。也可以用通断状态表来表示，见表 1-19。

表 1-19　转换开关触点通断状态表

位置	←	↖	↑	↗	→
触点号	90°	45°	0°	45°	90°
1			×		
2		×		×	
3	×	×			
4				×	×

注：在图形符号中有·的表示触点通，在状态表中用×表示触点接通。

转换开关的主要参数有型式、手柄类型、触点通断状态表、工作电压、触头数量及其电流容量，在产品说明书中都有详细说明。常用的转换开关有 LW2、LW5、LW6、LW8、LW9、LWL12、LW16、VK、3LB 和 HZ 等系列，其中 LW2 系列用于高压断路器操作回路的控制，LW5、LW6 系列多用于电力拖动系统中对线路或电动机实行控制，LW6 系列还可装成双列型式，列与列之间用齿轮啮合，并由同一手柄操作，此种开关最多可装 60 对触点。

转换开关的选择应考虑的因素：额定电压和工作电流；手柄型式和定位特征；触点数量和接线图编号；面板型式及标志。转换开关型号含义如图 1-34 所示。

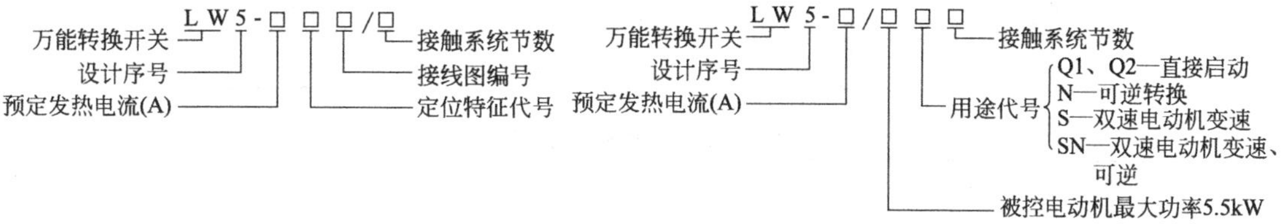

(a) 作主令控制用转换开关型号含义　　(b) 直接控制电动机用转换开关型号含义

图 1-34　转换开关型号含义

【实际操作】——识别与检修转换开关

1. 选用工具、仪表

(1) 工具：常用电工工具。

(2) 仪表：ZC25—3 型兆欧表（500V、0～500MΩ）、MF47 型万用表。

(3) 器材：转换开关 LW5—15/5.5N 等。

2. 转换开关的识别与检测

(1) 在教师的指导下，仔细观察各种转换开关，熟悉转换开关的外形、型号及主要技术参数的意义、功能、结构及工作原理等。

(2) 用兆欧表测量各触点对地电阻，其值应不小于 0.5MΩ。

(3) 用万用表通断挡测量手柄位于不同位置时各对触点的通断情况，根据结果分别做出触点分合表，并与给出的分合表对比，初步判断触头的工作情况是否良好。

(4) 打开外壳，仔细观察、比较转换开关的结构和动作过程，指出主要零部件的名称，理解其工作原理。

(5) 检查各对触点的接触情况和各凸轮片的磨损情况，若触头接触不良应予以修整，若凸轮片磨损严重应予以更换。

(6) 合上外壳，转动手柄检查转动是否灵活、可靠，并再次用万用表测量手柄位于不同位置时各触点的通断情况，看是否与给定的触点分合表相符。

温馨提示

① 注意文明生产和安全。

② 课后通过网络、厂家、销售商和使用单位等多渠道了解关于转换开关的知识和资料，分门别类加以整理，作为资料备用。

【任务评价】

温馨提示

完成【知识准备】、【实际操作】后，进入总结评价阶段。评价分自评、教师评两种，主要是总结评价本任务过程中做得好的地方及需要改进的地方等。根据评分的情况和本次任务的结果，填入表1-20和表1-21。

表1-20　学生自评表格

任务完成进度	做得好的方面	不足、需要改进的方面

表1-21　教师评价表格

在本次任务中的表现	学生进步的方面	学生不足、需要改进的方面

【总结报告】

温馨提示

总结报告可涉及内容为本次任务的心得体会等，总之，要学会随时记录工作过程，总结经验教训，为今后的工作打下良好的基础。

任务小结

本任务主要是熟悉转换开关的功能、基本结构、工作原理以及型号含义；熟记转换开关的图形符号和文字符号；能够正确识别、选用、安装、使用转换开关。

问题探究

转换开关的安装与使用

(1) 转换开关的安装位置应与其他电器元件或机床的金属部件保留一定间隙，以免在通断过程中因电弧喷出而发生对地短路故障。

(2) 转换开关一般应水平安装在屏板上，但也可以倾斜或垂直安装。

(3) 转换开关的通断能力不高，当用来控制电动机时，LW5系列只能控制5.5 kW以下的小容量电动机。若用于控制电动机的正反转，则只有在电动机停止后才能反向启动。

(4) 转换开关本身不带保护，使用时必须与其他电器配合。

(5) 当转换开关有故障时，必须立即切断线路，检查有无妨碍可动部分正常转动的故障，检查弹簧有无变形或失效，触头工作状态和触头状况是否正常等。

任务8　认识接触器

学习目标

① 熟悉接触器的功能、基本结构、工作原理以及型号含义；

② 熟记接触器的图形符号和文字符号；

③ 能够正确识别、选用、安装、使用接触器。

工作任务

首先，熟悉接触器的功能、基本结构、工作原理以及型号含义；熟记接触器的图形符号和文字符号。其次，要做到能够正确识别、选用、安装、使用接触器。

任务实施

【知识准备】

接触器主要用于控制电动机、电热设备、电焊机、电容器组等，能频繁地接通或断开交直流主电路，实现远距离自动控制。它具有低电压释放保护功能，在电力拖动自动控制线路中被广泛应用。接触器有交流接触器和直流接触器两大类型。下面介绍交流接触器。如图1-35所示为交流接触器的结构示意图及图形符号。

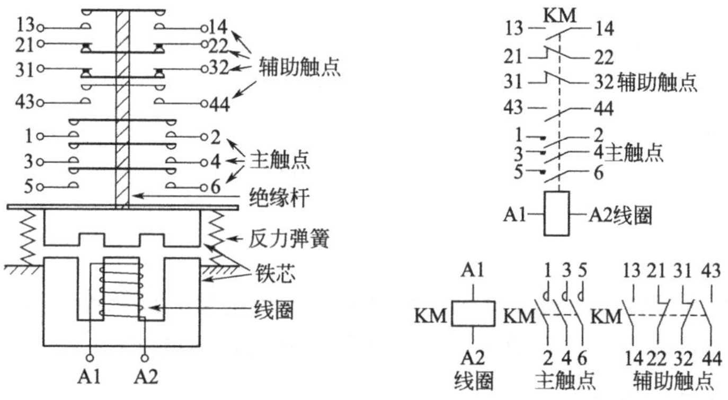

(a) 结构示意图　　(b) 图形符号

图1-35　交流接触器的结构示意图及图形符号

一、交流接触器的组成部分

1. 电磁机构

电磁机构由线圈、动铁芯（衔铁）和静铁芯组成。

2. 触头系统

交流接触器的触头系统包括主触头和辅助触头。主触头用于通断主电路，有3对或4对常开触头；辅助触头用于控制电路，起电气联锁或控制作用，通常有两对常开两对常闭触头。

3. 灭弧装置

容量在10A以上的交流接触器都有灭弧装置。对于小容量的接触器，常采用双断口桥形触头以利于灭弧；对于大容量的接触器，常采用纵缝灭弧罩及栅片灭弧结构。

4. 其他部件

交流接触器的其他部件包括反作用弹簧、缓冲弹簧、触头压力弹簧、传动机构及外壳等。

注意：接触器上标有端子标号，线圈为A1、A2，主触头1、3、5接电源侧，2、4、6

接负荷侧。辅助触头用两位数表示，前一位为辅助触头顺序号，后一位的 3、4 表示常开触头，1、2 表示常闭触头。

交流接触器的控制原理很简单，当线圈接通额定电压时，产生电磁力，克服弹簧反力，吸引动铁芯向下运动，动铁芯带动绝缘连杆和动触头向下运动使常闭触头断开，常开触头闭合。当线圈失电或电压低于释放电压时，电磁力小于弹簧反力，常开触头断开，常闭触头闭合。

二、交流接触器的主要技术参数和类型

(一) 交流接触器的主要技术参数

1. 额定电压

交流接触器的额定电压是指主触头的额定电压。交流有 220V、380V 和 660V，在特殊场合应用的额定电压高达 1140V，直流主要有 110V、220V 和 440V。

2. 额定电流

交流接触器的额定电流是指主触头的额定工作电流，是在一定的条件（额定电压、使用类别和操作频率等）下规定的，目前常用的电流等级为 10～800A。

3. 吸引线圈的额定电压

交流有 24V、36V、127V、110V、220V 和 380V，直流有 24V、48V、220V 和 440V。

4. 机械寿命和电气寿命

交流接触器是频繁操作电器，应有较高的机械和电气寿命，该指标是产品质量的重要指标之一。

5. 额定操作频率

交流接触器的额定操作频率是指每小时允许的操作次数，一般为 300 次/h、600 次/h 和 1200 次/h。

6. 动作值

动作值是指交流接触器的吸合电压和释放电压。规定交流接触器的吸合电压大于线圈额定电压的 85%时应可靠吸合，释放电压不高于线圈额定电压的 70%。

(二) 交流接触器的类型

常用的交流接触器有 CJ10、CJL2、CJ10X、CJ20、CJX1、CJX2、3TB 和 3TD 等系列。

三、交流接触器型号含义（图 1-36）

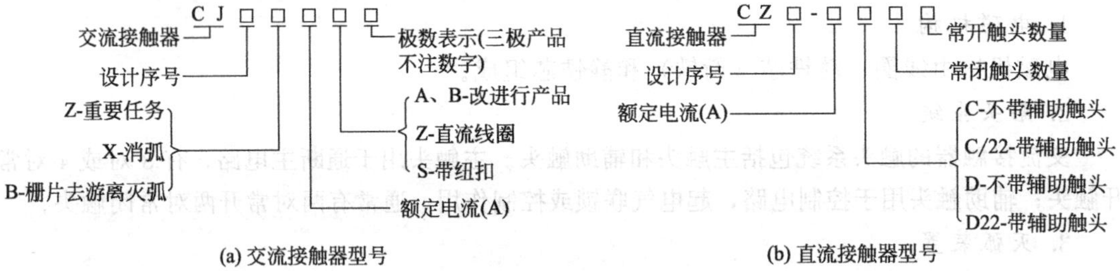

图 1-36 交流接触器型号含义

【实际操作】——识别与检修交流接触器

1. 选用工具、仪表

(1) 工具：常用电工工具、镊子。

（2）仪表：ZC25—3 型兆欧表（500V、0～500MΩ）、MG3—1 型钳形电流表、T10—A（5A）电流表、T10—V（600V）电压表、MF47 型万用表。

（3）器材：接触器 CJ10（CJT1）、CJ20、CJ40、CJX1（3TB 和 3TF）、CJX2 和 CJX8（B）等，其他器材：T→调压变压器（TDGC2—10/0.5）1 台；KM→交流接触器（CJ10—20）1 个；QS1→开启式负荷开关（HK1—15/3）1 个；QS2→开启式负荷开关（HK1—15/2）1 个；EL→指示灯（220V、25W）3 个；网孔板（700mm×590mm）1 块及配套的胀销和自攻钉若干；连接导线（BVR1.0mm^2）若干。

2. 交流接触器的识别

（1）在教师的指导下，仔细观察各种交流接触器，熟悉交流接触器的外形、型号及主要技术参数的意义、结构、工作原理及主触头、辅助常开触头和辅助常闭触头、线圈的接线柱等。

（2）用胶布盖住型号并编号，由学生根据实物写出各交流接触器的系列名称、型号、文字符号，画出图形符号，填入表 1-22 中，并简述交流接触器的主要结构和工作原理。

表 1-22　交流接触器的识别

序号	1	2	3	4	5	6
系列名称						
型号						
文字符号						
图形符号						
主要结构						
工作原理						

3. CJ10-20 交流接触器的拆装与检修

（1）拆卸

① 卸下灭弧罩的紧固螺钉，取下灭弧罩；

② 拉紧主触头定位弹簧夹；取下主触头及主触头压力弹簧片。拆卸主触头时必须将主触头侧转 45°后方可取下；

③ 松开辅助触头的线桩螺钉，取下常开静触头；

④ 松开接触器底部的盖板螺钉，取下盖板。在松开盖板螺钉时，要用手按住螺钉并慢慢放开；

⑤ 取下静铁芯缓冲绝缘纸片及静铁芯；

⑥ 取下静铁芯支架及缓冲弹簧；

⑦ 拔出线圈接线端的弹簧夹片，取出线圈；

⑧ 取下反作用弹簧、衔铁和支架；

⑨ 从支架上取下动铁芯定位销，取下动铁芯及缓冲绝缘纸片。

（2）检修

① 检查灭弧罩有无破裂或烧损，清除灭弧罩内的金属飞溅物；

② 检查触头的损坏程度，磨损严重时应更换触头。若不需要更换，则应清除触头表面上烧毛的颗粒；

③ 清除铁芯端面的油垢，检查铁芯有无变形及端面是否平整；

④ 检查触头压力弹簧及反作用弹簧是否变形或弹力不足，如有需要则更换弹簧；

⑤ 检查电磁线圈是否有短路、断路及发热变色现象。

（3）装配。安拆卸的逆顺序进行装配。

（4）自检。用万用表的欧姆挡检查线圈及各触头是否良好，用兆欧表测量各触头间及对地电阻是否符合要求，用手按动主触头检查运动部分是否灵活，以防产生接触不良、振动和噪声。

4. 交流接触器的校验及触头压力调整

（1）校验

① 装配好的交流接触器按如图 1-37 所示接入校验电路；

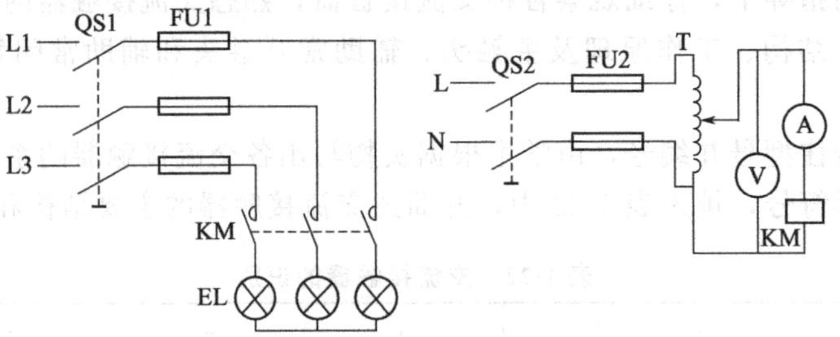

图 1-37　接入校验电路

② 选好电流表、电压表量程并调零，将调压变压器输出置于零位；

③ 合上 QS1 和 QS2，均匀调节变压器，使电压上升到接触器铁芯吸合为止，此时电压表的指示值即为接触器的动作电压值，该值应小于或等于 85%U_N，大于等于 70%U_N（U_N 为吸引线圈的额定电压）；

④ 保持吸合电压值，分合 QS2，作两次冲击合闸，以校验动作的可靠性；

⑤ 均匀地降低调压器的输出电压直至衔铁分离，此时电压表的指示值即为接触器的释放电压，释放电压应在 70%～50%U_N 之间；

⑥ 将调压变压器的输出电压调至接触器线圈的额定电压，观察铁芯有无振动及噪声，从指示灯的明暗可判断主触点的接触情况。

（2）触头压力的测量及调整

① 将一张厚约 0.1mm，比触头稍宽的纸条夹在触头之间，使触头处于闭合位置。

② 用手拉纸条。稍用力纸条即可拉出，说明触头压力合适。纸条很容易被拉出，说明触头压力不够，应调整或更换触头弹簧直至符合要求。纸条被拉断，说明触头压力过大，应调整或更换触头弹簧直至符合要求。

5. 评分标准

（1）识别接触器（40 分）

① 写错或漏写型号，每只扣 5 分；

② 写错符号，每只扣 5 分；

③ 主要结构、工作原理错误，酌情扣分。

（2）交流接触器的拆装、检修、校验及调整触头压力（60 分）

① 拆卸方法不正确或不会拆卸，扣 20 分；

② 损坏、丢失或漏装元件，每件扣 10 分；

③ 未进行检修或检修方法不正确，扣 10 分；

④ 不能进行通电校验，扣 20 分；

⑤ 通电时有振动或噪声，扣 10 分；

⑥ 校验方法或结果不正确，扣 10 分；
⑦ 不能凭经验判断触头压力的大小，扣 10 分；
⑧ 不会调整触头压力，扣 10 分。

（3）文明生产。违反安全文明生产规程，扣 5～40 分。

（4）定额时间。定额时间 2h，每超过 5min（不足 5min 按 5min 计）扣 5 分。

备注：除定额时间外，各项目的最高扣分不应超过配分数。

温馨提示

（1）拆装交流接触器时，应备有盛放零件的容器，以免丢失零件。

（2）拆装过程中不允许硬撬元件，以免损坏电器。装配辅助触头时，要防止卡住动触头。

（3）交流接触器校验时，应该把交流接触器固定在控制板上。通电校验过程中，要均匀、缓慢地改变调压变压器的输出电压，以使测量结果准确，并应有老师监护，以确保安全。

（4）调整出头压力时，注意不要损坏交流接触器的主触头。

（5）注意文明生产和安全。

（6）课后通过网络、厂家、销售商和使用单位等多渠道了解关于交流接触器的知识和资料，分门别类加以整理，作为资料备用。

【任务评价】

温馨提示

完成【知识准备】、【实际操作】后，进入总结评价阶段。评价分自评、教师评两种，主要是总结评价本次任务过程中做得好的地方及需要改进的地方等。根据评分的情况和本次任务的结果，填入表 1-23 和表 1-24。

表 1-23　学生自评表格

任务完成进度	做得好的方面	不足、需要改进的方面

表 1-24　教师评价表格

在本次任务中的表现	学生进步的方面	学生不足、需要改进的方面

【总结报告】

温馨提示

总结报告可涉及内容为本次任务的心得体会等，总之，要学会随时记录工作过程，总结经验教训，为今后的工作打下良好的基础。

任务小结

本任务主要是熟悉交流接触器的功能、基本结构、工作原理以及型号含义；熟记交流接触器的图形符号和文字符号；能够正确识别、选用、安装、使用接触器。

问题探究

1. 交流接触器的选用原则

（1）交流接触器主触头的额定电压≥负载额定电压。

（2）交流接触器主触头的额定电流≥1.3倍负载额定电流。

（3）交流接触器线圈额定电压：当线路简单、使用电器较少时，可选用220V或380V；当线路复杂、使用电器较多或不太安全的场所，可选用36V、110V或127V。

（4）交流接触器的触头数量、种类应满足控制线路要求。

（5）操作频率（每小时触头通断次数）。当通断电流较大及通断频率超过规定数值时，应选用额定电流大一级的交流接触器型号。否则会使触头严重发热，甚至熔焊在一起，造成电动机等负载缺相运行。

2. 交流接触器运行中检查项目

（1）通过的负荷电流是否在交流接触器额定值之内；

（2）接触器的分合信号指示是否与线路状态相符；

（3）运行声音是否正常，有无因接触不良而发出放电声；

（4）电磁线圈有无过热现象，电磁铁的短路环有无异常；

（5）灭弧罩有无松动和损伤情况；

（6）辅助触点有无烧损情况；

（7）传动部分有无损伤；

（8）周围运行环境有无不利运行的因素，如振动过大、通风不良、尘埃过多等。

3. 交流接触器的维护

（1）外部维护

① 清扫外部灰尘；

② 检查各紧固件是否松动，特别是导体连接部分，防止接触松动而发热。

（2）触点系统维护

① 检查动、静触点位置是否对正，三相是否同时闭合，如有问题应调节触点弹簧；

② 检查触点磨损程度，磨损深度不得超过1mm，触点有烧损，开焊脱落时，须及时更换；轻微烧损时，一般不影响使用。清理触点时不允许使用砂纸，应使用整形锉；

③ 测量相间绝缘电阻，阻值不低于10MΩ；

④ 检查辅助触点动作是否灵活，触点行程应符合规定值，检查触点有无松动脱落，发现问题时，应及时修理或更换。

（3）铁芯部分维护

① 清扫灰尘，特别是运动部件及铁芯吸合接触面之间的灰尘；

② 检查铁芯的紧固情况，铁芯松散会引起运行噪音加大；

③ 铁芯短路环有脱落或断裂要及时修复。

(4) 电磁线圈维护

① 测量线圈绝缘电阻；

② 线圈绝缘物有无变色、老化现象，线圈表面温度不应超过 65℃；

③ 检查线圈引线连接，如有开焊、烧损应及时修复。

(5) 灭弧罩部分维护

① 检查灭弧罩是否破损；

② 灭弧罩位置有无松脱和位置变化；

③ 清除灭弧罩缝隙内的金属颗粒及杂物。

任务9 认识继电器

学习目标

① 熟悉继电器的分类、功能、基本结构、工作原理以及型号含义；

② 熟记继电器的图形符号和文字符号；

③ 能够正确识别、选用、安装、使用各种继电器；

④ 会调整、校验热继电器、时间继电器等的整定值。

工作任务

首先，熟悉继电器的分类、功能、基本结构、工作原理以及型号含义；熟记继电器的图形符号和文字符号。其次，要做到能够正确识别、选用、安装、使用各种继电器；会调整、校验热继电器、时间继电器等的整定值。

任务实施

【知识准备】

继电器用于线路的逻辑控制，继电器具有逻辑记忆功能，能组成复杂的逻辑控制电路，继电器用于将某种电量（如电压、电流）或非电量（如温度、压力、转速、时间等）的变化量转换为开关量，以实现对线路的自动控制功能。

继电器的种类很多，按输入量可分为电压继电器、电流继电器、时间继电器、速度继电器、压力继电器等；按工作原理可分为电磁式继电器、感应式继电器、电动式继电器、电子式继电器等；按用途可分为控制继电器、保护继电器等；按输入量的变化形式可分为有无继电器和量度继电器。

有无继电器是根据输入量的有或无来动作的，无输入量时继电器不动作，有输入量时继电器动作，如中间继电器、通用继电器、时间继电器等。

量度继电器是根据输入量的变化来动作的，工作时其输入量是一直存在的，只有当输入量达到一定值时继电器才动作，如电流继电器、电压继电器、热继电器、速度继电器、压力继电器、液位继电器等。

一、电磁式继电器

在控制线路中用的继电器大多数是电磁式继电器。电磁式继电器具有结构简单，价格低廉，使用维护方便，触点容量小（一般在5A以下），触点数量多且无主辅之分，无灭弧装置，体积小，动作迅速、准确，控制灵敏、可靠等特点，广泛地应用于低压控制系统中。常用的电磁式继电器有电流继电器、电压继电器、中间继电器以及各种小型通用继电器等。

电磁式继电器的结构和工作原理与接触器相似，主要由电磁机构和触点组成。电磁式继电器也有直流和交流两种。如图1-38所示为直流电磁式继电器结构示意图，在线圈两端加上电压或通入电流，产生电磁力，当电磁力大于弹簧反作用力时，吸动衔铁使常开常闭触点动作；当线圈的电压或电流下降或消失时衔铁释放，触点复位。

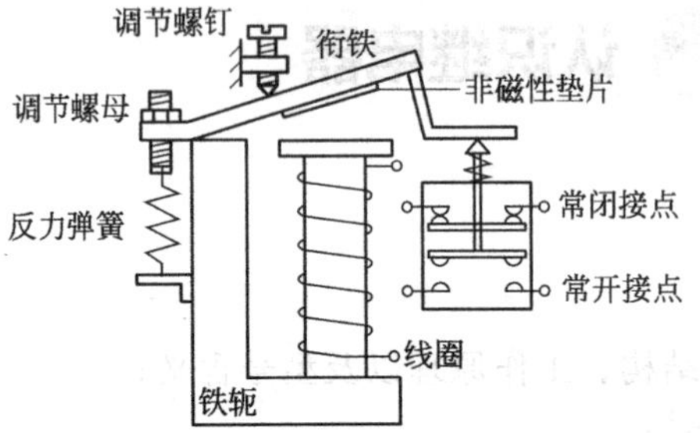

(a) 直流电磁式继电器结构示意图

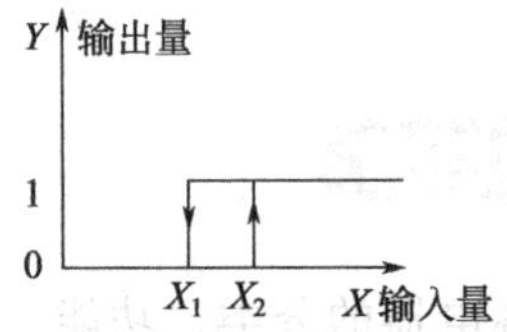

(b) 继电器输入—输出特性

图1-38　直流电磁式继电器结构示意图

（一）电磁式继电器的整定

继电器的吸动值和释放值可以根据保护要求在一定范围内调整，现以图1-38所示的直流电磁式继电器为例予以说明。

1. 转动调节螺母

调整反力弹簧的松紧程度可以调整动作电流（电压）。弹簧反力越大动作电流（电压）就越大，反之就越小。

2. 改变非磁性垫片的厚度

非磁性垫片越厚，衔铁吸合后磁路的气隙和磁阻就越大，释放的电流（电压）也就越大，反之越小，而吸引值不变。

3. 调节螺钉

可以改变初始气隙的大小。在反作用弹簧力和非磁性垫片厚度一定时，初始气隙越大，吸引的电流（电压）就越大，反之就越小，而释放值不变。

（二）电磁式继电器的特性

继电器的主要特性是输入—输出特性，又称为继电特性，如图1-38(b)所示。当继电器输入量 X 由0增加至 X_2 之前，输出量 Y 为0。当输入量增加到 X_2 时，继电器吸合，输出量 Y 为1，表示继电器线圈得电，常闭触点断开，常开触点闭合。当输入量继续增大时，继电器动作状态不变。当输出量 Y 为1的状态下，输入量 X 减小，当小于 X_2 时 Y 值仍不变，当 X 再继续减小至小于 X_1 时，继电器释放，输出量 Y 变为0，X 再减小，Y 值仍为0。在继电特性曲线中，X_2 称为继电器吸合值，X_1 称为继电器释放值。$k=X_1/X_2$，称为继电器的返回系数，它是继电器的重要参数之一。返回系数 k 值可以调节，不同场合对 k 值的要求不同。例如一般控制继电器要求 k 值低些，为0.1～0.4，这样继电器吸合后，输入量波动较大时不致引起误动作。保护继电器要求 k 值高些，一般为 0.85～0.9。k 值是反映吸力特性与反力特性配合紧密程度的一个参数，一般 k 值越大，继电器灵敏度越高，k 值越小，灵敏度越低。

二、中间继电器

中间继电器是最常用的继电器之一，它的结构和接触器基本相同，在控制线路中起逻辑变换和状态记忆的功能，以及用于扩展接点的容量和数量。另外，在控制线路中还可以调节各继电器、开关之间的动作时间，防止线路误动作的作用。中间继电器实质上是一种电压继电器，它是根据输入电压的有或无而动作的，一般触点对数多，触点容量额定电流为 5～10A。中间继电器的体积小，动作灵敏度高，一般不用于直接控制线路的负荷，但当线路的负荷电流在 5～10A 以下时，也可代替接触器起控制负荷的作用。中间继电器的工作原理和接触器一样，触点较多，一般为四常开和四常闭触点。中间继电器的结构示意图及图形符号如图 1-39 所示。中间继电器型号的含义如图 1-40 所示，常用的中间继电器型号有 JZ7 和 JZ14 等。

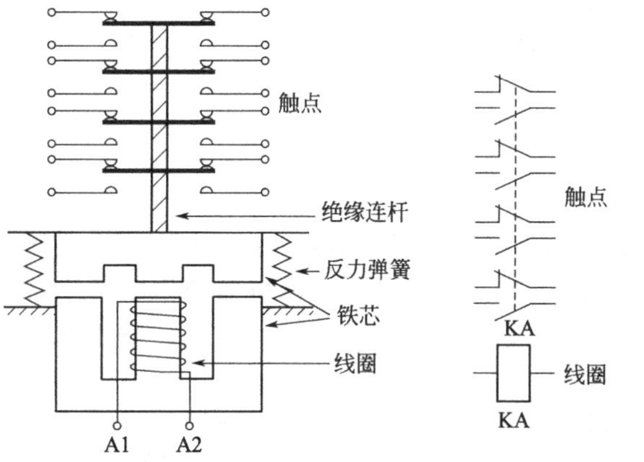

(a) 中间继电器示意图　(b) 中间继电器图形符号

图 1-39　中间继电器的结构示意图及图形符号

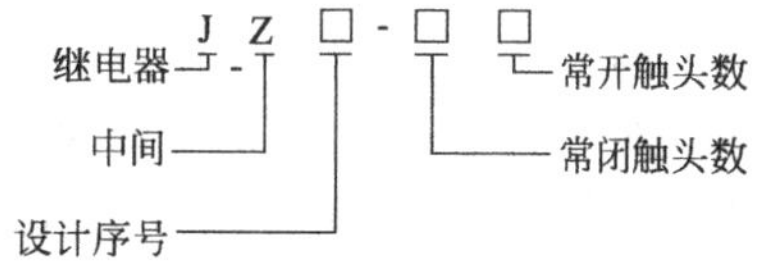

图 1-40　中间继电器型号的含义

三、电流继电器和电压继电器

(一) 电流继电器

电流继电器的输入量是电流，它是根据输入电流的大小而动作的继电器。电流继电器的线圈串入线路中，以反映线路中电流的变化，其线圈匝数少、导线粗、阻抗小。电流继电器可分为欠电流继电器和过电流继电器。

1. 欠电流继电器

欠电流继电器用于欠电流保护或控制，如直流电动机励磁绕组的弱磁保护、电磁吸盘中的欠电流保护、绕线式异步电动机启动时电阻的切换控制等。欠电流继电器的动作电流整定范围为线圈额定电流的 30%～65%。需要注意的是欠电流继电器在线路正常工作时，电流正常不欠电流时，欠电流继电器处于吸合动作状态，常开接点处于闭合状态，常闭接点处于断开状态；当线路出现不正常现象或故障现象导致电流下降或消失时，继电器中流过的电流小于释放电流而动作，所以欠电流继电器的动作电流为释放电流而不是吸合电流。

2. 过电流继电器

过电流继电器用于过电流保护或控制，如起重机线路中的过电流保护。过电流继电器在线路正常工作时流过正常工作电流，正常工作电流小于继电器所整定的动作电流，继电器不动作，当电流超过动作电流整定值时才动作。过电流继电器动作时其常闭接点断开，常开接点闭合。过电流继电器整定范围是，交流过电流继电器为（110%～400%）额定电流；直流过电流继电器为（70%～300%）额定电流。

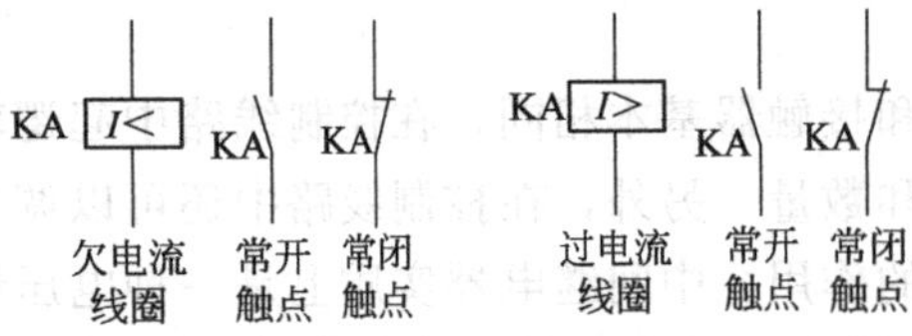

(a) 欠电流继电器　(b) 过电流继电器

图 1-41　电流继电器的图形及文字符号

3. 电流继电器的图形及文字符号

电流继电器作为保护电器时，其图形及文字符号如图 1-41 所示。

4. 电流继电器的型号含义

电流继电器的型号含义如图 1-42 所示，常用的电流继电器的型号有 JL12、JL15 等。

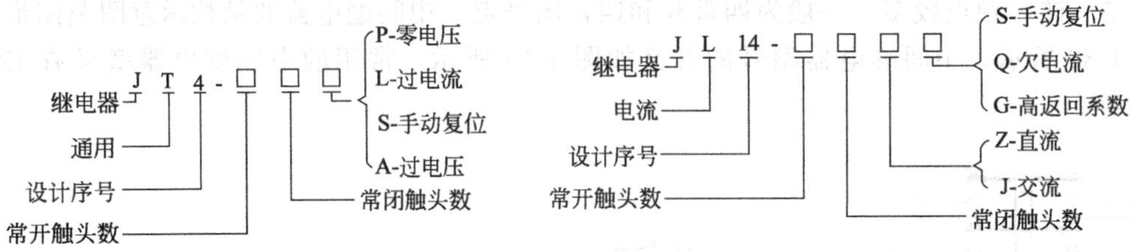

图 1-42　电流继电器的型号含义

（二）电压继电器

电压继电器的输入量是线路的电压大小，其根据输入电压大小而动作。与电流继电器类似，电压继电器也分为欠电压继电器和过电压继电器两种。过电压继电器动作电压范围为（105%～120%）U_N；欠电压继电器吸合电压动作范围为（20%～50%）U_N，释放电压调整范围为（7%～20%）U_N；零电压继电器当电压降低至（5%～25%）U_N 时动作，它们分别起过电压、欠电压、零电压保护。电压继电器工作时并联在电路中，因此线圈匝数多、导线细、阻抗大，反映线路中电压的变化，用于线路的电压保护。电压继电器常用在电力系统继电保护中，在低压控制电路中使用较少。电压继电器作为保护电器时，其图形及文字符号如图 1-43 所示。电压继电器的型号含义和电流继电器一样，如图 1-42 所示。

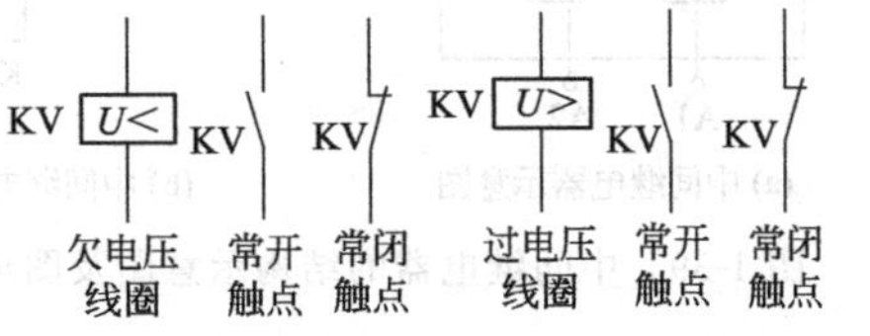

(a) 欠电压继电器　(b) 过电压继电器

图 1-43　电压继电器的图形及文字符号

四、时间继电器

时间继电器在控制线路中用于时间的控制。其种类很多，按其动作原理可分为电磁式、空气阻尼式、电动式和电子式等；按延时方式可分为通电延时型和断电延时型。下面以 JS7 型空气阻尼式时间继电器为例说明其工作原理。

空气阻尼式时间继电器是利用空气阻尼原理获得延时的，它由电磁机构、延时机构和触头系统 3 部分组成。电磁机构为直动式双 E 形铁芯，触头系统借用 LX5 型微动开关，延时机构采用气囊式阻尼器。空气阻尼式时间继电器可以做成通电延时型，也可改成断电延时型，电磁机构可以是直流的，也可以是交流的，如图 1-44 所示。

现以通电延时型空气阻尼式时间继电器为例介绍其工作原理。

图 1-44(a) 中通电延时型空气阻尼式时间继电器为线圈不得电时的情况，当线圈通电

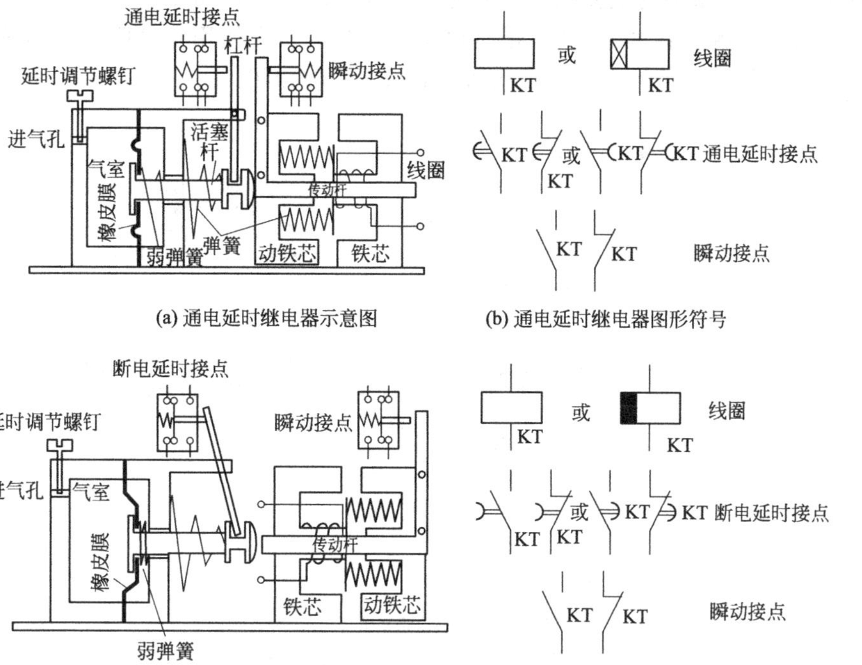

(a) 通电延时继电器示意图　　(b) 通电延时继电器图形符号

(c) 断电延时继电器示意图　　(d) 断电延时继电器图形符号

图 1-44　空气阻尼式时间继电器示意图及图形符号

后，动铁芯吸合，带动 L 形传动杆向右运动，使瞬动触点受压，其触点瞬时动作。活塞杆在塔形弹簧的作用下，带动橡皮膜向右移动，弹簧将橡皮膜压在活塞上，橡皮膜左方的空气不能进入气室，形成负压，只能通过进气孔进气，因此活塞杆只能缓慢地向右移动，其移动的速度和进气孔的大小有关（通过延时调节螺钉调节进气孔的大小可改变延时时间）。经过一定的延时后，活塞杆移动到右端，通过杠杆压动微动开关（通电延时触点），使其常闭触头断开，常开触头闭合，起到通电延时作用。

当线圈断电时，电磁吸力消失，动铁芯在反力弹簧的作用下释放，并通过活塞杆将活塞推向左端，这时气室内中的空气通过橡皮膜和活塞杆之间的缝隙排掉，瞬动接点和延时接点迅速复位，无延时。

如果将通电延时型时间继电器的电磁机构反向安装，就可以改为断电延时型时间继电器，如图 1-44(c) 所示。断电延时型时间继电器线圈不得电时，塔形弹簧将橡皮膜和活塞杆推向右侧，杠杆将延时触点压下（注意，原来通电延时的常开触点现在变成了断电延时的常闭触点了，原来通电延时的常闭触点现在变成了断电延时的常开触点），当线圈通电时，动铁芯带动 L 形传动杆向左运动，使瞬动触点瞬时动作，同时推动活塞杆向左运动，如前所述，活塞杆向左运动不延时，延时触点瞬时动作。线圈失电时动铁芯在反力弹簧的作用下返回，瞬动触点瞬时动作，延时接点延时动作。

时间继电器线圈和延时触点的图形符号都有两种画法，线圈中的延时符号可以不画，触点中的延时符号可以画在左边也可以画在右边，但是圆弧的方向不能改变，如图 1-44(b) 和 (d) 所示。

空气阻尼式时间继电器的优点是结构简单、延时范围大、使用寿命长、价格低廉，且不受电源电压及频率波动的影响，其缺点是延时误差大、无调节刻度指示，一般适用延时精度要求不高的场合。时间继电器的型号含义，如图 1-45 所示，常用的产品有 JS7—A、JS23 等系列，其中JS7—A系列的主要技术参数为延时范围，分0.4～60s和0.4～180s两种，操作频率为600次/h，触头容量为5A，延时误差为±15%。在使用空气阻尼式时间继电器时，应保持延时机构的清洁，防止因进气孔堵塞而失去延时作用。

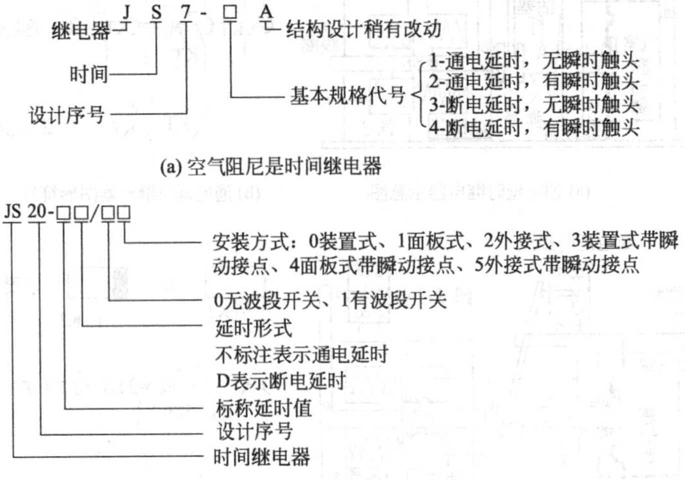

(a) 空气阻尼是时间继电器

(b) 晶体管式时间继电器

图1-45　时间继电器的型号含义

时间继电器在选用时应根据控制要求选择其延时方式，根据延时范围和精度选择继电器的类型。

五、热继电器

热继电器主要是用于电气设备（主要是电动机）的过负荷保护。热继电器是一种利用电流热效应原理工作的电器，具有与电动机容许过载特性相近的反时限动作特性，主要与接触器配合使用，用于对三相异步电动机的过负荷和断相保护。

三相异步电动机在实际运行中，常会遇到因电气或机械原因等引起的过电流（过载和断相）现象。如果过电流不严重，持续时间短，绕组不超过允许温升，这种过电流是允许的；如果过电流情况严重，持续时间较长，则会加快电动机绝缘的老化，甚至烧毁电动机，因此，在电动机回路中应设置电动机保护装置。常用的电动机保护装置种类很多，使用最多、最普遍的是双金属片式热继电器。目前，双金属片式热继电器均为三相式，有带断相保护和不带断相保护两种。

（一）热继电器的工作原理

如图1-46(a) 所示是双金属片式热继电器的结构示意图，如图1-46(b) 所示是其图形符号。由图可见，热继电器主要由双金属片、热元件、复位按钮、传动杆、拉簧、调节旋钮、复位螺钉、触点和接线端子等组成。

双金属片是一种将两种膨胀系数不同的金属用机械辗压的方法使之形成一体的金属片。膨胀系数大的称为主动层，膨胀系数小的称为被动层。由于两种膨胀系数不同的金属紧密地贴合在一起，当产生热效应时，使得双金属片向膨胀系数小的一侧弯曲，由弯曲产生的位移带动触头动作。

热元件一般由铜镍合金、镍铬铁合金或铁铬铝合金等电阻材料制成，形状有圆丝、扁丝、片状和带状几种。热元件串接于电动机的定子电路中，通过热元件的电流就是电动机的工作电流（大容量的热继电器装有速饱和互感器，热元件串接在其二次回路中）。当电动机

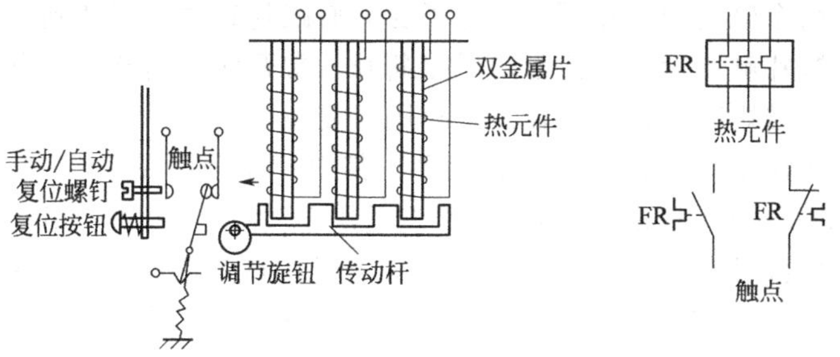

(a) 结构示意图　　　(b) 图形符号

图 1-46　双金属片式热继电器的结构示意图及图形符号

正常运行时，工作电流通过热元件产生的热量不足以使双金属片变形，热继电器不会动作。当电动机发生过电流且超过整定值时，双金属片的热量增大而发生弯曲，经过一定时间后，使触点动作，通过控制电路切断电动机的工作电源。同时，热元件也因失电而逐渐降温，经过一段时间的冷却后，双金属片恢复到原来的状态。

热继电器动作电流的调节是通过旋转调节旋钮来实现的。调节旋钮为一个偏心轮，旋转调节旋钮可以改变传动杆和动触点之间的传动距离，距离越长动作电流就越大，反之动作电流就越小。

热继电器复位方式有自动复位和手动复位两种，将复位螺钉旋入，使常开的静触点向动触点靠近，这样动触点在闭合时处于不稳定状态，在双金属片冷却后动触点也返回，为自动复位方式。如将复位螺钉旋出，触点不能自动复位，为手动复位置方式。在手动复位置方式下，需在双金属片恢复状时按下复位按钮才能使触点复位。

（二）热继电器型号含义

热继电器型号含义如图 1-47 所示。

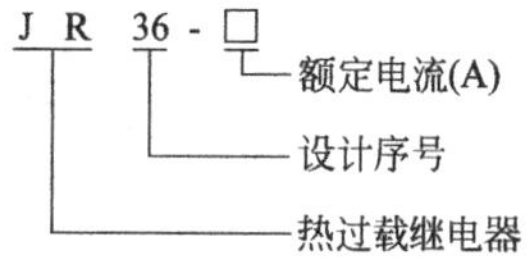

图 1-47　热继电器型号含义

（三）热继电器的选择原则

热继电器主要用于电动机的过载保护，使用中应考虑电动机的工作环境、启动情况、负载性质等因素，具体应按以下几个方面来选择。

(1) 热继电器结构型式的选择。星形接法的电动机可选用两相或三相结构热继电器，三角形接法的电动机应选用带断相保护装置的三相结构热继电器。

(2) 热继电器的动作电流整定值一般为电动机额定电流的 1.05～1.1 倍。

(3) 对于重复短时工作的电动机（如起重机电动机），由于电动机不断重复升温，热继电器双金属片的温升跟不上电动机绕组的温升，电动机将得不到可靠的过载保护。因此，不宜选用双金属片热继电器，而应选用过电流继电器或能反映绕组实际温度的温度继电器来进行保护。

六、速度继电器

速度继电器又称反接制动继电器，主要用于三相笼型异步电动机的反接制动控制。

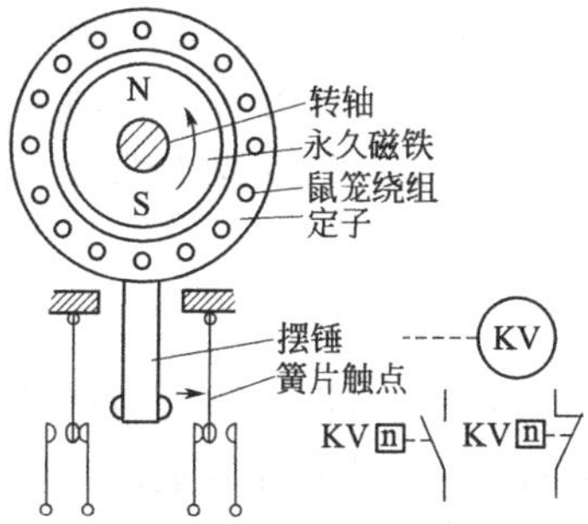

图 1-48　速度继电器的原理示意图及图形符号

如图 1-48 所示为速度继电器的原理示意图及图形符号，它主要由转子、定子和触头 3 部分组成。转子是一个圆柱形永久磁铁，定子是一个笼型空心圆环，由硅钢片叠成，并装有笼型绕组。其转子的轴与被控电动机的轴相连接，当电动机转动时，转子（圆柱形永久磁铁）随之转动产生一个旋转磁场，定子中的笼型绕组切割磁力线而产生感应电流和磁场，两个磁场相互作用，使定子受力而跟随转动，当达到一定转速时，装在定子轴上的摆锤推动簧片触点运动，使常闭触点断开，常开触点闭合。当电动机转速低于某一数值时，定子产生的转矩减小，触点在簧片作用下复位。

常用的速度继电器有JY1型和JFZ0型两种。其中JY1型可在700～3600r/min范围工作，JFZ0—1型适用于300～1000r/min，JFZ0—2型适用于1000～3000r/min。

一般速度继电器都具有两对转换触点，一对用于正转时动作，另一对用于反转时动作。触点额定电压为380V，额定电流为2A。通常速度继电器动作转速为130r/min，复位转速在100r/min以下。

七、液位继电器

液位继电器主要用于对液位的高低进行检测并发出开关量信号，以控制电磁阀、液压泵等设备对液位的高低进行控制。液位继电器的种类很多，工作原理也不尽相同，下面介绍JYF—02型液位继电器。JYF—02型液位继电器结构示意图及图形符号如图1-49所示。浮筒置于液体内，浮筒的另一端为一根磁钢，靠近磁钢的液体外壁也装一根磁钢，并和动触点相连，当水位上升时，受浮力上浮而绕固定支点上浮，带动磁钢条向下，当内磁钢N极低于外磁钢N极时，由于液体壁内外两根磁钢同性相斥，壁外的磁钢受排斥力迅速上翘，带动触点迅速动作。同理，当液位下降，内磁钢N极高于外磁钢N极时，外磁钢受排斥力迅速下翘，带动触点迅速动作。液位高低的控制是由液位继电器安装的位置来决定的。

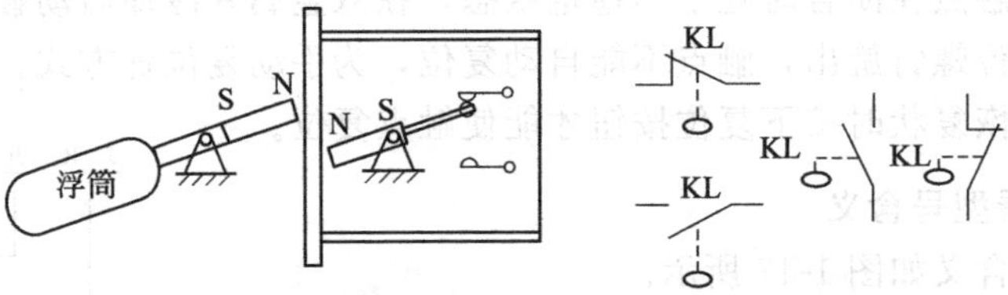

(a) 液位继电器(传感器)示意图　　(b) 图形符号

图1-49　JYF—02型液位继电器结构示意图及图形符号

八、压力继电器

压力继电器主要用于对液体或气体压力的高低进行检测并发出开关量信号，以控制电磁阀、液压泵等设备对压力的高低进行控制。如图1-50所示为压力继电器结构示意图及图形符号。

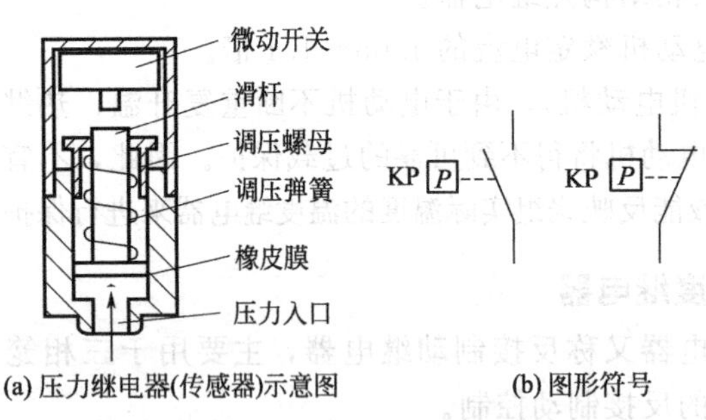

(a) 压力继电器(传感器)示意图　　(b) 图形符号

图1-50　压力继电器结构示意图及图形符号

压力继电器主要由压力传送装置和微动开关等组成，液体或气体压力经压力入口推动橡皮膜和滑杆，克服弹簧反力向上运动，当压力达到给定压力时，触动微动开关，发出控制信号，旋转调压螺母可以改变给定压力。

九、固态继电器

如图1-51所示为固态继电器（Solid State Relay，SSR）的原理示意图，是由微电子电路，分立电子器件，电力电子功率器件组成的无触点开关。用隔离器件实现了控制端与负载端的隔离。固态继电器的输入端用微小的控制信号，达到直接驱动大电流负载。

固态继电器除具有与电磁继电器一样的功能外，还具有逻辑电路兼容，耐振耐机械冲击，

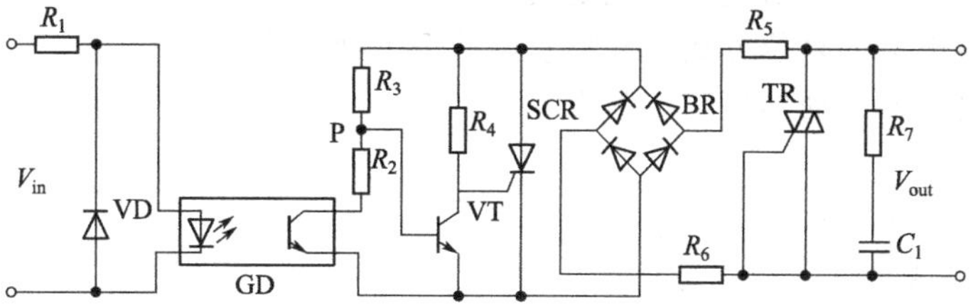

图 1-51　固态继电器的原理示意图

安装位置无限制，具有良好的防潮防霉防腐蚀性能，在防爆和防止臭氧污染方面的性能也极佳，输入功率小，灵敏度高，控制功率小，电磁兼容性好，噪声低和工作频率高等特点。

【实际操作】——识别与检修继电器

1. 选用工具、仪表

(1) 工具：常用电工工具、电烙铁。

(2) 仪表：交流电流表（5A）、秒表。

(3) 器材：JZ7 中间继电器；JT4 电流继电器和电压继电器；JS7—A、JS20 时间继电器；JR36、3UA 热继电器；JY1 速度继电器；JY 压力继电器；JGX 固态继电器等。其他器材：FR→热继电器（JR36—20、热元件 16A）1 个；TC1→接触式调压器（TDGC2—5/0.5）1 个；TC2→小型变压器（DG—5/0.5）1 个；QS1→开启式负荷开关（HK1—30/2）1 个；TA→电流互感器（HL24、100/5A）1 个；HL→指示灯（220V、15W）3 个；KT→时间继电器（JS7—2A，线圈电压 380V）1 个；QS2→组合开关（HZ10—25/3，三级、25A）1 个；FU→熔断器（RL1—15/2，500V、15A、配熔体 2A）1 个；SB1、SB2→按钮（LA4—3H，保护式、按钮数 3）1 个；网孔板（700mm×590mm）1 块及配套的胀销和自攻钉若干；连接线（BVR4.0mm^2、BVR1.5mm^2 和 BVR1.0mm^2）若干。

2. 常用继电器的识别

由老师根据实际情况，在规定系列里指定一定数量的继电器（每个系列取 2～4 种不同规格）。

(1) 在教师的指导下，仔细观察各种继电器，熟悉继电器的外形、型号及主要技术参数的意义、结构、工作原理、接入电路的元件及其接线柱等。

(2) 根据教师给定的清单，从所给的继电器中正确选出清单中的继电器。

(3) 由教师从所给的继电器中选 5～6 件，用胶布盖住型号并编号，由学生根据实物写出继电器的系列名称、型号、文字符号，画出图形符号，填入表 1-25 中，并简述其功能、主要结构和工作原理。

表 1-25　继电器的识别

序号	1	2	3	4	5	6
系列名称						
型号						
文字符号						
图形符号						
主要功能						
主要参数						

(4) 将热继电器的动作值整定至规定值。

(5) 检查热继电器的复位方式，并将它调整至手动复位方式。

(6) 将时间继电器的动作值整定到规定值。

(7) 评分标准。

① 识别继电器（60分）。

a. 不能按清单选出继电器，每只扣5分；

b. 写错或漏写名称、型号，每只扣5分；

c. 写错或漏写符号，每项扣5分；

d. 写错或漏写作用、参数，每只扣5分。

② 继电器的整定（30分）。

a. 不会整定热继电器的动作值，扣10分；

b. 不会调节热继电器的复位方式，扣10分；

c. 不会整定时间继电器的动作值，扣10分。

③ 文明生产（10分）。违者每次扣2分。

④ 定额时间。定额时间50min，每超过5min（不足5min按5min计）扣5分。

备注：除定额时间外，各项目的最高扣分不应超过配分数。

温馨提示

(1) 注意不要损坏元件。

(2) JT4系列电流继电器与电压继电器的外形和结构相似，但是线圈不同，刻度值不同，应注意区别。

(3) 热继电器和时间继电器的整定值由教师根据继电器的规格现场给出。

3. 热继电器的校验

(1) 观察热继电器的结构和工作原理。将热继电器的后面绝缘盖拆下，仔细观察它的结构，指出其热元件、传动机构、电流整定装置、复位按钮及常闭触头的位置，叙述它们的作用以及热继电器的工作原理。

(2) 热继电器的校验和调整。热继电器更换热元件后进行校验和调整，方法如下所示。

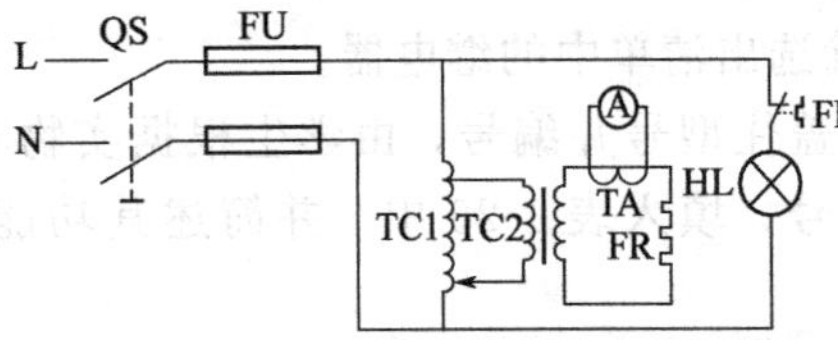

图1-52 热继电器校验电路图

① 按图1-52所示的热继电器校验电路图连接好校验电路。将调压变压器的输出调整到零位置。将热继电器置于手动复位状态，并将整定值旋钮置于额定值处。

② 经教师审查同意后，合上电源开关QS，指示灯HL亮。

③ 将调压变压器输出电压从零升高，使热继电器通过的电流升至额定值，1h内热继电器应不动作；若1h内热继电器动作，则应将调节旋钮向整定值大的方向旋动。

④ 接着将电流升至1.2倍额定值，热继电器应在20min内动作，指示灯HL熄灭；若在20min内不动作，则应将调节旋钮向整定值小的方向旋动。

⑤ 将电流降至零，待热继电器冷却用手动复位后，再升至1.5倍额定值，热继电器应在2min内动作。

⑥ 再将电流降至零，待热继电器冷却用手动复位后，快速调升至6倍额定值，分断QS

再合上，其动作时间应该大于 5s。

(3) 复位方式调整。热继电器出厂时，一般都调整在手动复位。如果需要自动复位，可将复位旋钮调节螺丝顺时针旋进。自动复位时间应在时间继电器动作后 5min 内自动复位；手动复位时，应在动作后 2min 后，按下手动复位按钮，热继电器应复位。

(4) 评分标准。

① 热继电器的结构（30 分）。

a. 不能指出热继电器各部件的位置，每个扣 4 分；

b. 不能说出各部件的作用，每个扣 5 分。

② 热继电器的校验（50 分）。

a. 不能根据图纸接线，扣 20 分；

b. 互感器量程选择不当，扣 10 分；

c. 操作步骤错误，每步扣 5 分；

d. 电流表未调零或读数不准确，扣 10 分；

e. 不会调整动作值，扣 10 分。

③ 复位方式调整（20 分）。不会调整复位方式，扣 20 分。

④ 文明生产。违反安全文明生产规程，扣 5～40 分。

⑤ 定额时间。定额时间 90min，每超过 5min（不足 5min 按 5min 计）扣 5 分。

备注：除定额时间外，各项目的最高扣分不应超过配分数。

温馨提示

(1) 校验时的环境温度应尽量接近工作环境温度，连接导线长度一般不应超过 0.6m，连接导线的截面积应与使用时的实际情况相同。

(2) 校验过程中电流变化较大，为使测量结果准确，校验时应注意选择电流互感器的合适量程。

(3) 通电校验时，必须将热继电器、电源开关等固定在校验板上，并有教师监护，以确保用电安全。

(4) 电流互感器通电过程中，电流表回路不可开路，接线时应从分注意。

4. 时间继电器的检修与校验

(1) 整修 JS7—2A 型时间继电器的触点。

① 松开延时或瞬时微动开关的紧固螺钉，取下微动开关；

② 均匀用力慢慢撬开并取下微动开关盖板；

③ 小心取下动触头及附件，要防止用力过猛而弹失小弹簧和薄垫片；

④ 进行触头修整。修整时，不允许用砂纸或其他研磨材料，而应使用锋利的刀刃或细锉修平，然后用净布擦净，不得用手指直接接触触头或用油类润滑，以免玷污触头。修整后的触头应做到接触良好。若无法修复应更换新触头；

⑤ 按拆卸的逆顺序进行装配；

⑥ 手动检查微动开关的分合是否瞬间动作，触头接触是否良好。

(2) 将 JS7—2A 型改成 JS7—4A 型。

① 松开时间继电器线圈支架紧固螺钉，取下线圈和铁芯总成部件。

② 将总成部件沿水平方向旋转 180°后，从新装上紧固螺钉。

③ 观察延时和瞬时触头的动作情况，将其调整在最佳位置上。调整延时触头时，可旋松线圈和总成部件的安装螺钉，向上或向下移动后再旋紧。调整瞬时触头时，可松开安装瞬时微动开关底板上的螺钉，将微动开关向上或向下移动后再旋紧。

④ 旋紧安装螺钉，进行手动检查，若达不到要求须从新调整。

(3) 通电校验。

① 将装配好的时间继电器按图 1-53 所示的 JS7—A 型时间继电器校验电路接入线路，进行通电校验；

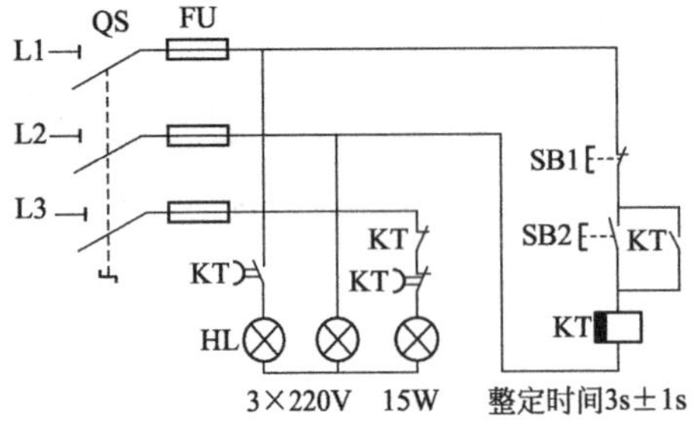

图 1-53　JS7—A 型时间继电器校验电路

② 通电校验要做到一次通电校验合格。合格的标准为：在 1min 内通电频率不少于 10 次，做到每次触点动作良好，吸合时无噪声，铁芯释放无延缓，并且每次动作的延时时间一致。

(4) 评分标准。

① 整修和改装（50 分）。

a. 丢失或损坏零件，每件扣 10 分；

b. 改装错误或扩大故障，扣 40 分；

c. 整修或改装步骤或方法不正确，每次扣 5 分；

d. 整修和改装不熟练，扣 10 分；

e. 修整和改装后不能装配，不能通电，扣 50 分。

② 通电校验（50 分）。

a. 不能进行通电校验，扣 50 分；

b. 校验线路接错，扣 20 分；

c. 通电校验不符合以下要求时。

- 吸合时有噪声，扣 20 分；
- 铁芯释放延缓，扣 15 分；
- 延时时间误差，每超 1s，扣 10 分；
- 其他原因造成不成功，每次扣 10 分。

d. 元件安装不牢固或漏接接地线，扣 15 分。

③ 文明生产。违反安全文明生产规程，扣 5～40 分。

④ 定额时间。定额时间 90min，每超过 5min（不足 5min 按 5min 计）扣 5 分。

备注：除定额时间外，各项目的最高扣分不应超过配分数。

温馨提示

(1) 拆卸时应备盛放零件的容器，避免零件丢失。

(2) 改装过程中，不允许硬撬，以防止损坏电器。

(3) 在进行校验接线时，要注意各接线端子上线头间的距离，防止产生相间短路故障。

(4) 通电校验时，必须将时间继电器紧固在控制板上，并可靠接地，且有教师监护，以确保安全用电。

(5) 改装后的时间继电器，在使用时要将原来的安装位置水平旋转 180°，使衔铁释放时的运动方向始终保持垂直向下。

【任务评价】

温馨提示

完成【知识准备】、【实际操作】后，进入总结评价阶段。评价分自评、教师评两种，主要是总结评价本次任务过程中做得好的地方及需要改进的地方等。根据评分的情况和本次任务的结果，填入表1-26和表1-27。

表1-26　学生自评表格

任务完成进度	做得好的方面	不足、需要改进的方面

表1-27　教师评价表格

在本次任务中的表现	学生进步的方面	学生不足、需要改进的方面

【总结报告】

温馨提示

总结报告可涉及内容为本次任务的心得体会等，总之，要学会随时记录工作过程，总结经验教训，为今后的工作打下良好的基础。

任务小结

本任务主要是熟悉继电器的分类、功能、基本结构、工作原理以及型号含义；熟记继电器的图形符号和文字符号；能够正确识别、选用、安装、使用各种继电器；会调整、校验热继电器、时间继电器等的整定值。

问题探究

1. 继电器的感测机构的检修

(1) 对于电磁式（电压、电流、中间）继电器，其感测机构即为电磁系统。电磁系统的故障主要集中在线圈及动、静铁芯部分。

① 线圈故障检修。线圈故障通常有线圈绝缘损坏；受机械伤形成匝间短路或接地；由于电源电压过低，动、静铁芯接触不严密，使通过线圈的电流过大，线圈发热以致烧毁。修理时，应重绕线圈。如果线圈通电后衔铁不吸合，可能是线圈引出线连接处脱落，使线圈断

路。检查出脱落处后焊接即可。

② 铁芯故障检修。

a. 通电后衔铁吸不上。这可能是由于线圈断线，动、静铁芯之间有异物，电源电压过低等造成的。应区别情况修理。

b. 通电后，衔铁噪声大。这可能是由于动、静铁芯接触面不平整，或有油污染造成的。修理时，应取下线圈，锉平或磨平其接触面；如有油污应进行清洗。另外，噪声大也可能是由于短路环断裂引起的，修理或更换新的短路环即可。

c. 断电后，衔铁不能立即释放。这可能是由于动铁芯被卡住、铁芯气隙太小、弹簧劳损和铁芯接触面有油污等造成的。检修时应针对故障原因区别对待，或调整气隙使其保护在0.02～0.05mm，或更换弹簧，或用汽油清洗油污。

（2）对于热继电器，其感测机构是热元件。其常见故障是热元件烧坏，或热元件误动作和不动作。

① 热元件烧坏。这可能是由于负载侧发生短路，或热元件动作频率太高造成的。检修时应更换热元件，重新调整整定值。

② 热元件误动作。这可能是由于整定值太小、未过载就动作，或使用场合有强烈的冲击及振动，使其动作机构松动脱扣而引起误动作造成的。

③ 热元件不动作。这可能是由于整定值太大，使热元件失去过载保护功能所致。检修时应根据负载工作电流来调整整定电流。

2. 继电器的执行机构的检修

大多数继电器的执行机构都是触点系统。通过它的“通”与“断”，来完成一定的控制功能。触点系统的故障一般有触点过热、磨损、熔焊等。引起触点过热的主要原因是容量不够，触点压力不够，表面氧化或不清洁等；引起磨损加剧的主要原因是触点容量太小，电弧温度过高使触点金属氧化等；引起触点熔焊的主要原因是电弧温度过高，或触点严重跳动等。触点的检修顺序如下所示。

（1）打开外盖，检查触点表面情况。

（2）如果触点表面氧化，对银触点可不做修理，对铜触点可用油光锉锉平或用小刀轻轻刮去其表面的氧化层。

（3）如果触点表面不清洁，可用汽油或四氯化碳清洗。

（4）如果触点表面有灼伤烧毛痕迹，对银触点可不必整修，对铜触点可用油光锉或小刀整修。不允许用砂布或砂纸来整修，以免残留砂粒，造成接触不良。

（5）触点如果熔焊，应更换触点。如果是因触点容量太小造成的，则应更换容量大一级的继电器。

（6）如果触点压力不够，应调整弹簧或更换弹簧来增大压力。若压力仍不够，则应更换触点。

3. 继电器的中间机构的检修

（1）对空气式时间继电器，其中间机构主要是气囊。其常见故障是延时不准。这可能是由于气囊密封不严或漏气，使动作延时缩短，甚至不延时；也可能是气囊空气通道堵塞，使动作延时变长。修理时，对于前者应重新装配或更换新气囊，对于后者应拆开气室，清除堵塞物。

（2）对速度继电器，其胶木摆杆属于中间机构。如反接制动时电动机不能制动停转，就可能是胶木摆杆断裂。检修时应予以更换。

任务10 认识其他低压电器

学习目标

① 了解电力拖动中用到的其他低压电器的名称、种类、作用；
② 熟记电力拖动中用到的其他低压电器的图形符号和文字符号；
③ 能够正确识别、选用、安装、使用电力拖动中用到的其他低压电器。

工作任务

首先，了解电力拖动中用到的其他低压电器的名称、种类、作用；熟记电力拖动中用到的其他低压电器的图形符号和文字符号。其次，要做到能够正确识别、选用、安装、使用电力拖动中用到的其他低压电器。

任务实施

【知识准备】

一、电阻器

电阻是电气产品中不可缺少的电气元件，可分为两大类，一类为电阻元件，用于弱电电子产品，一类为工业用电阻器件（简称电阻器），用于低压强电交直流电气线路的电流调节以及电动机的启动、制动和调速等。

常用的电阻器有 ZB 型板形和 ZG 型管形电阻器，用于低压电路中的电流调节。ZX 型电阻器主要用于交直流电动机的启动、制动和调速等。

电阻器的主要技术参数有额定电压、发热功率、电阻值、允许电流、发热时间常数、电阻误差及外形尺寸等。电阻器和变阻器图形符号如图 1-54 所示。

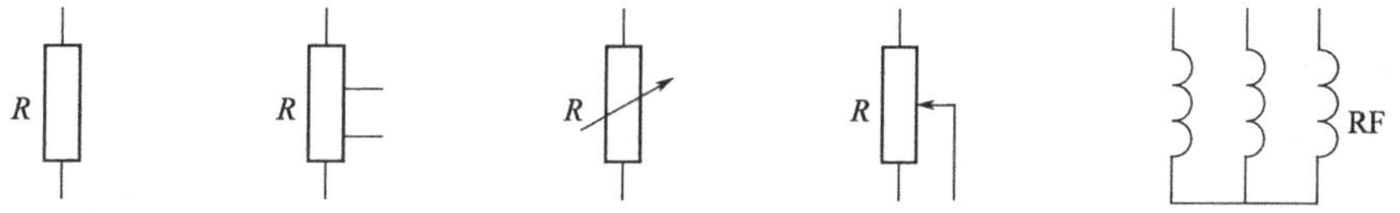

(a) 电阻　(b) 固定抽头电阻器　(c) 可变电阻变阻器　(d) 滑线变阻器　(e) 频敏变阻器(星形接线)

图 1-54　电阻器和变阻器图形符号

二、变阻器

变阻器的作用和电阻器的作用类似，不同点在于变阻器的电阻是连续可调的，而电阻器的电阻是固定的，在控制线路中可采用串并联或选择不同段电阻的方法来调节电阻值，电阻值是断续可调的。

常用的变阻器有 BC 型滑线变阻器，用于电路的电流和电压调节、电子设备及仪表等电路的控制或调节等。BL 型励磁变阻器用于直流电机的励磁或调速；BQ 型启动变阻器用于直流电动机的启动；BT 型变阻器用于直流电动机的励磁或调速；BP 型频敏变阻器用于三相交流绕线式异步电动机的启动控制。变阻器的主要技术参数和电阻器类似。变阻器的图形符号如图 1-54 所示。

三、电压调整器

电压调整器的种类较少，TD4 型炭阻式电压调整器用于在中小容量的交流或直流发电机中自动调节电压。

四、电磁铁

常用的电磁铁有 MQ 型牵引电磁铁、MW 型起重电磁铁、MZ 型制动电磁铁等。

1. MQ 型牵引电磁铁

用于在低压交流电路中作为机械设备及各种自动化系统操作机构的远距离控制。

2. MW 型起重电磁铁

用于安装在起重机械上吸引钢铁等磁性物质。

3. MZD 型单相制动电磁铁和 MZS 型三相制动电磁铁

一般用于组成电磁制动器，由制动电磁铁组成的 TJ2 型交流电磁制动器的示意图如图 1-55 所示，通常电磁制动器和电动机轴安装在一起，其电磁制动线圈和电动机线圈并联，二者同时得电或电磁制动线圈先得电之后电动机紧随其后得电。电磁制动器线圈得电吸引衔铁使弹簧受压，闸瓦和固定在电动机轴上的闸轮松开，电动机旋转，当电动机和电磁制动器同时失电时，在压缩弹簧的作用下闸瓦将闸轮抱紧，使电动机制动。电磁铁的图形符号和电磁制动器一样，文字符号为 YA。电磁制动器的图形符号如图 1-55 所示。

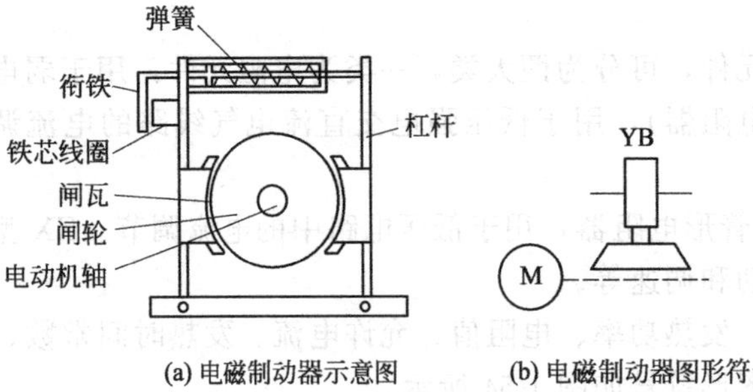

(a) 电磁制动器示意图　(b) 电磁制动器图形符号

图 1-55　电磁制动器的示意图及图形符号

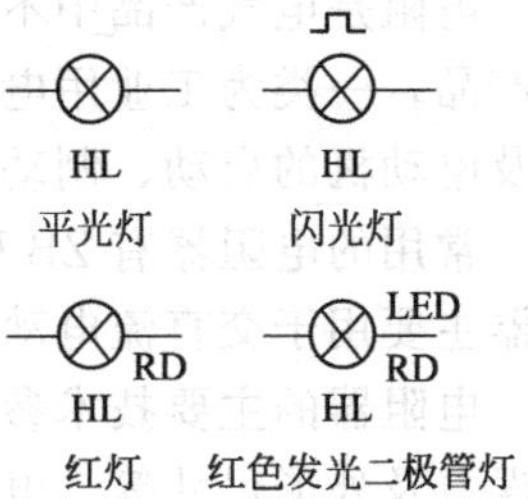

图 1-56　信号灯的图形符号

五、信号灯

信号灯也称指示灯，主要用于在各种电气设备及线路中作电源指示、显示设备的工作状态以及操作警示等。信号灯发光体主要有白炽灯、氖灯和发光二极管等。信号灯有持续发光（平光）和断续发光（闪光）两种发光形式，一般信号灯用平光灯，当需要反映下列信息时用闪光灯：进一步引起注意；须立即采取行动；反映出的信息不符合指令的要求；表示变化过程（在过程中发光）。亮与灭的时间比一般为 1∶1～1∶4，较优先的信息使用较高的闪烁频率。信号灯的图形符号如图 1-56 所示。

如果要在图形符号上标注信号灯的颜色，可在靠近图形处标出对应颜色的字母——红色为 RD；黄色为 YE；绿色为 GN；蓝色为 BU；白色为 WH。

如果要在图形符号上标注灯（信号灯或照明灯）的类型，可在靠近图形处标出对应类型的字母——氖 Ne；氙 Xe；钠 Na；汞 Hg；碘 I；白炽 IN；电发光 EL；弧光 ARC；荧光

FL；红外线 IR；紫外线 UV；发光二极管 LED。

常用的信号灯型号有 AD11、AD30、ADJ1 等，信号灯的主要参数有工作电压、安装尺寸及发光颜色等。

指示灯的颜色及其含义见表 1-28。

表 1-28　指示灯的颜色及其含义

颜　色	含　义	说　明	典型应用
红色	危险 告急	可能出现危险和需要立即处理	温度超过规定(或安全)限制 设备的重要部分已被保护电器切断 润滑系统失压 有触及带电或运动部件的危险
黄色	注意	情况有变化或即将发生变化	温度(或压力)异常 当仅能承受允许的短时过载
绿色	安全	正常或允许进行	冷却通风正常 自动控制系统运行正常 机器准备启动
蓝色	按需要指定用意	除红、黄、绿三色外的任何指定用意	遥控指示 选择开关在设定位置
白色	无特定用意	任何用意。不能确切地用红黄绿时，以及用作执行时	

六、报警器

常用的报警器有电铃和电喇叭等，一般电铃用于正常的操作信号（如设备启动前的警示）和设备的异常现象（如变压器的过载、漏油）。电喇叭用于设备的故障信号（如线路短路跳闸）。报警器的图形符号如图 1-57 所示。

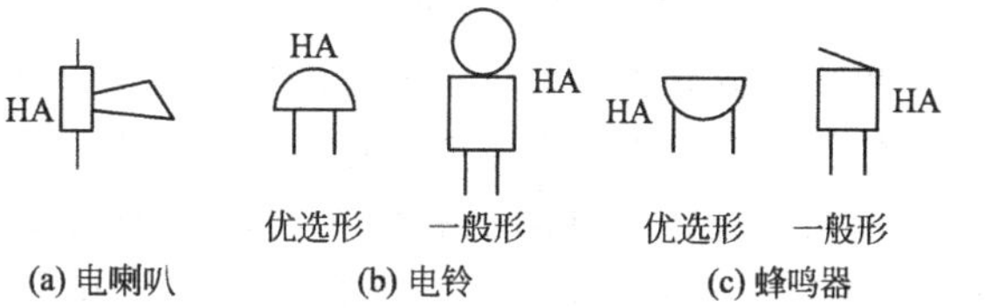

图 1-57　报警器的图形符号

七、液压控制元件

液压控制技术随着计算机和自动控制技术的不断发展，与电气控制结合得越来越紧密。液压传动具有运动平稳、可实现在大范围内无级调速、易实现功率放大等特点，广泛应用于工业生产的各个领域。液压传动系统由 4 种主要元件组成，即动力元件——液压泵、执行元件——液压缸和液压马达、控制元件——各种控制阀和辅助元件——油箱、油路、滤油器等。其中控制阀包括压力控制阀、流量控制阀、方向控制阀和电液比例控制阀等。压力控制阀用以调节系统的压力，如溢流阀、减压阀等；流量控制阀用以调节系统工作液流量大小，如节流阀、调速阀等；方向控制阀用以接通或关断油路，改变工作液体的流动方向，实现运动换相；电液比例控制阀用以开环或闭环控制方式对液压系统中的压力、流量进行有级或无级调节。液压元件的种类很多，这里介绍常用的几种液压元件及其符号。在液压系统图中，液压元件的符号只表示元件的职能，不表示元件的结构和参数。如图 1-58 所示为几种常用的液压元件的符号。

液压阀的控制有手动控制、机械控制、液压控制、电气控制等。电磁阀线圈的电气图形符号和电磁铁、继电器线圈一样，文字符号为 YA。

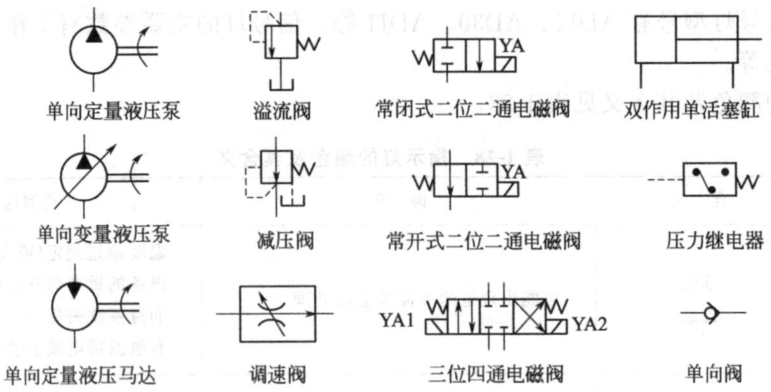

图 1-58　常用液压元件的符号

八、电容

电容是电容器的简称，用字母 C 表示。其外形及图形文字符号如图 1-59 所示。

图 1-59　电容外形及图形文字符号

电容在电力拖动中主要有以下用途。

1. 电容在单相交流异步电动机电路中的用途

单相交流异步电动机中流过的单相电流不能产生旋转磁场，需要采取电容用来分相，目的是使两个绕组中的电流产生近于 90°的相位差，以产生旋转磁场。

单相交流异步电动机有两个绕组，即启动绕组和运行绕组。两个绕组在空间上相差 90°。在启动绕组上串联了一个容量较大的电容器，当运行绕组和启动绕组通过单相交流电时，由于电容器作用使启动绕组中的电流在时间上比运行绕组的电流超前 90°，先到达最大值。在时间和空间上形成两个相同的脉动磁场，使定子与转子之 间的气隙中产生了一个旋转磁场，在旋转磁场的作用下，电动机转子中产生感应电流，电流与旋转磁场相互作用产生电磁场转矩，使电动机旋转起来。

2. 电容在三相交流异步电动机电路中的用途

在维修电机时，如果没有三相电源，可以用此方法利用单相电源实现三相交流异步电动机的启动，如图 1-60 所示。

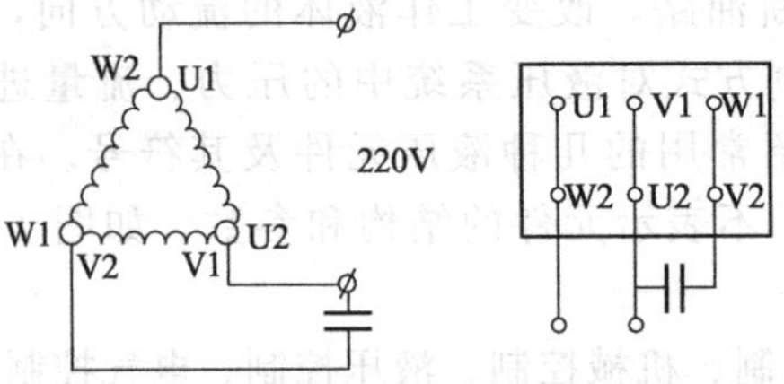

图 1-60　利用单相电源实现三相交流异步电动机的启动

【实际操作】——识别其他低压电器

1. 选用器材

ZB型板形、ZG型和ZX型管形电阻器；BC型滑线变阻器、BL型励磁变阻器、BQ型启动变阻器、BT型变阻器、BP型频敏变阻器；TD4型碳阻式电压调整器；MQ型牵引电磁铁、MW型起重电磁铁、MZ型制动电磁铁；信号灯；电磁阀；电容等。

2. 其他常用低压电器的识别

由老师根据实际情况，在上述规定系列里指定一定数量的低压电器（每个系列取2～4种不同规格）。

（1）在教师的指导下，仔细观察，熟悉低压电器的外形、型号及主要技术参数的意义、结构、工作原理、接入电路的元件及其接线柱等。

（2）根据教师给定的清单，从所给的其他低压电器中正确选出清单中的低压电器。

（3）由教师从所给的低压电器中选5～6件，用胶布盖住型号并编号，由学生根据实物写出它们的系列名称、型号、文字符号，画出图形符号，填入表1-29中，并简述其功能、主要结构和工作原理。

表1-29　其他常用低压电器的识别

序号	1	2	3	4	5	6
系列名称						
型号						
文字符号						
图形符号						
主要功能						
主要参数						

3. 评分标准

（1）识别低压电器（90分）

① 不能按清单选出低压电器，每只扣5分；

② 写错或漏写名称、型号，每只扣5分；

③ 写错或漏写符号，每项扣5分；

④ 写错或漏写作用、参数，每只扣5分。

（2）文明生产（10分）

违者每次扣2分。

（3）定额时间。

定额时间50min，每超过5min（不足5min按5min计）扣5分。

备注：除定额时间外，各项目的最高扣分不应超过配分数。

温馨提示

注意不要损坏元件。

【任务评价】

温馨提示

完成【知识准备】、【实际操作】后，进入总结评价阶段。评价分自评、教师评两种，主要是总结评价本次任务过程中做得好的地方及需要改进的地方等。根据评分的情况和本次任务的结果，填入表 1-30 和表 1-31。

表 1-30　学生自评表格

任务完成进度	做得好的方面	不足、需要改进的方面

表 1-31　教师评价表格

在本次任务中的表现	学生进步的方面	学生不足、需要改进的方面

【总结报告】

温馨提示

总结报告可涉及内容为本次任务的心得体会等，总之，要学会随时记录工作过程，总结经验教训为，今后的工作打下良好的基础。

任务小结

本任务主要是了解电力拖动中用到的其他低压电器的名称、种类、作用；熟记电力拖动中用到的其他低压电器的图形符号和文字符号；能够正确识别、选用、安装、使用电力拖动中用到的其他低压电器。

问题探究

1. 用万用表的电容挡直接检测电容

DT9208 型数字万用表具有测量电容的功能，其量程分为 2n、20n、200n、2μ 和 20μ 等 5 挡。测量时可将已放电的电容两引脚直接插入表板上的 CX 插孔，选取适当的量程后就可读取显示数据。

2n 挡，宜于测量小于 2000pF 的电容；20n 挡，宜于测量 2000pF～20nF 的电容；200n 挡，宜于测量 20～200nF 的电容；2μ 挡，宜于测量 200nF～2μF 的电容；20μ 挡，宜于测量 2～20μF 的电容。

注意：有些型号的数字万用表在测量 50pF 以下的小容量电容器时误差较大，测量 20pF

以下的电容几乎没有参考价值。此时可采用串联法测量小值电容。方法是：先找一只 220pF 左右的电容，用数字万用表测出其实际容量 C_1，然后把待测小电容与之串联测出其总容量 C_2，则两者之差（C_2-C_1）即是待测小电容的容量。用此法测量 1～20pF 的小容量电容很准确。

2. 用电阻挡检测电容

将数字万用表拨至合适的电阻挡，红表笔和黑表笔分别接触被测电容的两极，这时显示值将从“000”开始逐渐增加，直至显示溢出符号“1”。若始终显示“000”，说明电容内部短路；若始终显示溢出，则可能时电容内部极间开路，也可能时所选择的电阻挡不合适。检查电解电容时需要注意，红表笔接电容的正极，黑表笔接电容的负极。

注意：此方法适用于测量 0.1μF～几千微法的大容量电容。

3. 用蜂鸣器挡检测电容

利用数字万用表的蜂鸣器挡，可以快速检查电解电容质量的好坏。将数字万用表拨至蜂鸣器挡，用两支表笔分别与被测电容的两个引脚接触，应能听到一阵短促的蜂鸣声，随即声音停止，同时显示溢出符号“1”。接着，再将两支表笔对调测量一次，蜂鸣器应再发声，最终显示溢出符号“1”，此种情况说明被测电解电容基本正常。此时，可再拨至 20MΩ 或 200MΩ 高阻挡测量一下电容器的漏电阻，即可判断其好坏。

测试时，如果蜂鸣器一直发声，说明电解电容内部已经短路；若反复对调表笔测量，蜂鸣器始终不响，仪表总是显示为“1”，则说明被测电容内部断路或容量消失。

项目二

三相异步电动机典型控制电路

任务1 用空气开关控制的手动正转控制电路的安装与调试

学习目标

① 学习掌握三张图的绘制原则及方法；

② 绘制用空气开关控制的手动正转控制电路的三张图；

③ 熟练完成用空气开关控制的手动正转控制电路的配盘。

工作任务

首先，学习掌握三张图的绘制原则及方法；其次，要做到能够正确绘制用空气开关控制的手动正转控制电路的三张图；熟练完成用空气开关控制的手动正转控制电路的配盘。

任务实施

【知识准备】

一、绘制、识读电气控制线路图的原则

生产机械电气控制线路常用电路图、布置图和接线图来表示。

(一) 电路图（也称电气原理图）

1. 电路图的定义

电路图是根据生产机械运动形式对电气控制系统的要求，采用国家统一规定的电气图形符号和文字符号，按照电气设备和电器的工作顺序，详细表示电路、设备或成套装置的全部基本组成和连接关系，而不考虑其实际位置的一种简图。

2. 电路图的作用

电路图能充分表达电气设备和电器的用途、作用和工作原理，是电气线路安装、调试和维修的理论依据。

3. 电路图的绘制、识读电路图时应遵循的原则

(1) 电路图一般分电源电路、主电路和辅助电路三部分绘制

① 电源电路画成水平线，三相交流电源相序 L1、L2、L3 自上而下依次画出，中线 N 和保护地线 PE 依次画在相线之下。直流电源的“＋”端画在上边，“－”端在下边画出。电源开关要水平画出。

② 主电路是指受电的动力装置及控制、保护电器的支路等，由主熔断器、接触器的主触头、热继电器的热元件以及电动机等组成。主电路通过的电流是电动机的工作电流，电流较大。主电路图要画在电路图的左侧并垂直电源电路。

③ 辅助电路一般包括控制主电路工作状态的控制电路；显示主电路工作状态的指示电路；提供机床设备局部照明的照明电路等。它是由主令电器的触头、接触器线圈及辅助触头、继电器线圈及触头、指示灯和照明灯等组成。辅助电路通过的电流都较小，一般不超过 5A。画辅助电路图时，辅助电路要跨接在两相电源线之间，一般按照控制电路、指示电路和照明电路的顺序依次垂直画在主电路图的右侧，且电路中与下边电源线相连只能是耗能元件（如接触器和继电器的线圈、指示灯、照明灯等），而电器的触头要画在耗能元件与上边电源线之间。为读图方便，一般应按照自左至右、自上而下的排列来表示操作顺序。

(2) 电路图中，各电器的触头位置都按电路未通电或电器未受外力作用时的常态位置画出。分析原理时，应从触头的常态位置出发。

(3) 电路图中，不画各电器元件实际的外形图，而采用国家标准中统一规定的电气图形符号。

(4) 电路图中，同一电器的各元件不按它们的实际位置画在一起，而是按其在线路中所起的作用分别画在不同电路中，但它们的动作却是相互关联的，因此，必须标注相同的文字符号。若图中相同的电器较多时，需要在电器文字符号后面加注不同的数字，以示区别，如 KM1、KM2 等。

(5) 画电路图时，应尽可能减少线条和避免线条交叉。对有直接电联系的交叉导线连接点，要用小黑圆点表示；无直接电联系的交叉导线则不画小黑圆点（但实际中一般用⌒或⌣表示相交导线无电联系）。

(6) 电路图采用电路编号法，即对电路中的名个接点用字母或数字编号。

① 主电路在电源开关的出线端按相序依次编号为 U11、V11、W11。然后按从上至下、从左至右的顺序，每经过一个电器元件后，编号要递增，如 U12、V12、W12；U13、V13、W13…单台三相交流电动机（或设备）的三根引出线按相序依次编号为 U、V、W。对于多台电动机引出线的编号，为了不致引起误解和混淆，可在字母前用不同的数字加以区别，如 1U、1V、1W；2U、2V、2W，……

② 辅助电路编号按“等电位”原则从上至下、从左至右的顺序用数字依次编号，每经过一个电器元件后，编号要依次递增。控制电路编号的起始数字必须是 1，其他辅助电路编号的起始数字依次递增 100，如指示电路编号从 101 开始；照明电路编号从 201 开始等。

注意：交流接触器主触头尺寸参考为：基本间距 $M=4.8$mm，倾角 $\alpha=30°$，触头触点直径 $d=1.6$mm，其余线间距取 0.75m、1.5m 等。

(二) 布置图（又称位置图）

布置图是根据电器元件在控制板上的实际安装位置，采用简化的外形符号（如正方形、矩形、圆形等）而绘制的一种简图。它不表达各电器的具体结构、作用、接线情况以及工作原理，主要用于电器元件的布置和安装。图中各电器的文字符号必须与电路图和接线图的标注相一致。注意：在实际中，电路图、布置图和接线图要结合起来使用。

（三）接线图

1. 接线图的定义

接线图是根据电气设备和电器元件的实际位置和安装情况绘制的，只用来表示电气设备和电器元件的位置、配线方式和接线方式，而不明显表示电气动作原理。

2. 接线图的作用

接线图主要用于安装接线、线路的检查维修和故障处理。

3. 绘制、识读接线图应遵循的原则

（1）接线图中一般示出如下内容：电气设备和电器元件的相对位置、文字符号、端子号、导线号、导线类型、导线截面积、屏蔽和导线绞合等。

（2）所有的电气设备和电器元件都按其所在的实际位置绘制在图纸上，且同一电器的各元件根据其实际结构，使用与电路图相同的图形符号画在一起，并用点画线框起来，其文字符号以及接线端子的编号应与电路图中的标注一致，以便对照检查接线。

（3）接线图中的导线有单根导线、导线组（或线扎）、电缆等之分，可用连续线和中断线来表示。凡导线走向相同的可以合并，用线束来表示，到达接线端子板或电器元件的连接点时再分别画出。在用线束来表示导线组、电缆等时可用加粗的线条表示，在不引起误解的情况下也可采用部分加粗。另外，导线及管子的型号、根数和规格应标注清楚。

二、电动机基本控制线路的安装步骤

（1）识读电路图，明确线路所用电器元件及其作用，熟悉线路的工作原理。

（2）根据电路图或元件明细表配齐电器元件，并进行检验。

（3）根据电器元件选配安装工具和控制板。

（4）根据电路图绘制布置图和接线图，然后按要求在控制板上固装电器元件（电动机除外），并贴上醒目的文字符号。

（5）根据电动机容量选配主电路导线的截面。控制电路导线一般采用截面积为 1.0mm^2 的铜芯线（BVR）；按钮线一般采用截面积为 0.75mm^2 的铜芯线（BVR）；接地线一般采用截面积不小于 1.5mm^2 的铜芯线（BVR）。

（6）根据接线图布线，同时将剥去绝缘层的两端线头套上标有与电路图相一致编号的编码套管。

注意：现在普遍使用的异型绝缘号码套管事先打上 0～9 号，预加工了人字形缺口。使用时要注意方向，箭头方向指向剥去绝缘层的裸露端，从裸露端开始读数（图 2-1）。

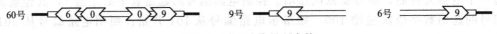

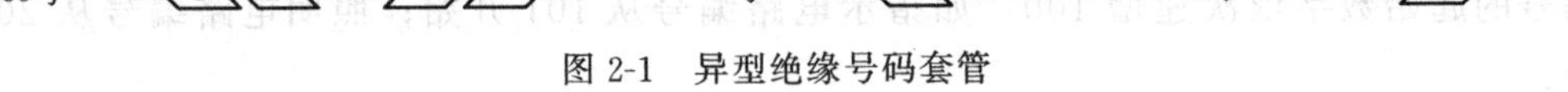

图 2-1　异型绝缘号码套管

（7）安装电动机。

（8）连接电动机和所有电器元件金属外壳的保护接地线。

（9）连接电源、电动机等控制板外部的导线。

（10）自检。

（11）交验。

（12）通电试车。

三、空气开关控制的手动正转控制电路的三张图及模拟配盘（图 2-2）

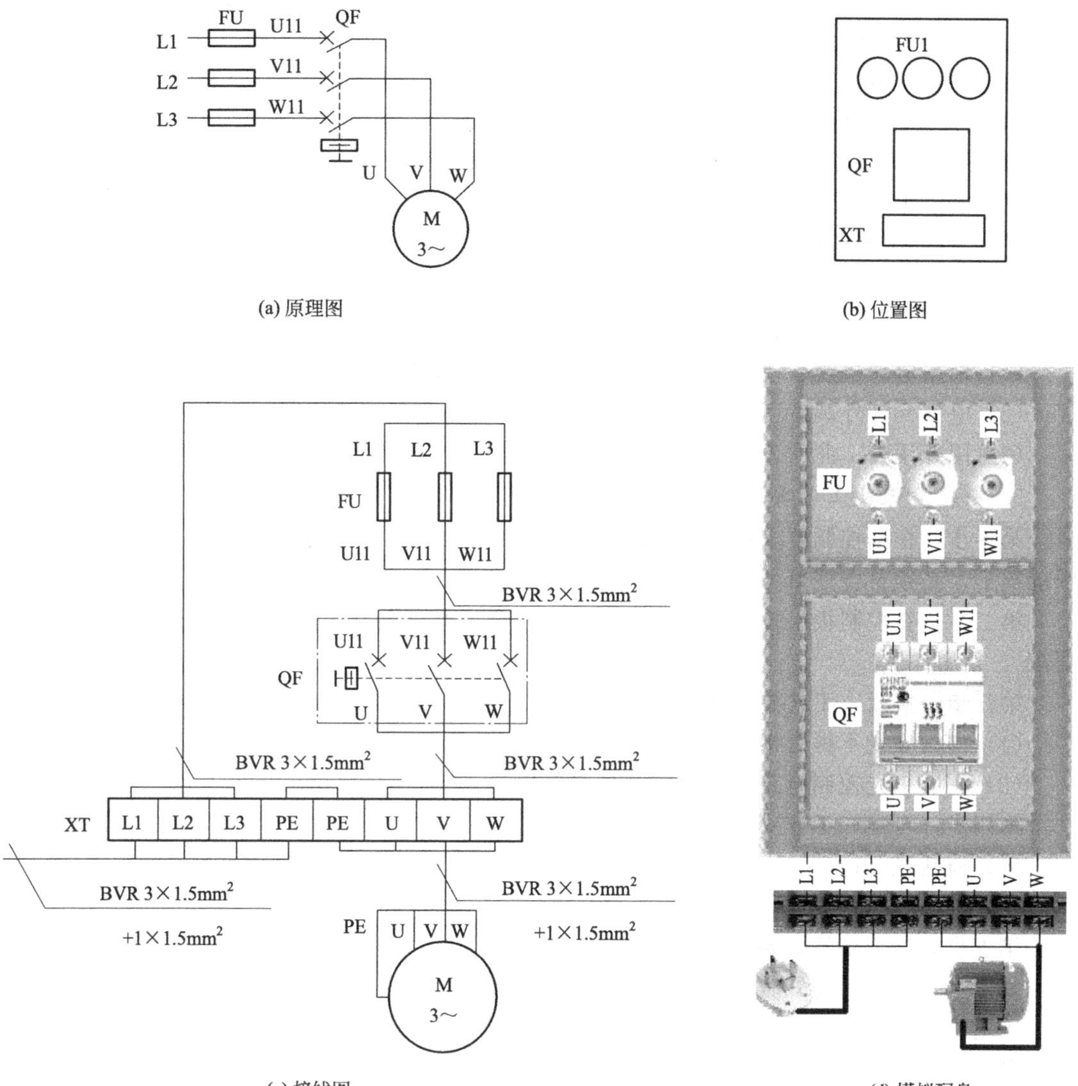

(a) 原理图　(b) 位置图　(c) 接线图　(d) 模拟配盘

图 2-2　空气开关控制的手动正转控制电路的三张图及模拟配盘

【实际操作】——空气开关控制手动正转控制电路的配盘

1. 选用工具、仪表及材料

（1）工具：钢锯、验电笔、螺钉旋具、尖嘴钳、斜口钳、剥线钳、电工刀等工具。

（2）仪表：ZC35—3 型兆欧表（500V、0～500MΩ）、MG3-1 型钳流表、MF47 型万用表。

（3）器材：

① M→三相笼型异步电动机（WDJ26，40W、380V、0.2A、△、1430r/min）1 台；

② QF→空气开关（DZ47—60，三极、380V、1A）1 个；

③ FU→螺旋熔断器（RL1—15，380V、15A、配熔体 2A）3 套；

④ XT→端子板（YDG—603）若干节并配导轨；

⑤ 线号套管（配 BVR1.5mm^2 BVR1.0mm^2 及 BVR0.75mm^2 导线用）若干；

⑥ 三相四线插头 1 个；

⑦ 油性记号笔 1 支；

⑧ 网孔板（700mm×590mm）1 块；

⑨ 胀销及配套自攻钉，规格是与网孔板配套，数量若干；

⑩ 导线（BVR1.5mm^2）若干；

⑪ 接地线（BVR1.5mm^2 黄绿）若干；

⑫ 线槽（VDR2030F，20mm×30mm）若干。

2. 工具、仪表及器材的质检要求

（1）根据电动机规格检验工具、仪表、器材等是否满足要求。

（2）电气元件外观应完整无损，附件备件齐全。

（3）用万用表、兆欧表检测元件及电动机的技术数据是否符合要求。

3. 安装步骤及工艺要求

第一步，根据控制要求绘制原理图、位置图和接线图，要求绘制的图纸在满足控制要求的前提下，必须符合现行国家标准。

第二步，在控制板上按位置图固定元件及线槽，要求电器元件安装应牢固，并符合工艺要求。

第三步，接线，工艺要求如下所示。

（1）槽内导线不得有接头及破损；

（2）一般应先控制电路后主电路及外部电路。

第四步，自检，工艺要求如下所示。

（1）通断检测；

（2）绝缘检测。

第五步，清理现场，要求符合 4S 管理规定。

第六步，交验，通知教师验检。

第七步，试车，在教师的监护下送电试车。

第八步，检修，教师设故障学生自行排除。

4. 评分标准

（1）绘图（10 分）

① 未实现要求功能扣 10 分，且不能继续考核，应整改后继续。

② 未按国家标准每处扣 1 分，最高扣分为 10 分。

③ 图面不整洁每张扣 2 分。

（2）元件检查（5 分）

① 电动机质量漏检扣 5 分。

② 元件漏检或检错，每处扣 1 分。

（3）安装（5 分）

① 元件安装位置与位置图不符，每处扣 1 分。

② 元件松动，每个扣 1 分。

③ 线槽没做 45°拼角，每处扣 1 分。

(4) 接线 (30 分)

① 接线顺序错误，每根扣 5 分。

② 漏套线号套管，每处扣 5 分。

③ 漏标线号或线号标错，每处扣 5 分。

④ 不会接线或与接线图不符，扣 30 分。

⑤ 导线及线号套管使用错误，每根扣 5 分。

(5) 自检 (20 分)

① 通断检测

a. 不会检测或检测错误，扣 15 分。

b. 漏检，每处扣 5 分。

② 绝缘检测

a. 不会检测或检测错误，扣 15 分。

b. 漏检，每处扣 5 分。

(6) 交验试车 (10 分)

① 未通知教师私自试车，扣 10 分。

② 一次校验不合格，扣 5 分。

③ 二次校验不合格，扣 10 分。

(7) 检修 (20 分)

① 检不出故障，扣 20 分。

② 查出故障但排除不了，扣 10 分。

③ 制造出新故障，每处扣 5 分。

(8) 安全文明生产。违反安全文明生产规程，扣 5～40 分。

(9) 定额时间。定额时间 50min，每超过 10min (不足 10min 按 10min 计) 扣 5 分。

备注：除定额时间和安全文明生产外其他扣分不应超过配分。

温馨提示

注意不要损坏元件。

【任务评价】

温馨提示

完成【知识准备】、【实际操作】后，进入总结评价阶段。评价分自评、教师评两种，主要是总结评价本次安装、调试、演示过程中做得好的地方及需要改进的地方等。根据评分的情况和本次任务的结果，填入表 2-1 和表 2-2。

表 2-1　学生自评表格

任务完成进度	做得好的方面	不足、需要改进的方面

表 2-2　教师评价表格

在本次任务中的表现	学生进步的方面	学生不足、需要改进的方面

【总结报告】

温馨提示

总结报告可涉及内容为本次任务，本次实训的心得体会等，总之，要学会随时记录工作过程，总结经验教训，为今后的工作打下良好的基础。

任务小结

本任务主要是学习掌握三张图的绘制原则及方法；绘制用空气开关控制的手动正转控制电路的三张图；熟练完成用空气开关控制的手动正转控制电路的配盘。

问题探究

一、安装注意事项

（1）导线的数量、走向应与接线图一致，线槽选用应根据导线线总截面积决定，导线总截面积不应大于线槽有效截面积的 70%。

（2）电动机使用的电源电压和绕组接法必须与铭牌上的标注一致。

（3）接线时，必须先负载端，后电源端；先控制线路，后主电路；先接地线，后接三相电源。

（4）通电试车时，必须先检测（先通断，后绝缘）；必须先空载点动后在运行。空载正常后再接上负载运行，若发现异常情况应立即停车、断电。

二、常见故障及维修方法（表 2-3）

表 2-3　常见故障及维修方法

常见故障	故障原因	维修方法
电动机不能启动或电动机缺相	熔断器熔体熔断	查明原因排除后更换熔体
	空开失控	维修或更换空开
	空开触头接触不良	维修或更换空开

三、检测

（一）通断检测

首先，对线路 L1、FU、U11、QF、U 段的通断进行检测，具体方法如下。

第一步，判断线路 L1、FU、U11、QF、U 段的通断。

测量点：L1、U。

测试操作：断开板外电源，拆下电动机 M，闭合 QF，选择万用表合适的电阻挡。

万用表读数得到测试结果，根据测试结果采取相应的处理办法。

(1) 万用表读数为 0，说明线路 L1、FU、U11、QF、U 段通，可以进行第二步。

(2) 万用表读数为∞，说明线路 L1、FU、U11、QF、U 段断路，进行第四步。

第二步，判断 FU 的好坏。

测量点：L1、U11。

测试操作：取下 FU 在 L1 上熔体。

万用表读数得到测试结果，根据测试结果采取相应的处理办法。

(1) 万用表读数为∞，说明 FU 在 L1 上合格，可以进行第三步。

(2) 万用表读数为 0，说明 FU 在 L1 上的底座短路，应该更换该底座，重复第二步。

第三步，判断 QF 在 L1 上触点的分断好坏，进而判断线路 L1、FU、U11、QF、U 段是否合格。

测量点：L1、U。

测试操作：断开 QF。

万用表读数得到测试结果，根据测试结果采取相应的处理办法：

(1) 万用表读数为∞，说明 QF 在 L1 上触点合格，进而说明线路 L1、FU、U11、QF、U 段合格。

(2) 万用表读数为 0，说明 QF 在 L1 上触点烧结，应该更换 QF，重复第三步。

第四步，判断 FU 在 L1 上好坏。

测量点：L1、U11。

测试操作：万用表读数得到测试结果，根据测试结果采取相应的处理办法。

(1) 万用表读数为 0，说明 FU 在 L1 上通，可以进行第五步。

(2) 万用表读数为∞，说明 FU 在 L1 上熔体熔断或接线点压绝缘皮或断线，应该更换该熔体或重新接线，重复第四步。

第五步，判断 FU 在 L1 上是否合格。

测量点：L1、U11。

测试操作：取下 FU 在 L1 上熔体。

万用表读数得到测试结果，根据测试结果采取相应的处理办法。

(1) 万用表读数为∞，说明 FU 在 L1 上合格。

(2) 万用表读数为 0，说明 FU 在 L1 上底座短路，应该更换该底座，重复第五步。

第六步，判断 QF 在 L1 上触点的好坏。

测量点：L1、U。

测试操作：闭合 QF。

万用表读数得到测试结果，根据测试结果采取相应的处理办法。

(1) 万用表读数为 0，说明 QF 在 L1 上触点通，可以进行第七步。

(2) 万用表读数为∞，说明 QF 在 L1 上触点损坏，应该更换 QF，重复第六步。

第七步，判断 QF 在 L1 上触点是否合格，进而判断线路 L1、FU、U11、QF、U 段是否合格。

测量点：L1、U。

测试操作：断开 QF。

万用表读数得到测试结果，根据测试结果采取相应的处理办法。

(1) 万用表读数为∞，说明 QF 在 L1 上触点合格，进而可知线路 L1、FU、U11、QF、U 段合格。

(2) 万用表读数为 0，说明 QF 在 L1 上触点烧结，应该更换 QF，重复第七步。

同样，对线路 L2、FU、V11、QF、V 段与线路 L3、FU、W11、QF、W 段的通断进行检测。

（二）绝缘检测

首先，对 L1、L2 间绝缘进行检测，方法如下。

测量点：L1、L2

测试操作：断开板外电源，拆除电机，闭合 QF，摇动兆欧表摇把至打滑。

兆欧表读数得到测试结果，根据测试结果采取相应处理办法：

（1）兆欧表读数大于 1MΩ，说明 L1、L2 间绝缘合格。

（2）兆欧表读数在 0.5～1MΩ，说明 L1、L2 间绝缘低，短期工作可以，若想长期工作最好重新配盘。

（3）兆欧表读数小于 0.5MΩ，说明 L1、L2 间漏电或短路，应该用万用表找出故障点，并维修或更换导线、元件，直至绝缘合格为止。

同样，对 L1 与 L3、L2 与 L3、L1 与 PE、L2 与 PE、L3 与 PE 间绝缘进行检测。

任务2 点动控制电路的安装与调试

学习目标

① 熟练绘制点动控制的三张图；

② 熟练完成点动控制电路的配盘。

工作任务

首先，熟练绘制点动控制的三张图；其次，要做到能够正确熟练地完成点动控制电路的配盘。

任务实施

【知识准备】

点动控制电路的三张图及模拟配盘如图 2-3 所示。

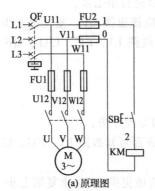

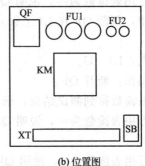

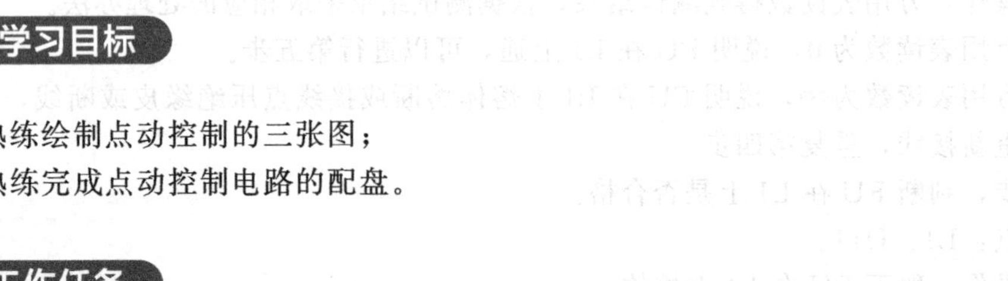

(a) 原理图　　(b) 位置图

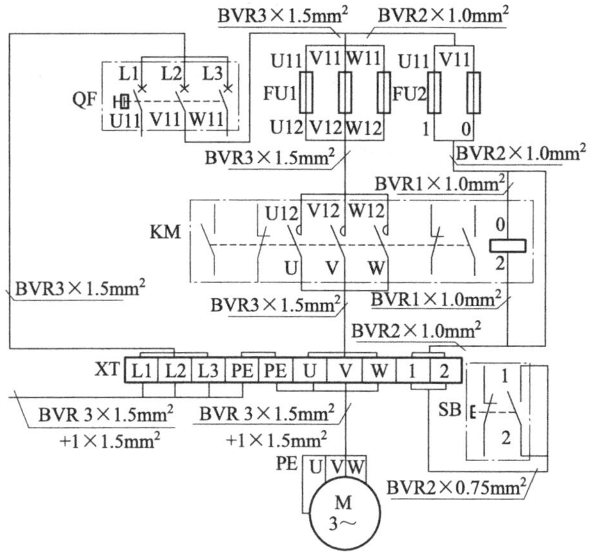

(c) 接线图

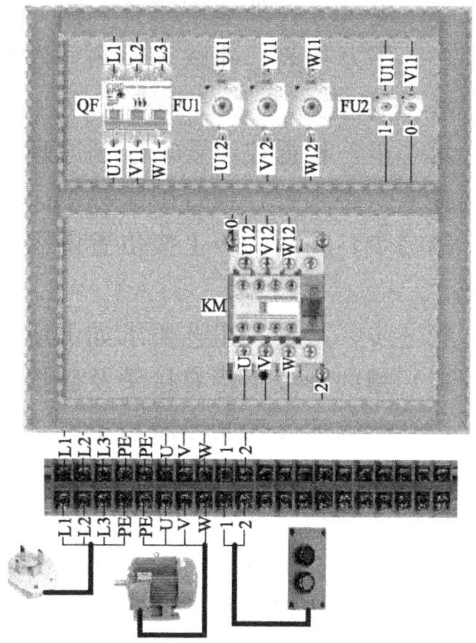

(d) 模拟配盘

图 2-3 点动控制电路的三张图及模拟配盘

【实际操作】——点动控制电路的配盘

1. 选用工具、仪表及材料

（1）工具：钢锯、验电笔、螺钉旋具、尖嘴钳、斜口钳、剥线钳、电工刀等工具。

（2）仪表：ZC35—3 型兆欧表（500V、0～500MΩ）、MG3—1 型钳流表、MF47 型万用表。

（3）器材。

① M→三相笼型异步电动机（WDJ26，40W、380V、0.2A、△、1430r/min）1 台；

② QF→空气开关（DZ47—60，三极、380V、1A）1 个；

③ FU1→螺旋熔断器（RL1—15，380V、15A、配熔体 2A）3 套；

④ FU2→螺旋熔断器（RL1—15，380V、15A、配熔体 2A）2 套；

⑤ SB→按钮（LA4—2H，保护式、按钮数 2 代用）1 个；

⑥ KM→交流接触器（CJX2—09，9A、线圈电压 380V）1 个；

⑦ XT→端子板（YDG—603）若干节并配导轨；

⑧ 三相四线插头 1 个；

⑨ 线号套管（配 BVR1.5mm^2、BVR1.0mm^2 及 BVR0.75mm^2 导线用）若干；

⑩ 油性记号笔 1 支；

⑪ 网孔板（700mm×590mm）1 块；

⑫ 胀销及配套自攻钉，规格是与网孔板配套，数量若干；

⑬ 导线（BVR1.5mm^2、BVR1.0mm^2 及 BVR0.75mm^2）若干；

⑭ 接地线（BVR1.5mm^2 黄绿）若干；

⑮ 线槽（VDR2030F，20mm×30mm）若干。

2. 工具、仪表及器材的质检要求

（1）根据电动机规格检验工具、仪表、器材等是否满足要求。

(2) 电气元件外观应完整无损，附件备件齐全。

(3) 用万用表、兆欧表检测元件及电动机的技术数据是否符合要求。

3. 安装步骤及工艺要求

第一步，根据控制要求绘制原理图、位置图和接线图，要求绘制的图纸在满足控制要求的前提下，必须符合现行国家标准。

第二步，在控制板上按位置图固定元件及线槽，要求电器元件安装应牢固，并符合工艺要求。

第三步，接线，工艺要求如下所示。

(1) 槽内导线不得有接头及破损。

(2) 一般应先控制电路后主电路及外部电路。

第四步，自检，工艺要求如下所示。

(1) 通断检测。

(2) 绝缘检测。

第五步，清理现场，要求符合 4S 管理规定。

第六步，交验，通知教师验检。

第七步，试车，在教师的监护下送电试车。

第八步，检修，教师设故障学生自行排除。

4. 评分标准

(1) 绘图（10 分）

① 未实现要求功能扣 10 分，且不能继续考核，应整改后继续。

② 未按国家标准每处扣 1 分，最高扣分为 10 分。

③ 图面不整洁每张扣 2 分。

(2) 元件检查（5 分）

① 电动机质量漏检扣 5 分。

② 元件漏检或检错，每处扣 1 分。

(3) 安装（5 分）

① 元件安装位置与位置图不符，每处扣 1 分。

② 元件松动，每个扣 1 分。

③ 线槽没做 45°拼角，每处扣 1 分。

(4) 接线（30 分）

① 接线顺序错误，每根扣 5 分。

② 漏套线号套管，每处扣 5 分。

③ 漏标线号或线号标错，每处扣 5 分。

④ 不会接线或与接线图不符，扣 30 分。

⑤ 导线及线号套管使用错误，每根扣 5 分。

(5) 自检（20 分）

① 通断检测

a. 不会检测或检测错误，扣 15 分。

b. 漏检，每处扣 5 分。

② 绝缘检测

a. 不会检测或检测错误，扣 15 分。

b. 漏检，每处扣 5 分。

(6) 交验试车 (10 分)
① 未通知教师私自试车，扣 10 分。
② 一次校验不合格，扣 5 分。
③ 二次校验不合格，扣 10 分。
(7) 检修 (20 分)
① 检不出故障，扣 20 分。
② 查出故障但排除不了，扣 10 分。
③ 制造出新故障，每处扣 5 分。
(8) 安全文明生产。违反安全文明生产规程，扣 5～40 分。
(9) 定额时间。60min，每超过 10min (不足 10min 按 10min 计) 扣 5 分。
备注：除定额时间和安全文明生产外其他扣分不应超过配分。

温馨提示

注意不要损坏元件。

【任务评价】

温馨提示

完成【知识准备】、【实际操作】后，进入总结评价阶段。评价分自评、教师评两种，主要是总结评价本次安装、调试、演示过程中做得好的地方及需要改进的地方等。根据评分的情况和本次任务的结果，填入表 2-4 和表 2-5。

表 2-4　学生自评表格

任务完成进度	做得好的方面	不足、需要改进的方面

表 2-5　教师评价表格

在本次任务中的表现	学生进步的方面	学生不足、需要改进的方面

【总结报告】

温馨提示

总结报告可涉及内容为本次任务，本次实训的心得体会等，总之，要学会随时记录工作过程，总结经验教训，为今后的工作打下良好的基础。

任务小结

本任务主要是熟练绘制点动控制的三张图；熟练完成点动控制电路的配盘。

问题探究

一、主电路的通断检测

首先，对线路 L1、QF、U11、FU1、U12、KM、U 段的通断检测，方法如下。

第一步，线路 L1、QF、U11、FU1、U12、KM、U 段的通断。

测量点：L1、U。

测试操作：断开板外电源，拆下电动机 M，闭合 QF，按下 KM，选择万用表合适的电阻挡。

万用表读数得到测试结果，根据测试结果采取以下相应的处理办法。

（1）万用表读数为 0，说明线路 L1、QF、U11、FU1、U12、KM、U 段通，可以进行第二步。

（2）万用表读数为∞，说明线路 L1、QF、U11、FU1、U12、KM、U 段断路，应该进行第五步。

第二步，判断 QF 在 L1 上触点是否合格。

测量点：L1、U11。

测试操作：断开 QF。

万用表读数得到测试结果，根据测试结果采取以下相应的处理办法。

（1）万用表读数为∞，说明 QF 在 L1 上合格，可硬进行第三步。

（2）万用表读数为 0，说明 QF 在 L1 上的触点烧结，应该更换 QF，重复第二步。

第三步，判断 FU1 在 L1 上是否合格。

测量点：L1、U12。

测试操作：闭合 QF，取下 FU1 在 L1 上熔体。

万用表读数得到测试结果，根据测试结果采取以下相应的处理办法。

（1）万用表读数为∞，说明 FU1 在 L1 上合格，可以进行第四步。

（2）万用表读数为 0，说明 FU1 在 L1 上底座短路，应该更换该底座，重复第三步。

第四步，判断 KM 在 L1 上触点是否合格，进而判断线路 L1、QF、U11、FU1、U12、KM、U 段是否合格。

测量点：L1、U。

测试操作：闭合 QF，安装上 FU1 在 L1 上熔体，松开 KM。

万用表读数得到测试结果，根据测试结果采取以下相应的处理办法。

（1）万用表读数为∞，说明 KM 在 L1 上触点合格，进而可得出线路 L1、QF、U11、FU1、U12、KM、U 段合格。

（2）万用表读数为 0，说明 KM 在 L1 上触点烧结，应该更换 KM，重复第四步。

第五步，判断 QF 在 L1 上的触点是否通。

测量点：L1、U11。

测试操作：闭合 QF。

万用表读数得到测试结果，根据测试结果采取以下相应的处理办法。

（1）万用表读数为0，说明QF在L1上的触点通，可以进行第六步。

（2）万用表读数为∞，说明QF在L1上的触点损坏或接线点压绝缘皮或断线，应该更换QF或重新接线，重复第五步。

第六步，判断QF在L1上的触点是否合格。

测量点：L1、U11。

测试操作：断开QF。

万用表读数得到测试结果，根据测试结果采取以下相应的处理办法。

（1）万用表读数为∞，说明QF在L1上的触点合格，可以进行第七步。

（2）万用表读数为0，说明QF在L1上的触点烧结，应该更换QF，重复第六步。

第七步，判断FU1在L1上是否通。

测量点：L1、U12。

测试操作：闭合QF。

万用表读数得到测试结果，根据测试结果采取以下相应的处理办法。

（1）万用表读数为0，说明FU1在L1上通，可以进行第八步。

（2）万用表读数为∞，说明FU1在L1上熔体熔断或接线点压绝缘皮或断线，应该更换QF或重新接线，重复第七步。

第八步，判断FU1在L1上是否合格。

测量点：L1、U12。

测试操作：闭合QF，取下FU1在L1上的熔体。

万用表读数得到测试结果，根据测试结果采取以下相应的处理办法。

（1）万用表读数为∞，说明FU1在L1上合格，可以进行第九步。

（2）万用表读数为0，说明FU1在L1上的底座短路，应该更换该底座，重复第八步。

第九步，判断KM在L1上触点是否通。

测量点：L1、U。

测试操作：闭合QF，装上FU1在L1上熔体，按下KM。

万用表读数得到测试结果，根据测试结果采取以下相应的处理办法。

（1）万用表读数为0，说明KM在L1上触点通，可以进行第十步。

（2）万用表读数为∞，说明KM在L1上触点损坏或接点压绝缘皮或断线，应该更换KM或重新接线，重复第九步。

第十步，判断KM在L1上触点是否合格，进而判断线路L1、QF、U11、FU1、U12、KM、U段是否合格。

测量点：L1、U。

测试操作：闭合QF，装上FU1在L1上熔体，松开KM。

万用表读数得到测试结果，根据测试结果采取以下相应的处理办法。

（1）万用表读数为∞，说明KM在L1上触点合格，进而说明线路L1、QF、U11、FU1、U12、KM、U段合格。

（2）万用表读数为0，说明KM在L1上触点烧结，应该更换KM，重复第十步。

同样，对线路L2、QF、V11、FU1、V12、KM、V段及线路L3、QF、W11、FU1、W12、KM、W段进行通断检测。

二、控制电路的通断检测

线路L1、QF、U11、FU2、1、SB、2、KM线圈、0、FU2、V11、QF、L2段通断

检测。

第一步，判断线路L1、QF、U11、FU2、1、SB、2、KM线圈、0、FU2、V11、QF、L2段通断。

测量点：L1、L2。

测试操作：断开板外电源，拆除电动机，闭合QF，按下SB。

万用表读数得到测试结果，根据测试结果采取以下相应的处理办法。

(1) 万用表读数为等于或略大于KM线圈电阻，说明线路L1、QF、U11、FU2、1、SB、2、KM线圈、0、FU2、V11、QF、L2段通，可以进行第二步。

(2) 万用表读数为0或小于KM线圈电阻，说明KM线圈短路或接错线路，应该更换KM或重新接线，重复第一步。

(3) 万用表读数为∞，说明线路L1、QF、U11、FU2、1、SB、2、KM线圈、0、FU2、V11、QF、L2段断路，应该进行第七步。

第二步，判断QF在L1上触点是否合格。

测量点：L1、U11。

测试操作：断开QF。

万用表读数得到测试结果，根据测试结果采取以下相应的处理办法。

(1) 万用表读数为∞，说明QF在L1上触点合格，可以进行第三步。

(2) 万用表读数为0，说明QF在L1上触点烧结，应该更换QF重复第二步。

第三步，判断FU2在L1上是否合格。

测量点：L1、1。

测试操作：闭合QF，取下FU2在L1上熔体。

万用表读数得到测试结果，根据测试结果采取以下相应的处理办法。

(1) 万用表读数为∞，说明FU2在L1上合格，可以进行第四步。

(2) 万用表读数为0，说明FU2在L1上底座短路，应该更换该底座，重复第三步。

第四步，判断SB常开触点是否合格。

测量点：L1、2。

测试操作：闭合QF，装上FU2在L1上熔体，松开SB。

万用表读数得到测试结果，根据测试结果采取以下相应的处理办法。

(1) 万用表读数为∞，说明SB常开触点合格，可以进行第五步。

(2) 万用表读数为0，说明SB常开触点烧结，应该更换SB，重复第四步。

第五步，判断FU2在L2上是否合格。

测量点：L1、V11。

测试操作：闭合QF，按下SB，取下FU2在L2上熔体。

万用表读数得到测试结果，根据测试结果采取以下相应的处理办法。

(1) 万用表读数为∞，说明FU2在L2上合格，可以进行第六步。

(2) 万用表读数为等于或略大于KM线圈电阻，说明FU2在L2上底座短路，应该更换该底座，重复第五步。

第六步，判断QF在L2上触点是否合格，进而判断线路L1、QF、U11、FU2、1、SB、2、KM线圈、0、FU2、V11、QF、L2段是否合格。

测量点：L2、V11。

测试操作：断开QF。

万用表读数得到测试结果，根据测试结果采取以下相应的处理办法。

(1) 万用表读数为∞，说明 QF 在 L2 上合格，进而说明线路 L1、QF、U11、FU2、1、SB、2、KM 线圈、0、FU2、V11、QF、L2 段合格。

(2) 万用表读数为 0，说明 QF 在 L2 上触点烧结，应该更换 QF，重复第六步。

第七步，判断 QF 在 L1 上触点是否通。

测量点：L1、U11。

测试操作：闭合 QF。

万用表读数得到测试结果，根据测试结果采取以下相应的处理办法。

(1) 万用表读数为 0，说明 QF 在 L1 上触点通，可以进行第八步。

(2) 万用表读数为∞，说明 QF 在 L1 上触点损坏或接线点压绝缘皮或断线，应该更换 QF 或重新接线，重复第七步。

第八步，判断 QF 在 L1 上触点是否合格。

测量点：L1、U11。

测试操作：断开 QF。

万用表读数得到测试结果，根据测试结果采取以下相应的处理办法。

(1) 万用表读数为∞，说明 QF 在 L1 上触点合格，可以进行第九步。

(2) 万用表读数为 0，说明 QF 在 L1 上触点烧结，应该更换 QF 重复第八步。

第九步，判断 FU2 在 L1 上是否通。

测量点：L1、1。

测试操作：闭合 QF。

万用表读数得到测试结果，根据测试结果采取以下相应的处理办法。

(1) 万用表读数为 0，说明 FU2 在 L1 上通，可以进行第十步。

(2) 万用表读数为∞，说明 FU2 在 L1 上熔体熔断或接线点压绝缘皮或断线，应该更换该熔体或重新接线，重复第九步。

第十步，判断 FU2 在 L1 上是否合格。

测量点：L1、1。

测试操作：闭合 QF，取 FU2 在 L1 上熔体。

万用表读数得到测试结果，根据测试结果采取以下相应的处理办法。

(1) 万用表读数为∞，说明 FU2 在 L1 上合格，可以进行第十一步。

(2) 万用表读数为 0，说明 FU2 在 L1 上底座短路，应该更换该底座，重复第十步。

第十一步，判断 SB 常开触点是否通。

测量点：L1、2。

测试操作：闭合 QF，装上 FU2 在 L1 上熔体，按下 SB。

万用表读数得到测试结果，根据测试结果采取以下相应的处理办法。

(1) 万用表读数为 0，说明 SB 常开触点通，可以进行第十二步。

(2) 万用表读数为∞，说明 SB 常开触点损坏或接线压绝缘皮或断线，应该更换 SB 或重新接线，重复第十一步。

第十二步，判断 SB 常开触点是否合格。

测量点：L1、2。

测试操作：闭合 QF，装上 FU2 在 L1 上熔体，松开 SB。

万用表读数得到测试结果，根据测试结果采取以下相应的处理办法：

(1) 万用表读数为∞，说明 SB 常开触点合格，可以进行第十三步。

(2) 万用表读数为 0，说明 SB 常开触点烧结，应该更换 SB 重复第十二步。

第十三步，判断KM线圈是否合格。

测量点：L1、0。

测试操作：闭合QF，装上FU2在L1上熔体，按下SB。

万用表读数得到测试结果，根据测试结果采取以下相应的处理办法。

(1) 万用表读数为等于或略大于KM线圈电阻，说明KM线圈合格，可以进行第十四步。

(2) 万用表读数为0或小于KM线圈电阻，说明KM线圈短路或接错线路，应该更换KM或重新接线，重复第十三步。

(3) 万用表读数为∞，说明KM线圈断路，应该更换KM重复第十三步。

第十四步，判断FU2在L2上是否通。

测量点：L1、V11。

测试操作：闭合QF，装上FU2熔体，按下SB。

万用表读数得到测试结果，根据测试结果采取以下相应的处理办法。

(1) 万用表读数为等于或略大于KM线圈电阻，说明FU2在L2上通，可以进行第十五步。

(2) 万用表读数为∞，说明FU2在L2上熔体熔断或接线点压绝缘皮或断线，应该更换FU2在L2上熔体或重新接线，重复第十四步。

第十五步，判断FU2在L2上是否合格。

测量点：L1、V11。

测试操作：闭合QF，按下SB，取下FU2在L2上熔体。

万用表读数得到测试结果，根据测试结果采取以下相应的处理办法。

(1) 万用表读数为∞，说明FU2在L2上合格，可以进行第十六步。

(2) 万用表读数为等于或略大于KM线圈电阻，说明FU2在L2上底座短路，应该更换该底座，重复第十五步。

第十六步，判断QF在L2上触点是否通。

测量点：L2、V11。

测试操作：闭合QF。

万用表读数得到测试结果，根据测试结果采取以下相应的处理办法。

(1) 万用表读数为0，说明QF在L2上触点通，可以进行第十七步。

(2) 万用表读数为∞，说明QF在L2上触点损坏或接线压绝缘皮或断线，应该更换QF或重新接线，重复第十六步。

第十七步，判断QF在L2上触点是否合格，进而判断线路L1、QF、U11、FU2、1、SB、2、KM线圈、0、FU2、V11、QF、L2段是否合格。

测量点：L2、V11。

测试操作：断开QF。

万用表读数得到测试结果，根据测试结果采取以下相应的处理办法。

(1) 万用表读数为∞，说明QF在L2上触点合格，进而说明线路L1、QF、U11、FU2、1、SB、2、KM线圈、0、FU2、V11、QF、L2段合格。

(2) 万用表读数为0，说明QF在L2上触点烧结，应该更换QF重复第十七步。

三、主电路绝缘检测

首先，对L1、L2间绝缘进行检测，具体方法如下。

测量点：L1、L2。

测试操作：断开板外电源，拆除电机，闭合 QF，取下 FU2 熔体，按下 KM，摇动兆欧表摇把至打滑。

兆欧表读数得到测试结果，根据测试结果采取以下相应处理办法。

① 兆欧表读数为大于 1MΩ，说明 L1、L2 间绝缘合格。

② 兆欧表读数为 0.5～1MΩ，说明 L1、L2 间绝缘低，短期工作可以，若想长期工作最好重新配盘。

③ 兆欧表读数为小于 0.5MΩ，说明 L1、L2 间漏电或短路，应该用万用表找出故障点维修或更换导线、元件，直至绝缘合格为止。

同样，对 L1 与 L3、L2 与 L3、L1 与 PE、L2 与 PE、L3 与 PE 间的绝缘进行检测。

四、控制电路绝缘检测

（1）L1、L2 间绝缘检测

测量点：L1、L2。

测试操作：断开板外电源，拆除电机，闭合 QF，取下 FU1 熔体，摇动兆欧表摇把至打滑。

兆欧表读数得到测试结果，根据测试结果采取以下相应处理办法。

① 兆欧表读数为大于 1MΩ，说明 L1、L2 间绝缘合格。

② 兆欧表读数为 0.5～1MΩ，说明 L1、L2 间绝缘低，短期工作可以，若想长期工作最好重新配盘。

③ 兆欧表读数为小于 0.5MΩ，说明 L1、L2 间漏电或短路，应该用万用表找出故障点维修或更换导线、元件，直至绝缘合格为止。

（2）L1、PE 间绝缘检测

测量点：L1、PE。

测试操作：断开板外电源，拆除电动机，闭合 QF，取下 FU1 熔体，摇动兆欧表摇把至打滑。

兆欧表读数得到测试结果，根据测试结果采取以下相应处理办法。

① 兆欧表读数为大于 1MΩ，说明 L1、PE 间绝缘合格。

② 兆欧表读数为 0.5～1MΩ，说明 L1、PE 间绝缘低，短期工作可以，若想长期工作最好重新配盘。

③ 兆欧表读数为小于 0.5MΩ，说明 L1、PE 间漏电或短路，应该用万用表找出故障点维修或更换导线、元件，直至绝缘合格为止。

（3）L2、PE 间绝缘检测

测量点：L2、PE。

测试操作：断开板外电源，拆除电机，闭合 QF，取下 FU1 熔体，摇动兆欧表摇把至打滑。

兆欧表读数得到测试结果，根据测试结果采取以下相应处理办法。

① 兆欧表读数为大于 1MΩ，说明 L2、PE 间绝缘合格。

② 兆欧表读数为 0.5～1MΩ，说明 L2、PE 间绝缘低，短期工作可以，若想长期工作最好重新配盘。

③ 兆欧表读数为小于 0.5MΩ，说明 L2、PE 间漏电或短路，应该用万用表找出故障点维修或更换导线、元件，直至绝缘合格为止。

任务3 长动控制电路的安装与调试

学习目标

① 熟练绘制长动控制的三张图；

② 熟练完成长控制电路的配盘。

工作任务

首先，熟练绘制长动控制的三张图；其次，要做到能够正确熟练地完成长动控制电路的配盘。

任务实施

【知识准备】

长动控制电路的三张图及模拟配盘如图 2-4 所示。

【实际操作】——长动控制电路的配盘

1. 选用工具、仪表及材料

(1) 工具：钢锯、验电笔、螺钉旋具、尖嘴钳、斜口钳、剥线钳、电工刀等工具。

(2) 仪表：ZC35—3 型兆欧表（500V、0～500MΩ）、MG3—1 型钳流表、MF47 型万用表。

(3) 器材：

① M→三相笼型异步电动机（WDJ26，40W、380V、0.2A、△、1430r/min）1 台；

② QF→空气开关（DZ47—60，三极、380V、1A）1 个；

③ FU1→螺旋熔断器（RL1—15，380V、15A、配熔体 2A）3 套；

④ FU2→螺旋熔断器（RL1—15，380V、15A、配熔体 2A）2 套；

⑤ SB→按钮（LA4—2H，保护式、按钮数 2）1 个；

⑥ KM→交流接触器（CJX2—09，9A、线圈电压 380V）1 个；

⑦ FR→热继电器（JR36—20，三极、20A、热元件 11A 整定电流 0.72A）1 个；

⑧ 三相四线插头 1 个；

⑨ XT→端子板（YDG—603）若干节并配导轨；

⑩ 线号套管（配 BVR1.5mm^2、BVR1.0mm^2 及 BVR0.75mm^2 导线用）若干；

⑪ 油性记号笔 1 支；

⑫ 网孔板（700mm×590mm）1 块；

⑬ 胀销及配套自攻钉，规格是与网孔板配套，数量若干；

⑭ 导线（BVR1.5mm^2、BVR1.0mm^2 及 BVR0.75mm^2）若干；

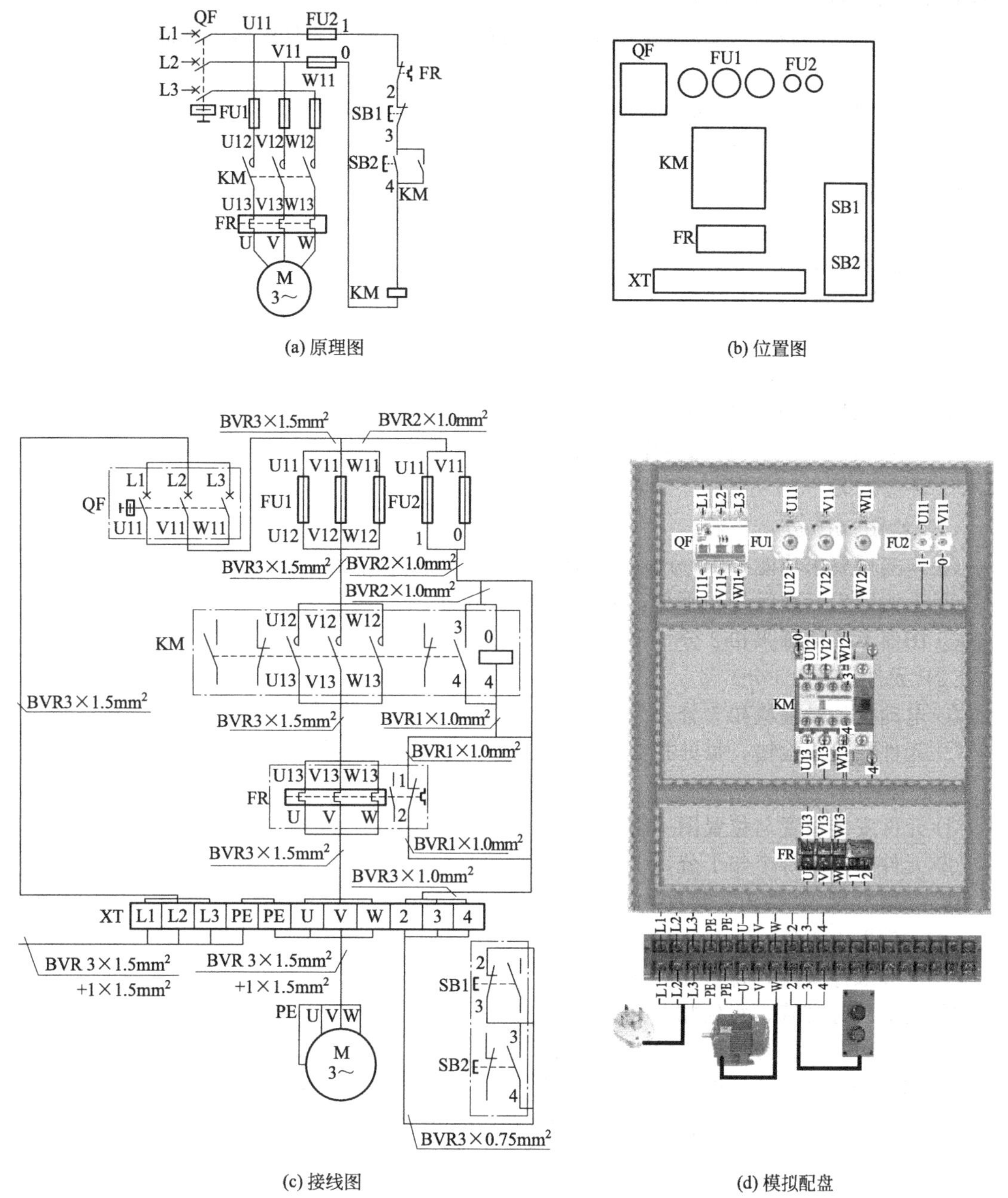

图 2-4　长动控制电路的三张图及模拟配盘

⑮ 接地线（BVR1.5mm² 黄绿）若干；

⑯ 线槽（VDR2030F，20mm×30mm）若干。

2. 工具、仪表及器材的质检要求

(1) 根据电动机规格检验工具、仪表、器材等是否满足要求。

(2) 电气元件外观应完整无损，附件备件齐全。

(3) 用万用表、兆欧表检测元件及电动机的技术数据是否符合要求。

3. 安装步骤及工艺要求

第一步，根据控制要求绘制原理图、位置图和接线图，要求绘制的图纸在满足控制要求的前提下，必须符合现行国家标准。

第二步，在控制板上按位置图固定元件及线槽，要求电器元件安装应牢固，并符合工艺要求。

第三步，接线，工艺要求如下所示。

（1）槽内导线不得有接头及破损；

（2）一般应先控制电路后主电路及外部线路。

第四步，自检，工艺要求如下所示。

（1）通断检测；

（2）绝缘检测。

第五步，清理现场，要求符合 4S 管理规定。

第六步，交验，通知教师验检。

第七步，试车，在教师的监护下送电试车。

第八步，检修，教师设故障学生自行排除。

4. 评分标准

（1）绘图（10 分）

① 未实现要求功能扣 10 分，且不能继续考核，应整改后继续。

② 未按国家标准每处扣 1 分，最高扣分为 10 分。

③ 图面不整洁每张扣 2 分。

（2）元件检查（5 分）

① 电动机质量漏检扣 5 分。

② 元件漏检或检错，每处扣 1 分。

（3）安装（5 分）

① 元件安装位置与位置图不符，每处扣 1 分。

② 元件松动，每个扣 1 分。

③ 线槽没做 45°拼角，每处扣 1 分。

（4）接线（30 分）

① 接线顺序错误，每根扣 5 分。

② 漏套线号套管，每处扣 5 分。

③ 漏标线号或线号标错，每处扣 5 分。

④ 不会接线或与接线图不符，扣 30 分。

⑤ 导线及线号套管使用错误，每根扣 5 分。

（5）自检（20 分）

① 通断检测

a. 不会检测或检测错误，扣 15 分。

b. 漏检，每处扣 5 分。

② 绝缘检测

a. 不会检测或检测错误，扣 15 分。

b. 漏检，每处扣 5 分。

（6）交验试车（10 分）

① 未通知教师私自试车，扣 10 分。

② 一次校验不合格，扣 5 分。

③ 二次校验不合格，扣 10 分。

(7) 检修 (20 分)

① 检不出故障，扣 20 分。

② 查出故障但排除不了，扣 10 分。

③ 制造出新故障，每处扣 5 分。

(8) 安全文明生产。违反安全文明生产规程，扣 5～40 分。

(9) 定额时间。90min，每超过 10min（不足 10min 按 10min 计）扣 5 分。

备注：除定额时间和安全文明生产外其他扣分不应超过配分。

温馨提示

注意不要损坏元件。

【任务评价】

温馨提示

完成【知识准备】、【实际操作】后，进入总结评价阶段。评价分自评、教师评两种，主要是总结评价本次安装、调试、演示过程中做得好的地方及需要改进的地方等。根据评分的情况和本次任务的结果，填入表 2-6 和表 2-7。

表 2-6 学生自评表格

任务完成进度	做得好的方面	不足、需要改进的方面

表 2-7 教师评价表格

在本次任务中的表现	学生进步的方面	学生不足、需要改进的方面

【总结报告】

温馨提示

总结报告可涉及内容为本次任务，本次实训的心得体会等，总之，要学会随时记录工作过程，总结经验教训，为今后的工作打下良好的基础。

任务小结

本任务主要是熟练绘制长动控制的三张图；熟练完成长动控制电路的配盘。

问题探究

一、主电路的通断检测

首先，对线路 L1、QF、U11、FU1、U12、KM、U13、FR、U 段的通断检测，方法如下。

第一步，判断线路 L1、QF、U11、FU1、U12、KM、U13、FR、U 段的通断。

测量点：L1、U。

测试操作：断开板外电源，拆下电动机 M，闭合 QF，按下 KM，选择万用表合适的电阻挡。

万用表读数得到测试结果，根据测试结果采取以下相应的处理办法：

(1) 万用表读数为 0，说明线路 L1、QF、U11、FU1、U12、KM、U13、FR、U 段通，可以进行第二步。

(2) 万用表读数为∞，说明线路 L1、QF、U11、FU1、U12、KM、U13、FR、U 段断路，应该进行第五步。

第二步，判断 QF 在 L1 上触点是否合格。

测量点：L1、U11。

测试操作：断开 QF。

万用表读数得到测试结果，根据测试结果采取以下相应的处理办法。

(1) 万用表读数为∞，说明 QF 在 L1 上合格，可以进行第三步。

(2) 万用表读数为 0，说明 QF 在 L1 上的触点烧结，应该更换 QF，重复第二步。

第三步，判断 FU1 在 L1 上是否合格。

测量点：L1、U12。

测试操作：闭合 QF，取下 FU1 在 L1 上熔体。

万用表读数得到测试结果，根据测试结果采取以下相应的处理办法。

(1) 万用表读数为∞，说明 FU1 在 L1 上合格，可以进行第四步。

(2) 万用表读数为 0，说明 FU1 在 L1 上底座短路，应该更换该底座，重复第三步。

第四步，判断 KM 在 L1 上触点是否合格，进而判断线路 L1、QF、U11、FU1、U12、KM、U13、FR、U 段是否合格。

测量点：L1、U。

测试操作：闭合 QF，安装上 FU1 在 L1 上熔体，松开 KM。

万用表读数得到测试结果，根据测试结果采取以下相应的处理办法。

(1) 万用表读数为∞，说明 KM 在 L1 上触点合格，进而说明线路 L1、QF、U11、FU1、U12、KM、U13、FR、U 段合格。

(2) 万用表读数为 0，说明 KM 在 L1 上触点烧结，应该更换 KM，重复第四步。

第五步，判断 QF 在 L1 上的触点是否通。

测量点：L1、U11。

测试操作：闭合 QF。

万用表读数得到测试结果，根据测试结果采取以下相应的处理办法。

(1) 万用表读数为 0，说明 QF 在 L1 上的触点通，可以进行第六步。

(2) 万用表读数为∞，说明 QF 在 L1 上的触点损坏或接线点压绝缘皮或断线，应该更换 QF 或重新接线，重复第五步。

第六步，判断 QF 在 L1 上的触点是否合格。

测量点：L1、U11。

测试操作：断开 QF。

万用表读数得到测试结果，根据测试结果采取以下相应的处理办法。

(1) 万用表读数为∞，说明 QF 在 L1 上的触点合格，可以进行第七步。

(2) 万用表读数为 0，说明 QF 在 L1 上的触点烧结，应该更换 QF，重复第六步。

第七步，判断 FU1 在 L1 上是否通。

测量点：L1、U12。

测试操作：闭合 QF。

万用表读数得到测试结果，根据测试结果采取以下相应的处理办法。

(1) 万用表读数为 0，说明 FU1 在 L1 上通，可以进行第八步。

(2) 万用表读数为∞，说明 FU1 在 L1 上熔体熔断或接线点压绝缘皮或断线，应该更换 QF 或重新接线，重复第七步。

第八步，判断 FU1 在 L1 上是否合格。

测量点：L1、U12。

测试操作：闭合 QF，取下 FU1 在 L1 上的熔体。

万用表读数得到测试结果，根据测试结果采取以下相应的处理办法。

(1) 万用表读数为∞，说明 FU1 在 L1 上合格，可以进行第九步。

(2) 万用表读数为 0，说明 FU1 在 L1 上的底座短路，应该更换该底座，重复第八步。

第九步，判断 KM 在 L1 上触点是否通。

测量点：L1、U13。

测试操作：闭合 QF，装上 FU1 在 L1 上熔体，按下 KM。

万用表读数得到测试结果，根据测试结果采取以下相应的处理办法。

(1) 万用表读数为 0，说明 KM 在 L1 上触点通，可以进行第十步。

(2) 万用表读数为∞，说明 KM 在 L1 上触点损坏或接点压绝缘皮或断线，应该更换 KM 或重新接线，重复第九步。

第十步，判断 KM 在 L1 上触点是否合格。

测量点：L1、U13。

测试操作：闭合 QF，装上 FU1 在 L1 上熔体，松开 KM。

万用表读数得到测试结果，根据测试结果采取以下相应的处理办法。

(1) 万用表读数为∞，说明 KM 在 L1 上触点合格，可以进行第十一步。

(2) 万用表读数为 0，说明 KM 在 L1 上触点烧结，应该更换 KM，重复第十步。

第十一步，判断 FR 在 L1 上热元件是否合格，进而判断线路 L1、QF、U11、FU1、U12、KM、U13、FR、U 段是否合格。

测量点：L1、U。

测试操作：闭合 QF，装上 FU1 在 L1 上熔体，按下 KM。

万用表读数得到测试结果，根据测试结果采取以下相应的处理办法。

(1) 万用表读数为 0，说明 FR 在 L1 上热元件合格，进而说明线路 L1、QF、U11、FU1、U12、KM、U13、FR、U 段合格。

(2) 万用表读数为∞，说明 FR 在 L1 上热元件断路，应该更换 FR 重复第十一步。

同样，对线路 L2、QF、V11、FU1、V12、KM、V13、FR、V 段与线路 L3、QF、W11、FU1、W12、KM、W13、FR、W 段的通断进行检测。

二、控制电路的通断检测

（一）线路 L1、QF、U11、FU2、1、FR、2、SB1、3、SB2、4、KM 线圈、0、FU2、V11、QF、L2 段通断检测

第一步，判断线路 L1、QF、U11、FU2、1、FR、2、SB1、3、SB2、4、KM 线圈、0、FU2、V11、QF、L2 段通断。

测量点：L1、L2。

测试操作：断开板外电源，拆除电动机，闭合 QF，按下 SB2。

万用表读数得到测试结果，根据测试结果采取以下相应的处理办法。

(1) 万用表读数为等于或略大于 KM 线圈电阻，说明线路 L1、QF、U11、FU2、1、FR、2、SB1、3、SB2、4、KM 线圈、0、FU2、V11、QF、L2 段通，可以进行第二步。

(2) 万用表读数为 0 或小于 KM 线圈电阻，说明 KM 线圈短路或接错线路，应该更换 KM 或重新接线，重复第一步。

(3) 万用表读数为∞，说明线路 L1、QF、U11、FU2、1、FR、2、SB1、3、SB2、4、KM 线圈、0、FU2、V11、QF、L2 段断路，应该进行第九步。

第二步，判断 QF 在 L1 上触点是否合格。

测量点：L1、U11。

测试操作：断开 QF。

万用表读数得到测试结果，根据测试结果采取以下相应的处理办法。

(1) 万用表读数为∞，说明 QF 在 L1 上触点合格，可以进行第三步。

(2) 万用表读数为 0，说明 QF 在 L1 上触点烧结，应该更换 QF 重复第二步。

第三步，判断 FU2 在 L1 上是否合格。

测量点：L1、1。

测试操作：闭合 QF，取下 FU2 在 L1 上熔体。

万用表读数得到测试结果，根据测试结果采取以下相应的处理办法。

(1) 万用表读数为∞，说明 FU2 在 L1 上合格，可以进行第四步。

(2) 万用表读数为 0，说明 FU2 在 L1 上底座烧结，应该更换该底座，重复第三步。

第四步，判断 FR 常闭触点是否合格。

测量点：L1、2。

测试操作：闭合 QF，装上 FU2 在 L1 上熔体，按下 FR。

万用表读数得到测试结果，根据测试结果采取以下相应的处理办法。

(1) 万用表读数为∞，说明 FR 常闭触点合格，可以进行第五步。

(2) 万用表读数为 0，说明 FR 常闭触点烧结，应该更换 FR，重复第四步。

第五步，判断 SB1 常闭触点是否合格。

测量点：L1、3。

测试操作：闭合 QF，装上 FU2 在 L1 上熔体，松开 FR，按下 SB1。

万用表读数得到测试结果，根据测试结果采取以下相应的处理办法。

(1) 万用表读数为∞，说明 SB1 常闭触点合格，可以进行第六步。

(2) 万用表读数为 0，说明 SB1 常闭触点烧结，应该更换 SB1，重复第五步。

第六步，判断 SB2 常开触点是否合格。

测量点：L1、4。

测试操作：闭合 QF，装上 FU2 在 L1 上熔体，松开 FR，松开 SB2。

万用表读数得到测试结果，根据测试结果采取以下相应的处理办法。

(1) 万用表读数为∞，说明 SB2 常开触点合格，可以进行第七步。

(2) 万用表读数为 0，说明 SB2 常开触点烧结，应该更换 SB2，重复第六步。

第七步，判断 FU2 在 L2 上是否合格。

测量点：L1、V11。

测试操作：闭合 QF，按下 SB2，取下 FU2 在 L2 上熔体。

万用表读数得到测试结果，根据测试结果采取以下相应的处理办法。

(1) 万用表读数为∞，说明 FU2 在 L2 上合格，可以进行第八步。

(2) 万用表读数为等于或略大于 KM 线圈电阻，说明 FU2 在 L2 上底座短路，应该更换该底座，重复第七步。

第八步，判断 QF 在 L2 上触点是否合格，进而判断线路 L1、QF、U11、FU2、1、FR、2、SB1、3、SB2、4、KM 线圈、0、FU2、V11、QF、L2 段是否合格。

测量点：L2、V11。

测试操作：断开 QF。

万用表读数得到测试结果，根据测试结果采取以下相应的处理办法。

(1) 万用表读数为∞，说明 QF 在 L2 上合格，进而说明线路 L1、QF、U11、FU2、1、FR、2、SB1、3、SB2、4、KM 线圈、0、FU2、V11、QF、L2 段合格。

(2) 万用表读数为 0，说明 QF 在 L2 上触点烧结，应该更换 QF，重复第八步。

第九步，判断 QF 在 L1 上触点是否通。

测量点：L1、U11。

测试操作：闭合 QF。

万用表读数得到测试结果，根据测试结果采取以下相应的处理办法。

(1) 万用表读数为 0，说明 QF 在 L1 上触点通，可以进行第十步。

(2) 万用表读数为∞，说明 QF 在 L1 上触点损坏或接线点压绝缘皮或断线，应该更换 QF 或重新接线，重复第九步。

第十步，判断 QF 在 L1 上触点是否合格。

测量点：L1、U11。

测试操作：断开 QF。

万用表读数得到测试结果，根据测试结果采取以下相应的处理办法。

(1) 万用表读数为∞，说明 QF 在 L1 上触点合格，可以进行第十一步。

(2) 万用表读数为 0，说明 QF 在 L1 上触点烧结，应该更换 QF 重复第十步。

第十一步，判断 FU2 在 L1 上是否通。

测量点：L1、1。

测试操作：闭合 QF。

万用表读数得到测试结果，根据测试结果采取以下相应的处理办法。

(1) 万用表读数为 0，说明 FU2 在 L1 上通，可以进行第十二步。

(2) 万用表读数为∞，说明 FU2 在 L1 上熔体熔断或接线点压绝缘皮或断线，应该更换该熔体或重新接线，重复第十一步。

第十二步，判断 FU2 在 L1 上是否合格。

测量点：L1、1。

测试操作：闭合 QF，取 FU2 在 L1 上熔体。

万用表读数得到测试结果，根据测试结果采取以下相应的处理办法。

(1) 万用表读数为∞，说明 FU2 在 L1 上合格，可以进行第十三步。

(2) 万用表读数为 0，说明 FU2 在 L1 上底座短路，应该更换该底座，重复第十二步。

第十三步，判断 FR 常闭触点是否通。

测量点：L1、2。

测试操作：闭合 QF，装上 FU2 在 L1 上熔体。

万用表读数得到测试结果，根据测试结果采取以下相应的处理办法。

(1) 万用表读数为 0，说明 FR 常闭触点通，可以进行第十四步。

(2) 万用表读数为∞，说明 FR 常闭触点损坏或接线点压绝缘皮或断线，应该更换 FR 或重新接线，重复第十三步。

第十四步，判断 FR 常闭触点是否合格。

测量点：L1、2。

测试操作：按下 FR。

万用表读数得到测试结果，根据测试结果采取以下相应的处理办法。

(1) 万用表读数为∞，说明 FR 常闭触点合格，可以进行第十五步。

(2) 万用表读数为 0，说明 FR 常闭触点烧结，应该更换 FR，重复第十四步。

第十五步，判断 SB1 常闭触点是否通。

测量点：L1、3。

测试操作：闭合 QF，装上 FU2 在 L1 上熔体。

万用表读数得到测试结果，根据测试结果采取以下相应的处理办法。

(1) 万用表读数为 0，说明 SB1 常闭触点通，可以进行第十六步。

(2) 万用表读数为∞，说明 SB1 常闭触点损坏或接线点压绝缘皮或断线，应该更换 SB1 或重新接线，重复第十五步。

第十六步，判断 SB1 常闭触点是否合格。

测量点：L1、3。

测试操作：闭合 QF，装上 FU2 在 L1 上熔体，按下 SB1。

万用表读数得到测试结果，根据测试结果采取以下相应的处理办法。

(1) 万用表读数为∞，说明 SB1 常闭触点合格，可以进行第十七步。

(2) 万用表读数为 0，说明 SB1 常闭触点烧结，应该更换 SB1，重复第十六步。

第十七步，判断 SB2 常开触点是否通。

测量点：L1、4。

测试操作：闭合 QF，装上 FU2 在 L1 上熔体，按下 SB2。

万用表读数得到测试结果，根据测试结果采取以下相应的处理办法。

(1) 万用表读数为 0，说明 SB2 常开触点通，可以进行第十八步。

(2) 万用表读数为∞，说明 SB2 常开触点损坏或接线点压绝缘皮或断线，应该更换 SB2 或重新接线，重复第十七步。

第十八步，判断 SB2 常开触点是否合格。

测量点：L1、4。

测试操作：闭合 QF，装上 FU2 在 L1 上熔体，松开 SB2。

万用表读数得到测试结果，根据测试结果采取以下相应的处理办法。

(1) 万用表读数为∞，说明 SB2 常开触点合格，可以进行第十九步。

(2) 万用表读数为 0，说明 SB2 常开触点烧结，应该更换 SB2 重复第十八步。

第十九步，判断 KM 线圈是否合格。

测量点：L1、0。

测试操作：闭合 QF，装上 FU2 在 L1 上熔体，按下 SB2。

万用表读数得到测试结果，根据测试结果采取以下相应的处理办法。

(1) 万用表读数为等于或略大于 KM 线圈电阻，说明 KM 线圈合格，可以进行第二十步。

(2) 万用表读数为 0 或小于 KM 线圈电阻，说明 KM 线圈短路或接错线路，应该更换 KM 或重新接线，重复第十九步。

(3) 万用表读数为∞，说明 KM 线圈断路，应该更换 KM 重复第十九步。

第二十步，判断 FU2 在 L2 上是否通。

测量点：L1、V11。

测试操作：闭合 QF，装上 FU2 熔体，按下 SB2。

万用表读数得到测试结果，根据测试结果采取以下相应的处理办法。

(1) 万用表读数为等于或略大于 KM 线圈电阻，说明 FU2 在 L2 上通，可以进行第二十一步。

(2) 万用表读数为∞，说明 FU2 在 L2 上熔体熔断或接线点压绝缘皮或断线，应该更换 FU2 在 L2 上熔体或重新接线，重复第二十步。

第二十一步，判断 FU2 在 L2 上是否合格。

测量点：L1、V11。

测试操作：闭合 QF，按下 SB2，取下 FU2 在 L2 上熔体。

万用表读数得到测试结果，根据测试结果采取以下相应的处理办法。

(1) 万用表读数为∞，说明 FU2 在 L2 上合格，可以进行第二十二步。

(2) 万用表读数为等于或略大于 KM 线圈电阻，说明 FU2 在 L2 上底座短路，应该更换该底座，重复第二十一步。

第二十二步，判断 QF 在 L2 上触点是否通。

测量点：L2、V11。

测试操作：闭合 QF。

万用表读数得到测试结果，根据测试结果采取以下相应的处理办法。

(1) 万用表读数为 0，说明 QF 在 L2 上触点通，可以进行第二十三步。

(2) 万用表读数为∞，说明 QF 在 L2 上触点损坏或接线压绝缘皮或断线，应该更换 QF 或重新接线，重复第二十二步。

第二十三步，判断 QF 在 L2 上触点是否合格，进而判断线路 L1、QF、U11、FU2、1、FR、2、SB1、3、SB2、4、KM 线圈、0、FU2、V11、QF、L2 段是否合格。

测量点：L2、V11。

测试操作：断开 QF。

万用表读数得到测试结果，根据测试结果采取以下相应的处理办法。

(1) 万用表读数为∞，说明 QF 在 L2 上触点合格，进而说明线路 L1、QF、U11、FU2、1、FR、2、SB1、3、SB2、4、KM 线圈、0、FU2、V11、QF、L2 段合格。

(2) 万用表读数为 0，说明 QF 在 L2 上触点烧结，应该更换 QF 重复第二十三步。

(二) 线路 L1、QF、U11、FU2、1、FR、2、SB1、3、KM 自锁触点、4、KM 线圈、0、FU2、V11、QF、L2 段通断检测

因为该段线路的通断检测应在线路 L1、QF、U11、FU2、1、FR、2、SB1、3、SB2、4、KM 线圈、0、FU2、V11、QF、L2 段通断检测之后进行，所以线路 L1、QF、U11、

FU2、1、FR、2、SB1、3部分和线路4、KM线圈、0、FU2、V11、QF、L2部分不用再重复检测了，可以视为已经合格，因此，此段线路的通断检测如下所示。

第一步，判断KM自锁触点是否通。

测量点：L1、L2。

测试操作：闭合QF，按下KM。

万用表读数得到测试结果，根据测试结果采取以下相应的处理办法。

(1) 万用表读数为等于或略大于KM线圈电阻，说明KM自锁触点通，可以进行第二步。

(2) 万用表读数为∞，说明KM自锁触点损坏或接线点压绝缘皮或断线或接错线，应该更换KM或重新接线，重复第一步。

第二步，判断KM自锁触点是否合格，进而判断线路L1、QF、U11、FU2、1、FR、2、SB1、3、KM自锁触点、4、KM线圈、0、FU2、V11、QF、L2段是否合格。

测量点：L1、L2。

测试操作：闭合QF，松开KM。

万用表读数得到测试结果，根据测试结果采取以下相应的处理办法。

(1) 万用表读数为∞，说明KM自锁触点合格，进而说明线路L1、QF、U11、FU2、1、FR、2、SB1、3、KM自锁触点、4、KM线圈、0、FU2、V11、QF、L2段合格。

(2) 万用表读数为等于或略大于KM线圈电阻，说明KM自锁触点烧结，应该更换KM，重复第二步。

三、主电路绝缘检测

首先，对L1、L2间绝缘进行检测，方法如下。

测量点：L1、L2。

测试操作：断开板外电源，拆除电机，闭合QF，取下FU2熔体，按下KM，摇动兆欧表摇把至打滑。

兆欧表读数得到测试结果，根据测试结果采取以下相应处理办法。

(1) 兆欧表读数为大于1MΩ，说明L1、L2间绝缘合格。

(2) 兆欧表读数为0.5～1MΩ，说明L1、L2间绝缘低，短期工作可以，若想长期工作最好重新配盘。

(3) 兆欧表读数为小于0.5MΩ，说明L1、L2间漏电或短路，应该用万用表找出故障点维修或更换导线、元件，直至绝缘合格为止。

同样，对L1与L3、L2与L3、L1与PE、L2与PE、L3与PE间绝缘进行检测。

四、控制电路绝缘检测

（一）L1、L2间绝缘检测

测量点：L1、L2。

测试操作：断开板外电源，拆除电动机，闭合QF，取下FU1熔体，摇动兆欧表摇把至打滑。

兆欧表读数得到测试结果，根据测试结果采取以下相应处理办法。

(1) 兆欧表读数为大于1MΩ，说明L1、L2间绝缘合格。

(2) 兆欧表读数为0.5～1MΩ，说明L1、L2间绝缘低，短期工作可以，若想长期工作最好重新配盘。

(3) 兆欧表读数为小于0.5MΩ，说明L1、L2间漏电或短路，应该用万用表找出故障点维修或更换导线、元件，直至绝缘合格为止。

（二）L1、PE 间绝缘检测

测量点：L1、PE。

测试操作：断开板外电源，拆除电动机，闭合 QF，取下 FU1 熔体，摇动兆欧表摇把至打滑。

兆欧表读数得到测试结果，根据测试结果采取以下相应处理办法。

（1）兆欧表读数为大于 1MΩ，说明 L1、PE 间绝缘合格。

（2）兆欧表读数为 0.5～1MΩ，说明 L1、PE 间绝缘低，短期工作可以，若想长期工作最好重新配盘。

（3）兆欧表读数为小于 0.5MΩ，说明 L1、PE 间漏电或短路，应该用万用表找出故障点维修或更换导线、元件，直至绝缘合格为止。

（三）L2、PE 间绝缘检测

测量点：L2、PE。

测试操作：断开板外电源，拆除电动机，闭合 QF，取下 FU1 熔体，摇动兆欧表摇把至打滑。

兆欧表读数得到测试结果，根据测试结果采取以下相应处理办法。

（1）兆欧表读数为大于 1MΩ，说明 L2、PE 间绝缘合格。

（2）兆欧表读数为 0.5～1MΩ，说明 L2、PE 间绝缘低，短期工作可以，若想长期工作最好重新配盘。

（3）兆欧表读数为小于 0.5MΩ，说明 L2、PE 间漏电或短路，应该用万用表找出故障点维修或更换导线、元件，直至绝缘合格为止。

任务4 多地控制电路的安装与调试

学习目标

① 熟练绘制多地控制的三张图；

② 熟练完成多地控制电路的配盘。

工作任务

首先，熟练绘制多地控制的三张图；其次，要做到能够正确熟练地完成多地控制电路的配盘。

任务实施

【知识准备】

多地控制电路的三张图及模拟配盘如图 2-5 所示。

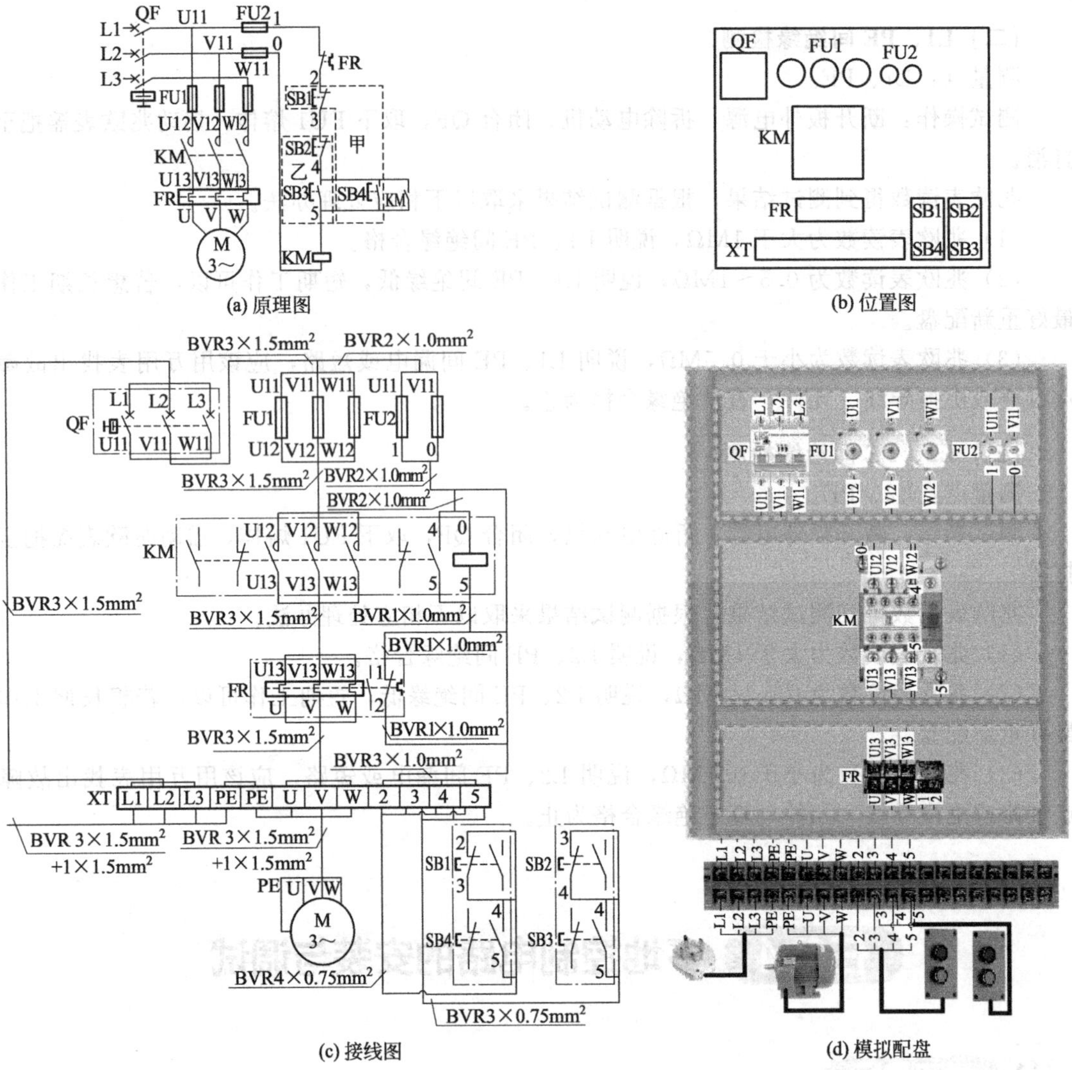

图 2-5　多地控制电路的三张图及模拟配盘

【实际操作】——多地控制电路的配盘

1. 选用工具、仪表及材料

(1) 工具：钢锯、验电笔、螺钉旋具、尖嘴钳、斜口钳、剥线钳、电工刀等工具。

(2) 仪表：ZC35—3 型兆欧表（500V、0～500MΩ）、MG3—1 型钳流表、MF47 型万用表。

(3) 器材。

① M→三相笼型异步电动机（WDJ26，40W、380V、0.2A、△、1430r/min）1 台；

② QF→空气开关（DZ47—60，三极、380V、1A）1 个；

③ FU1→螺旋熔断器（RL1—15，380V、15A、配熔体 2A）3 套；

④ FU2→螺旋熔断器（RL1—15，380V、15A、配熔体 2A）2 套；

⑤ SB→按钮（LA4—2H，保护式、按钮数 2）2 个；

⑥ KM→交流接触器（CJX2—09，9A、线圈电压380V）1个；
⑦ FR→热继电器（JR36—20，三极、20A、热元件11A整定电流0.72A）1个；
⑧ 三相四线插头1个；
⑨ XT→端子板（YDG—603）若干节并配导轨；
⑩ 线号套管（配BVR1.5mm^2、BVR1.0mm^2及BVR0.75mm^2导线用）若干；
⑪ 油性记号笔1支；
⑫ 网孔板（700mm×590mm）1块；
⑬ 胀销及配套自攻钉，规格是与网孔板配套，数量若干；
⑭ 导线（BVR1.5mm^2、BVR1.0mm^2及BVR0.75mm^2）若干；
⑮ 接地线（BVR1.5mm^2黄绿）若干；
⑯ 线槽（VDR2030F，20mm×30mm）若干。

2. 工具、仪表及器材的质检要求

（1）根据电动机规格检验工具、仪表、器材等是否满足要求。
（2）电气元件外观应完整无损，附件备件齐全。
（3）用万用表、兆欧表检测元件及电动机的技术数据是否符合要求。

3. 安装步骤及工艺要求

第一步，根据控制要求绘制原理图、位置图和接线图，要求绘制的图纸在满足控制要求的前提下，必须符合现行国家标准。

第二步，在控制板上按位置图固定元件及线槽，要求电器元件安装应牢固，并符合工艺要求。

第三步，接线，工艺要求如下所示。
（1）槽内导线不得有接头及破损；
（2）一般应先控制电路后主电路及外部电路。

第四步，自检，工艺要求如下所示。
（1）通断检测；
（2）绝缘检测。

第五步，清理现场，要求符合4S管理规定。
第六步，交验，要求通知教师检验。
第七步，试车，在教师的监护下送电试车。
第八步，检修，教师设故障学生自行排除。

4. 评分标准

（1）绘图（10分）
① 未实现要求功能扣10分，且不能继续考核，应整改后继续。
② 未按国家标准每处扣1分，最高扣分为10分。
③ 图面不整洁每张扣2分。
（2）元件检查（5分）
① 电动机质量漏检扣5分。
② 元件漏检或检错，每处扣1分。
（3）安装（5分）
① 元件安装位置与位置图不符，每处扣1分。
② 元件松动，每个扣1分。
③ 线槽没做45°拼角，每处扣1分。

（4）接线（30分）

① 接线顺序错误，每根扣5分。

② 漏套线号套管，每处扣5分。

③ 漏标线号或线号标错，每处扣5分。

④ 不会接线或与接线图不符，扣30分。

⑤ 导线及线号套管使用错误，每根扣5分。

（5）自检（20分）

① 通断检测

a. 不会检测或检测错误，扣15分。

b. 漏检，每处扣5分。

② 绝缘检测

a. 不会检测或检测错误，扣15分。

b. 漏检，每处扣5分。

（6）交验试车（10分）

① 未通知教师私自试车，扣10分。

② 一次校验不合格，扣5分。

③ 二次校验不合格，扣10分。

（7）检修（20分）

① 检不出故障，扣20分。

② 查出故障但排除不了，扣10分。

③ 制造出新故障，每处扣5分。

（8）安全文明生产。违反安全文明生产规程，扣5～40分。

（9）定额时间。90min，每超过10min（不足10min按10min计）扣5分。

备注：除定额时间和安全文明生产外其他扣分不应超过配分。

温馨提示

注意不要损坏元件。

【任务评价】

温馨提示

完成【知识准备】、【实际操作】后，进入总结评价阶段。评价分自评、教师评两种，主要是总结评价本次安装、调试、演示过程中做得好的地方及需要改进的地方等。根据评分的情况和本次任务的结果，填入表2-8和表2-9。

表2-8　学生自评表格

任务完成进度	做得好的方面	不足、需要改进的方面

表 2-9　教师评价表格

在本次任务中的表现	学生进步的方面	学生不足、需要改进的方面

【总结报告】

温馨提示

总结报告可涉及内容为本次任务，本次实训的心得体会等，总之，要学会随时记录工作过程，总结经验教训，为今后的工作打下良好的基础。

任务小结

本任务主要是熟练绘制多地控制的三张图；熟练完成多地控制电路的配盘。首先，熟练绘制多地控制的三张图，其次，要做到能够正确熟练地完成多地控制电路的配盘。

问题探究

一、主电路的通断检测

首先，对线路 L1、QF、U11、FU1、U12、KM、U13、FR、U 段进行通断检测。

第一步，判断线路 L1、QF、U11、FU1、U12、KM、U13、FR、U 段的通断。

测量点：L1、U。

测试操作：断开板外电源，拆下电动机 M，闭合 QF，按下 KM，选择万用表合适的电阻挡。

万用表读数得到测试结果，根据测试结果采取以下相应的处理办法。

(1) 万用表读数为 0，说明线路 L1、QF、U11、FU1、U12、KM、U13、FR、U 段通，可以进行第二步。

(2) 万用表读数为∞，说明线路 L1、QF、U11、FU1、U12、KM、U13、FR、U 段断路，可以进行第五步。

第二步，判断 QF 在 L1 上触点是否合格。

测量点：L1、U11。

测试操作：断开 QF。

万用表读数得到测试结果，根据测试结果采取以下相应的处理办法。

(1) 万用表读数为∞，说明 QF 在 L1 上合格，可以进行第三步。

(2) 万用表读数为 0，说明 QF 在 L1 上的触点烧结，应该更换 QF，重复第二步。

第三步，判断 FU1 在 L1 上是否合格。

测量点：L1、U12。

测试操作：闭合 QF，在 L1 上取下熔体 FU1。

万用表读数得到测试结果，根据测试结果采取以下相应的处理办法。

(1) 万用表读数为∞，说明 FU1 在 L1 上合格，可以进行第四步。

（2）万用表读数为0，说明FU1在L1上底座短路，应该更换该底座，重复第三步。

第四步，判断KM在L1上触点是否合格，进而判断线路L1、QF、U11、FU1、U12、KM、U13、FR、U段是否合格。

测量点：L1、U。

测试操作：闭合QF，在L1上安装熔体FU1，松开KM。

万用表读数得到测试结果，根据测试结果采取以下相应的处理办法。

（1）万用表读数为∞，说明KM在L1上触点合格，进而说明线路L1、QF、U11、FU1、U12、KM、U13、FR、U段合格。

（2）万用表读数为0，说明KM在L1上触点烧结，应该更换KM，重复第四步。

第五步，判断QF在L1上的触点是否通。

测量点：L1、U11。

测试操作：闭合QF。

万用表读数得到测试结果，根据测试结果采取以下相应的处理办法。

（1）万用表读数为0，说明QF在L1上的触点通，可以进行进行第六步。

（2）万用表读数为∞，说明QF在L1上的触点损坏，或在接线点位置压住了绝缘皮或断线，应该更换QF或重新接线，重复第五步。

第六步，判断QF在L1上的触点是否合格。

测量点：L1、U11。

测试操作：断开QF。

万用表读数得到测试结果，根据测试结果采取以下相应的处理办法。

（1）万用表读数为∞，说明QF在L1上的触点合格，可以进行第七步。

（2）万用表读数为0，说明QF在L1上的触点烧结，应该更换QF，重复第六步。

第七步，判断FU1在L1上是否通。

测量点：L1、U12。

测试操作：闭合QF。

万用表读数得到测试结果，根据测试结果采取以下相应的处理办法。

（1）万用表读数为0，说明FU1在L1上通，可以进行第八步。

（2）万用表读数为∞，说明FU1在L1上的熔体熔断，或在接线点位置压住了绝缘皮或断线，应该更换QF或重新接线，重复第七步。

第八步，判断FU1在L1上是否合格。

测量点：L1、U12。

测试操作：闭合QF，取下FU1在L1上的熔体。

万用表读数得到测试结果，根据测试结果采取以下相应的处理办法。

（1）万用表读数为∞，说明FU1在L1上合格，可以进行第九步。

（2）万用表读数为0，说明FU1在L1上的底座短路，应该更换该底座，重复第八步。

第九步，判断KM在L1上的触点是否通。

测量点：L1、U13。

测试操作：闭合QF，装上FU1在L1上的熔体，按下KM。

万用表读数得到测试结果，根据测试结果采取以下相应的处理办法。

（1）万用表读数为0，说明KM在L1上触点通，可以进行第十步。

（2）万用表读数为∞，说明KM在L1上触点损坏或接点压绝缘皮或断线，应该更换KM或重新接线，重复第九步。

第十步，判断 KM 在 L1 上的触点是否合格。

测量点：L1、U13。

测试操作：闭合 QF，装上 FU1 在 L1 上的熔体，松开 KM。

万用表读数得到测试结果，根据测试结果采取以下相应的处理办法。

(1) 万用表读数为∞，说明 KM 在 L1 上触点合格，可以进行第十一步。

(2) 万用表读数为 0，说明 KM 在 L1 上触点烧结，应该更换 KM，重复第十步。

第十一步，判断 FR 在 L1 上的热元件是否合格，进而判断线路 L1、QF、U11、FU1、U12、KM、U13、FR、U 段是否合格。

测量点：L1、U。

测试操作：闭合 QF，装上 FU1 在 L1 上熔体，按下 KM。

万用表读数得到测试结果，根据测试结果采取以下相应的处理办法。

(1) 万用表读数为 0，说明 FR 在 L1 上热元件合格，进而说明线路 L1、QF、U11、FU1、U12、KM、U13、FR、U 段合格。

(2) 万用表读数为∞，说明 FR 在 L1 上热元件断路，应该更换 FR，重复第十一步。

同样，对线路 L2、QF、V11、FU1、V12、KM、V13、FR、V 段和线路 L3、QF、W11、FU1、W12、KM、W13、FR、W 段进行通断检测。

二、控制电路的通断检测

(一) 线路 L1、QF、U11、FU2、1、FR、2、SB1、3、SB2、4、SB3、5、KM 线圈、0、FU2、V11、QF、L2 段通断检测

第一步，判断线路 L1、QF、U11、FU2、1、FR、2、SB1、3、SB2、4、SB3、5、KM 线圈、0、FU2、V11、QF、L2 段通断。

测量点：L1、L2。

测试操作：断开板外电源，拆除电动机，闭合 QF，按下 SB3。

万用表读数得到测试结果，根据测试结果采取以下相应的处理办法。

(1) 万用表读数为等于或略大于 KM 线圈电阻，说明线路 L1、QF、U11、FU2、1、FR、2、SB1、3、SB2、4、SB3、5、KM 线圈、0、FU2、V11、QF、L2 段通，可以进行第二步。

(2) 万用表读数为 0 或小于 KM 线圈电阻，说明 KM 线圈短路或接错线路，应该更换 KM 或重新接线，重复第一步。

(3) 万用表读数为∞，说明线路 L1、QF、U11、FU2、1、FR、2、SB1、3、SB2、4、SB3、5、KM 线圈、0、FU2、V11、QF、L2 段断路，应该进行第十步。

第二步，判断 QF 在 L1 上的触点是否合格。

测量点：L1、U11。

测试操作：断开 QF。

万用表读数得到测试结果，根据测试结果采取以下相应的处理办法。

(1) 万用表读数为∞，说明 QF 在 L1 上触点合格，可以进行第三步。

(2) 万用表读数为 0，说明 QF 在 L1 上触点烧结，应该更换 QF，重复第二步。

第三步，判断 FU2 在 L1 上是否合格。

测量点：L1、1。

测试操作：闭合 QF，取下 FU2 在 L1 上的熔体。

万用表读数得到测试结果，根据测试结果采取以下相应的处理办法。

(1) 万用表读数为∞，说明 FU2 在 L1 上合格，可以进行第四步。

(2) 万用表读数为 0，说明 FU2 在 L1 上底座短路，应该更换该底座，重复第三步。

第四步，判断 FR 常闭触点是否合格。

测量点：L1、2。

测试操作：闭合 QF，在 L1 上装上 FU2 熔体，按下 FR。

万用表读数得到测试结果，根据测试结果采取以下相应的处理办法。

(1) 万用表读数为∞，说明 FR 常闭触点合格，可以进行第五步。

(2) 万用表读数为 0，说明 FR 常闭触点烧结，应该更换 FR，重复第四步。

第五步，判断 SB1 常闭触点是否合格。

测量点：L1、3。

测试操作：闭合 QF，在 L1 上装上 FU2 熔体，松开 FR，按下 SB1。

万用表读数得到测试结果，根据测试结果采取以下相应的处理办法。

(1) 万用表读数为∞，说明 SB1 常闭触点合格，可以进行第六步。

(2) 万用表读数为 0，说明 SB1 常闭触点烧结，应该更换 SB1，重复第五步。

第六步，判断 SB2 常闭触点是否合格。

测量点：L1、4。

测试操作：闭合 QF，在 L1 上装上 FU2 熔体，松开 FR，松开 SB1，按下 SB2。

万用表读数得到测试结果，根据测试结果采取以下相应的处理办法。

(1) 万用表读数为∞，说明 SB2 常闭触点合格，可以进行第七步。

(2) 万用表读数为 0，说明 SB1 常闭触点烧结，应该更换 SB1，重复第六步。

第七步，判断 SB3 常开触点是否合格。

测量点：L1、5。

测试操作：闭合 QF，在 L1 上装上 FU2 熔体，松开 FR，松开 SB1，松开 SB2，松开 SB3。

万用表读数得到测试结果，根据测试结果采取以下相应的处理办法。

(1) 万用表读数为∞，说明 SB3 常开触点合格，可以进行第八步。

(2) 万用表读数为 0，说明 SB3 常开触点烧结，应该更换 SB3，重复第七步。

第八步，判断 FU2 在 L2 上是否合格。

测量点：L1、V11。

测试操作：闭合 QF，按下 SB3，在 L2 上取下 FU2 熔体。

万用表读数得到测试结果，根据测试结果采取以下相应的处理办法。

(1) 万用表读数为∞，说明 FU2 在 L2 上合格，可以进行第九步。

(2) 万用表读数为等于或略大于 KM 线圈电阻，说明 FU2 在 L2 上底座短路，应该更换该底座，重复第八步。

第九步，判断 QF 在 L2 上触点是否合格，进而判断线路 L1、QF、U11、FU2、1、FR、2、SB1、3、SB2、4、SB3、5、KM 线圈、0、FU2、V11、QF、L2 段是否合格。

测量点：L2、V11。

测试操作：断开 QF。

万用表读数得到测试结果，根据测试结果采取以下相应的处理办法。

(1) 万用表读数为∞，说明 QF 在 L2 上合格，进而说明线路 L1、QF、U11、FU2、1、FR、2、SB1、3、SB2、4、SB3、5、KM 线圈、0、FU2、V11、QF、L2 段合格。

(2) 万用表读数为 0，说明 QF 在 L2 上触点烧结，应该更换 QF，重复第九步。

第十步，判断 QF 在 L1 上触点是否通。

测量点：L1、U11。

测试操作：闭合 QF。

万用表读数得到测试结果，根据测试结果采取以下相应的处理办法。

(1) 万用表读数为 0，说明 QF 在 L1 上的触点通，可以进行第十一步。

(2) 万用表读数为∞，说明 QF 在 L1 上触点损坏，或在接线点压绝缘皮或断线，应该更换 QF 或重新接线，重复第十步。

第十一步，判断 QF 在 L1 上触点是否合格。

测量点：L1、U11。

测试操作：断开 QF。

万用表读数得到测试结果，根据测试结果采取以下相应的处理办法。

(1) 万用表读数为∞，说明 QF 在 L1 上的触点合格，可以进行第十二步。

(2) 万用表读数为 0，说明 QF 在 L1 上的触点烧结，应该更换 QF，重复第十一步。

第十二步，判断 FU2 在 L1 上是否通。

测量点：L1、1。

测试操作：闭合 QF。

万用表读数得到测试结果，根据测试结果采取以下相应的处理办法。

(1) 万用表读数为 0，说明 FU2 在 L1 上通，可以进行第十三步。

(2) 万用表读数为∞，说明 FU2 在 L1 上的熔体熔断，或在接线点压绝缘皮或断线，应该更换该熔体或重新接线，重复第十二步。

第十三步，判断 FU2 在 L1 上是否合格。

测量点：L1、1。

测试操作：闭合 QF，取 FU2 在 L1 上熔体。

万用表读数得到测试结果，根据测试结果采取以下相应的处理办法。

(1) 万用表读数为∞，说明 FU2 在 L1 上合格，可以第十四步。

(2) 万用表读数为 0，说明 FU2 在 L1 上的底座短路，应该更换该底座，重复第十三步。

第十四步，判断 FR 常闭触点是否通。

测量点：L1、2。

测试操作：闭合 QF，装上 FU2 在 L1 上熔体。

万用表读数得到测试结果，根据测试结果采取以下相应的处理办法。

(1) 万用表读数为 0，说明 FR 常闭触点通，可以第十五步。

(2) 万用表读数为∞，说明 FR 常闭触点损坏，或在接线点压绝缘皮或断线，应该更换 FR 或重新接线，重复第十四步。

第十五步，判断 FR 常闭触点是否合格。

测量点：L1、2。

测试操作：按下 FR。

万用表读数得到测试结果，根据测试结果采取以下相应的处理办法。

(1) 万用表读数为∞，说明 FR 常闭触点合格，可以进行第十六步。

(2) 万用表读数为 0，说明 FR 常闭触点烧结，应该更换 FR，重复第十五步。

第十六步，判断 SB1 常闭触点是否通。

测量点：L1、3。

测试操作：闭合 QF，在 L1 上装上 FU2 熔体。

万用表读数得到测试结果，根据测试结果采取以下相应的处理办法。

(1) 万用表读数为 0，说明 SB1 常闭触点通，可以进行第十七步。

(2) 万用表读数为∞，说明 SB1 常闭触点损坏，或在接线点压绝缘皮或断线，应该更换 SB1 或重新接线，重复第十六步。

第十七步，判断 SB1 常闭触点是否合格。

测量点：L1、3。

测试操作：闭合 QF，在 L1 上装上 FU2 熔体，按下 SB1。

万用表读数得到测试结果，根据测试结果采取以下相应的处理办法。

(1) 万用表读数为∞，说明 SB1 常闭触点合格，可以进行第十八步。

(2) 万用表读数为 0，说明 SB1 常闭触点烧结，应该更换 SB1，重复第十七步。

第十八步，判断 SB2 常闭触点是否通。

测量点：L1、4。

测试操作：闭合 QF，在 L1 上装上 FU2 熔体。

万用表读数得到测试结果，根据测试结果采取以下相应的处理办法。

(1) 万用表读数为 0，说明 SB2 常闭触点通，可以进行第十九步。

(2) 万用表读数为∞，说明 SB2 常闭触点损坏，或在接线点压绝缘皮或断线，应该更换 SB2 或重新接线，重复第十八步。

第十九步，判断 SB2 常闭触点是否合格。

测量点：L1、4。

测试操作：闭合 QF，在 L1 上装上 FU2 熔体，按下 SB2。

万用表读数得到测试结果，根据测试结果采取以下相应的处理办法。

(1) 万用表读数为∞，说明 SB2 常闭触点合格，可以进行第二十步。

(2) 万用表读数为 0，说明 SB2 常闭触点烧结，应该更换 SB2，重复第十九步。

第二十步，判断 SB3 常开触点是否通。

测量点：L1、5。

测试操作：闭合 QF，在 L1 上装上 FU2 熔体，按下 SB3。

万用表读数得到测试结果，根据测试结果采取以下相应的处理办法。

(1) 万用表读数为 0，说明 SB3 常开触点通，可以进行第二十一步。

(2) 万用表读数为∞，说明 SB3 常开触点损坏，或在接线点压绝缘皮或断线，应该更换 SB3 或重新接线，重复第二十步。

第二十一步，判断 SB3 常开触点是否合格。

测量点：L1、5。

测试操作：闭合 QF，在 L1 上装上 FU2 熔体，松开 SB3。

万用表读数得到测试结果，根据测试结果采取以下相应的处理办法。

(1) 万用表读数为∞，说明 SB3 常开触点合格，可以进行第二十二步。

(2) 万用表读数为 0，说明 SB3 常开触点烧结，应该更换 SB3 重复第二十一步。

第二十二步，判断 KM 线圈是否合格。

测量点：L1、0。

测试操作：闭合 QF，在 L1 上装上 FU2 熔体，按下 SB2。

万用表读数得到测试结果，根据测试结果采取以下相应的处理办法。

(1) 万用表读数为等于或略大于 KM 线圈电阻，说明 KM 线圈合格，可以进行第二十三步。

(2) 万用表读数为 0 或小于 KM 线圈电阻，说明 KM 线圈短路或接错线路，应该更换 KM 或重新接线，重复第二十二步。

(3) 万用表读数为∞，说明 KM 线圈断路，应该更换 KM，重复第二十二步。

第二十三步，判断 FU2 在 L2 上是否通。

测量点：L1、V11。

测试操作：闭合 QF，装上 FU2 熔体，按下 SB3。

万用表读数得到测试结果，根据测试结果采取以下相应的处理办法。

(1) 万用表读数为等于或略大于 KM 线圈电阻，说明 FU2 在 L2 上通，可以进行第二十四步。

(2) 万用表读数为∞，说明 FU2 在 L2 上熔体熔断，或在接线点压绝缘皮或断线，应该更换 FU2 在 L2 上熔体或重新接线，重复第二十三步。

第二十四步，判断 FU2 在 L2 上是否合格。

测量点：L1、V11。

测试操作：闭合 QF，按下 SB3，取下 FU2 在 L2 上的熔体。

万用表读数得到测试结果，根据测试结果采取以下相应的处理办法。

(1) 万用表读数为∞，说明 FU2 在 L2 上合格，可以进行第二十五步。

(2) 万用表读数为等于或略大于 KM 线圈电阻，说明 FU2 在 L2 上底座短路，应该更换该底座，重复第二十四步。

第二十五步，判断 QF 在 L2 上触点是否通。

测量点：L2、V11。

测试操作：闭合 QF。

万用表读数得到测试结果，根据测试结果采取以下相应的处理办法。

(1) 万用表读数为 0，说明 QF 在 L2 上触点通，可以进行第二十六步。

(2) 万用表读数为∞，说明 QF 在 L2 上触点损坏，或在接线压绝缘皮或断线，应该更换 QF 或重新接线，重复第二十五步。

第二十六步，判断 QF 在 L2 上触点是否合格，进而判断线路 L1、QF、U11、FU2、1、FR、2、SB1、3、SB2、4、SB3、5、KM 线圈、0、FU2、V11、QF、L2 段是否合格。

测量点：L2、V11。

测试操作：断开 QF。

万用表读数得到测试结果，根据测试结果采取以下相应的处理办法。

(1) 万用表读数为∞，说明 QF 在 L2 上触点合格，进而说明线路 L1、QF、U11、FU2、1、FR、2、SB1、3、SB2、4、SB3、5、KM 线圈、0、FU2、V11、QF、L2 段合格。

(2) 万用表读数为 0，说明 QF 在 L2 上触点烧结，应该更换 QF，重复第二十六步。

（二）线路 L1、QF、U11、FU2、1、FR、2、SB1、3、SB2、4、SB4、5、KM 线圈、0、FU2、V11、QF、L2 段通断检测

因为该段线路的通断检测应在线路 L1、QF、U11、FU2、1、FR、2、SB1、3、SB2、4、SB3、5、KM 线圈、0、FU2、V11、QF、L2 段通断检测之后进行，所以线路 L1、QF、U11、FU2、1、FR、2、SB1、3、SB2、4 部分和线路 5、KM 线圈、0、FU2、V11、QF、L2 部分不用再重复检测了，可以视为已经合格，因此，此段线路的通断检测如下所示 。

第一步，判断 SB4 常开触点是否通。

测量点：L1、L2。

测试操作：闭合 QF，按下 SB4。

万用表读数得到测试结果，根据测试结果采取以下相应的处理办法。

(1) 万用表读数为等于或略大于 KM 线圈电阻，说明 SB4 常开触点通，可以进行第二步。

(2) 万用表读数为∞，说明 SB4 常开触点损坏，或在接线点压绝缘皮、断线或接错线，应该更换 SB4 或重新接线，重复第一步。

第二步，判断 SB4 常开触点是否合格，进而说明线路 L1、QF、U11、FU2、1、FR、2、SB1、3、SB2、4、SB4、5、KM 线圈、0、FU2、V11、QF、L2 段是否合格。

测量点：L1、L2。

测试操作：闭合 QF，松开 SB4。

万用表读数得到测试结果，根据测试结果采取以下相应的处理办法。

(1) 万用表读数为∞，说明 SB4 常开触点合格，进而说明线路 L1、QF、U11、FU2、1、FR、2、SB1、3、SB2、4、SB4、5、KM 线圈、0、FU2、V11、QF、L2 段合格。

(2) 万用表读数为等于或略大于 KM 线圈电阻，说明 SB4 常开触点烧结，应该更换 SB4，重复第二步。

(三) 线路 L1、QF、U11、FU2、1、FR、2、SB1、3、SB2、4、KM 自锁触点、5、KM 线圈、0、FU2、V11、QF、L2 段通断检测

因为该段线路的通断检测应在线路 L1、QF、U11、FU2、1、FR、2、SB1、3、SB2、4、SB3、5、KM 线圈、0、FU2、V11、QF、L2 段通断检测之后进行，所以线路 L1、QF、U11、FU2、1、FR、2、SB1、3、SB2、4 部分和线路 5、KM 线圈、0、FU2、V11、QF、L2 部分不用再重复检测了，可以视为已经合格，因此，此段线路的通断检测如下所示。

第一步，判断 KM 自锁触点是否通。

测量点：L1、L2。

测试操作：闭合 QF，按下 KM。

万用表读数得到测试结果，根据测试结果采取以下相应的处理办法。

(1) 万用表读数为等于或略大于 KM 线圈电阻，说明 KM 自锁触点通，可以进行第二步。

(2) 万用表读数为∞，说明 KM 自锁触点损坏或接线点压绝缘皮或断线或接错线，应该更换 KM 或重新接线，重复第一步。

第二步，判断 KM 自锁触点是否合格，进而判断线路 L1、QF、U11、FU2、1、FR、2、SB1、3、SB2、4、KM 自锁触点、5、KM 线圈、0、FU2、V11、QF、L2 段是否合格。

测量点：L1、L2。

测试操作：闭合 QF，松开 KM。

万用表读数得到测试结果，根据测试结果采取以下相应的处理办法。

(1) 万用表读数为∞，说明 KM 自锁触点合格，进而说明线路 L1、QF、U11、FU2、1、FR、2、SB1、3、SB2、4、KM 自锁触点、5、KM 线圈、0、FU2、V11、QF、L2 段合格。

(2) 万用表读数为等于或略大于 KM 线圈电阻，说明 KM 自锁触点烧结，应该更换 KM，重复第二步。

三、主电路绝缘检测

首先，对 L1、L2 间进行绝缘检测。

测量点：L1、L2。

测试操作：断开板外电源，拆除电动机，闭合 QF，取下 FU2 熔体，按下 KM，摇动兆欧表摇把至打滑。

兆欧表读数得到测试结果，根据测试结果采取以下相应处理办法。

(1) 兆欧表读数为大于 1MΩ，说明 L1、L2 间绝缘合格。

(2) 兆欧表读数为 0.5～1MΩ，说明 L1、L2 间绝缘低，短期工作可以，若想长期工作最好重新配盘。

(3) 兆欧表读数为小于 0.5MΩ 说明 L1、L2 间漏电或短路，应该用万用表找出故障点维修或更换导线、元件，直至绝缘合格为止。

同样，对 L1 与 L3、L2 与 L3、L1 与 PE、L2 与 PE、L3 与 PE 间进行绝缘检测。

四、控制电路绝缘检测

(一) L1、L2 间绝缘检测

测量点：L1、L2。

测试操作：断开板外电源，拆除电动机，闭合 QF，取下 FU1 熔体，摇动兆欧表摇把至打滑。

兆欧表读数得到测试结果，根据测试结果采取以下相应处理办法。

(1) 兆欧表读数为大于 1MΩ，说明 L1、L2 间绝缘合格。

(2) 兆欧表读数为 0.5～1MΩ，说明 L1、L2 间绝缘低，短期工作可以，若想长期工作最好重新配盘。

(3) 兆欧表读数为小于 0.5MΩ，说明 L1、L2 间漏电或短路，应该用万用表找出故障点维修或更换导线、元件，直至绝缘合格为止。

(二) L1、PE 间绝缘检测

测量点：L1、PE。

测试操作：断开板外电源，拆除电动机，闭合 QF，取下 FU1 熔体，摇动兆欧表摇把至打滑。

兆欧表读数得到测试结果，根据测试结果采取以下相应处理办法。

(1) 兆欧表读数为大于 1MΩ，说明 L1、PE 间绝缘合格。

(2) 兆欧表读数为 0.5～1MΩ，说明 L1、PE 间绝缘低，短期工作可以，若想长期工作最好重新配盘。

(3) 兆欧表读数为小于 0.5MΩ，说明 L1、PE 间漏电或短路，应该用万用表找出故障点维修或更换导线、元件，直至绝缘合格为止。

(三) L2、PE 间绝缘检测

测量点：L1、PE。

测试操作：断开板外电源，拆除电动机，闭合 QF，取下 FU1 熔体，摇动兆欧表摇把至打滑。

兆欧表读数得到测试结果，根据测试结果采取以下相应处理办法。

(1) 兆欧表读数为大于 1MΩ，说明 L2、PE 间绝缘合格。

(2) 兆欧表读数为 0.5～1MΩ，说明 L2、PE 间绝缘低，短期工作可以，若想长期工作最好重新配盘。

（3）兆欧表读数为小于 0.5MΩ，说明 L2、PE 间漏电或短路，应该用万用表找出故障点维修或更换导线、元件，直至绝缘合格为止。

任务5 长点兼容控制电路的安装与调试

学习目标

① 熟练绘制长点兼容控制的三张图；

② 熟练完成长点兼容控制电路的配盘。

工作任务

首先，熟练绘制长点兼容控制的三张图；其次，要做到能够正确熟练地完成长点兼容控制电路的配盘。

任务实施

【知识准备】

长点兼容控制电路的三张图及模拟配盘如图 2-6 所示。

【实际操作】——长点兼容控制电路的配盘

一、工具、仪表及材料

（1）工具：钢锯、验电笔、螺钉旋具、尖嘴钳、斜口钳、剥线钳、电工刀等工具。

（2）仪表：ZC35—3 型兆欧表（500V、0～500MΩ）、MG3—1 型钳流表、MF47 型万用表。

（3）器材。

① M→三相笼型异步电动机（WDJ26，40W、380V、0.2A、△连接、1430r/min）1 台；

② QF→空气开关（DZ47—60，三极、380V、1A）1 个；

③ FU1→螺旋熔断器（RL1—15，380V、15A、配熔体 2A）3 套；

④ FU2→螺旋熔断器（RL1—15，380V、15A、配熔体 2A）2 套；

⑤ SB→按钮（LA4—3H，保护式、按钮数 3）1 个；

⑥ KM→交流接触器（CJX2—09，9A、线圈电压 380V）1 个；

⑦ FR→热继电器（JR36—20，三极、20A、热元件 11A 整定电流 0.72A）1 个；

⑧ 三相四线插头 1 个；

⑨ XT→端子板（YDG—603）若干节并配导轨；

⑩ 线号套管（配 BVR1.5mm^2、BVR1.0mm^2 及 BVR0.75mm^2 导线用）若干；

⑪ 油性记号笔 1 支；

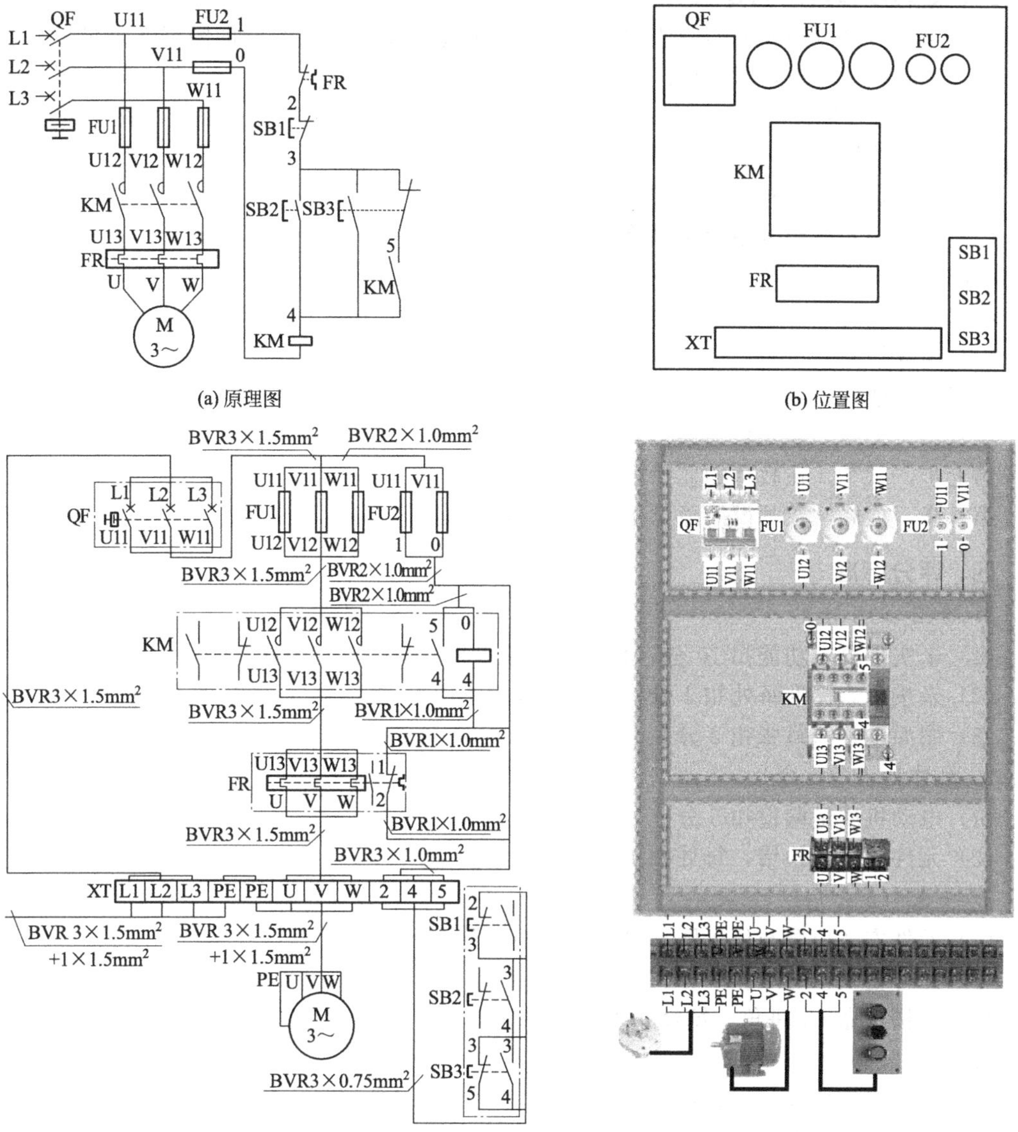

(a) 原理图　(b) 位置图　(c) 接线图　(d) 模拟配盘

图 2-6　长点兼容控制电路的三张图及模拟配盘

⑫ 网孔板（700mm×590mm）1 块；

⑬ 胀销及配套自攻钉，规格是与网孔板配套，数量若干；

⑭ 导线（BVR1.5mm²、BVR1.0mm² 及 BVR0.75mm²）若干；

⑮ 接地线（BVR1.5mm² 黄绿）若干；

⑯ 线槽（VDR2030F，20mm×30mm）若干。

二、工具、仪表及器材的质检要求

（1）根据电动机规格检验工具、仪表、器材等是否满足要求。

（2）电气元件外观应完整无损，附件备件齐全。

（3）用万用表、兆欧表检测元件及电动机的技术数据是否符合要求。

三、安装步骤及工艺要求

第一步，根据控制要求绘制原理图、位置图和接线图，要求绘制的图纸在满足控制要求的前提下，必须符合现行国家标准。

第二步，在控制板上按位置图固定元件及线槽，要求电器元件安装应牢固，并符合工艺要求。

第三步，接线，工艺要求如下所示。

(1) 槽内导线不得有接头及破损；

(2) 一般应先控制电路后主电路及外部电路。

第四步，自检，工艺要求如下所示。

(1) 通断检测；

(2) 绝缘检测。

第五步，清理现场，要求符合 4S 管理规定。

第六步，交验，通知教师验检。

第七步，试车，在教师的监护下送电试车。

第八步，检修，教师设故障学生自行排除。

四、评分标准

1. 绘图（10 分）

(1) 未实现要求功能扣 10 分，且不能继续考核，应整改后继续。

(2) 未按国家标准每处扣 1 分，最高扣分为 10 分。

(3) 图面不整洁每张扣 2 分。

2. 元件检查（5 分）

(1) 电动机质量漏检扣 5 分。

(2) 元件漏检或检错，每处扣 1 分。

3. 安装（5 分）

(1) 元件安装位置与位置图不符，每处扣 1 分。

(2) 元件松动，每个扣 1 分。

(3) 线槽没做 45°拼角，每处扣 1 分。

4. 接线（30 分）

(1) 接线顺序错误，每根扣 5 分。

(2) 漏套线号套管，每处扣 5 分。

(3) 漏标线号或线号标错，每处扣 5 分。

(4) 不会接线或与接线图不符，扣 30 分。

(5) 导线及线号套管使用错误，每根扣 5 分。

5. 自检（20 分）

(1) 通断检测

① 不会检测或检测错误，扣 15 分。

② 漏检，每处扣 5 分。

(2) 绝缘检测

① 不会检测或检测错误，扣 15 分。

② 漏检，每处扣 5 分。

6. 交验试车（10 分）

(1) 未通知教师私自试车，扣 10 分。

（2）一次校验不合格，扣 5 分。
（3）二次校验不合格，扣 10 分。
7. 检修（20 分）
（1）检不出故障，扣 20 分。
（2）查出故障但排除不了，扣 10 分。
（3）制造出新故障，每处扣 5 分。
8. 安全文明生产
违反安全文明生产规程，扣 5～40 分。
9. 定额时间
定额时间 100min，每超过 10min（不足 10min 按 10min 计）扣 5 分。
备注：除定额时间和安全文明生产外其他扣分不应超过配分。

温馨提示

注意不要损坏元件。

【任务评价】

温馨提示

完成【知识准备】、【实际操作】后，进入总结评价阶段。评价分自评、教师评两种，主要是总结评价本次安装、调试、演示过程中做得好的地方及需要改进的地方等。根据评分的情况和本次任务的结果，填入表 2-10 和表 2-11。

表 2-10　学生自评表格

任务完成进度	做得好的方面	不足、需要改进的方面

表 2-11　教师评价表格

在本次任务中的表现	学生进步的方面	学生不足、需要改进的方面

【总结报告】

温馨提示

总结报告可涉及内容为本次任务，本次实训的心得体会等，总之，要学会随时记录工作过程，总结经验教训，为今后的工作打下良好的基础。

任务小结

本任务主要是熟练绘制长点兼容控制的三张图；熟练完成长点兼容控制电路的配盘。

问题探究

一、电路检测请参照前面任务1～4中的方法，注意检测顺序，不要漏检，避免重复检查

二、按下点动按钮后能启动电动机，但松开按钮后电动机却不能自停的故障原因及措施

（一）故障原因

（1）操作点动按钮时，松开按钮速度过快。

（2）接触器KM释放慢。

（二）排除故障点措施

（1）按动点动按钮，在电动机启动后又需停车时，要慢慢松开，才能起到点动的效果。如果松开按钮的速度过快，在松开按钮的瞬间，虽说已把按钮常闭点断开，但由于接触器还未来得及释放，这时接触器的自锁触点还继续导通；如果按钮常闭触点一旦过快闭合，将会使接触器通过点动按钮的常闭触点，与接触器自锁触点连接导通，接触器继续维持吸合。因此，操作点动按钮松开速度要放慢些。

（2）接触器释放较慢时，会使点动按钮常闭触点在松开按钮后继续导通线路，使接触器继续保持吸合，因此要对接触器衔铁极面用棉布擦干净，然后重新装配好。

任务6 顺序控制电路的安装与调试

学习目标

① 熟练绘制顺序控制电路的三张图；

② 熟练完成顺序控制电路的配盘。

工作任务

首先，熟练绘制顺序控制电路的三张图；其次，要做到能够正确熟练地完成顺序控制电路的配盘。

任务实施

【知识准备】

一、主电路实现顺序控制

控制要求：M1起M2才同时起，主电路实现顺序控制的三张图及模拟配盘如图2-7所示。

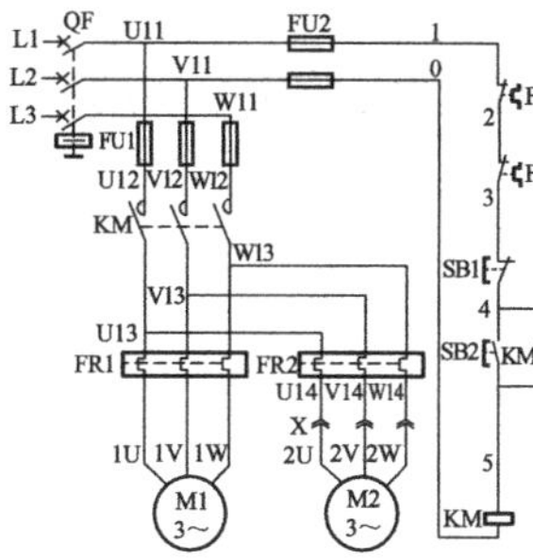

(a) 原理图

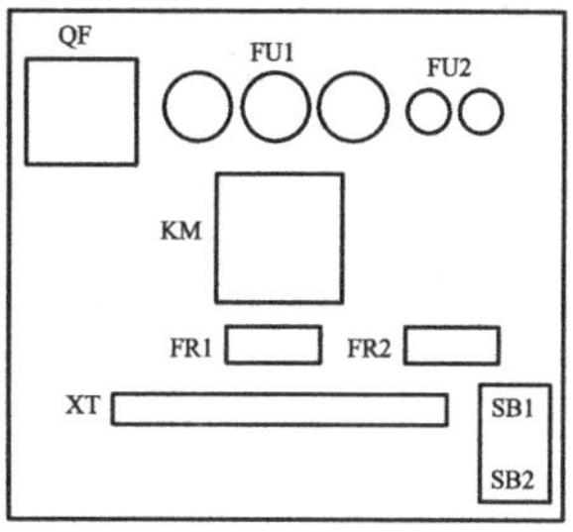

(b) 位置图

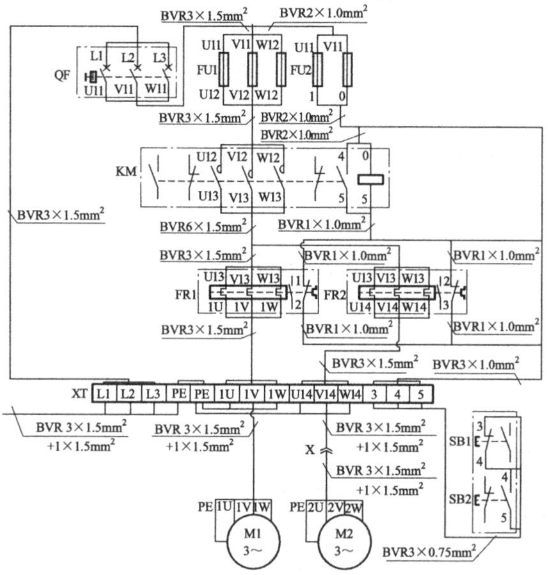

(c) 接线图

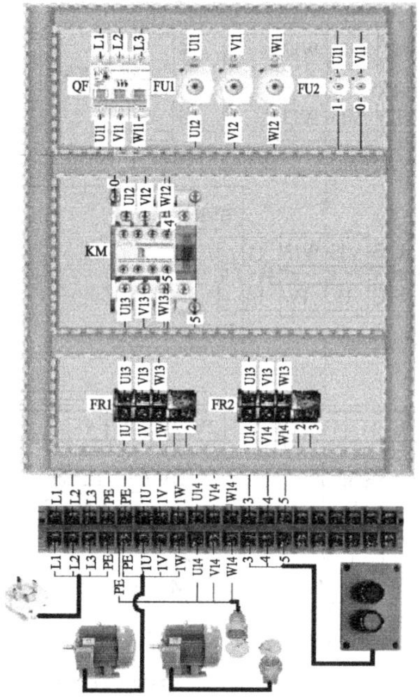

(d) 模拟配盘

图 2-7　主电路实现顺序控制的三张图及模拟配盘

二、控制电路实现顺序控制

控制要求：M1 启动，M2 才能启动，控制电路实现顺序控制的三张图及模拟配盘如图 2-8 所示。

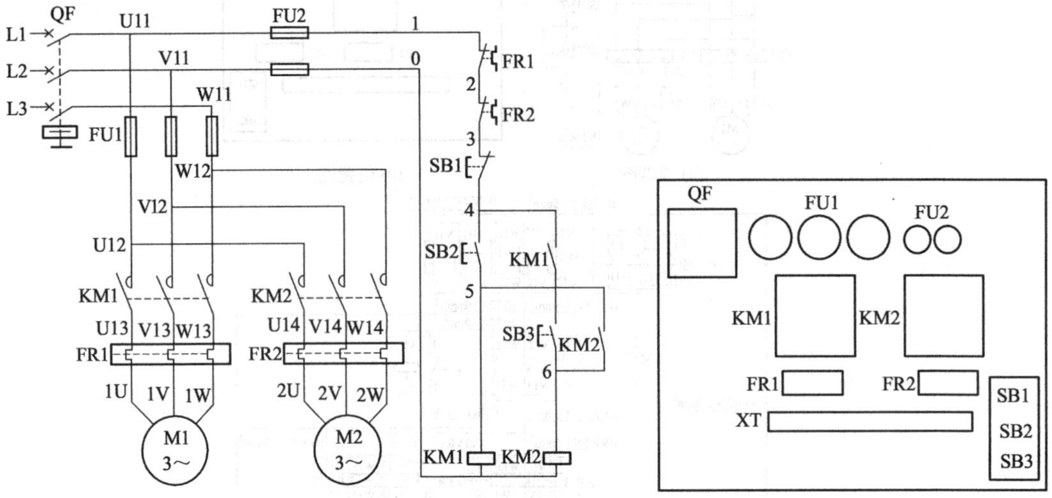

(a) 原理图　　(b) 位置图

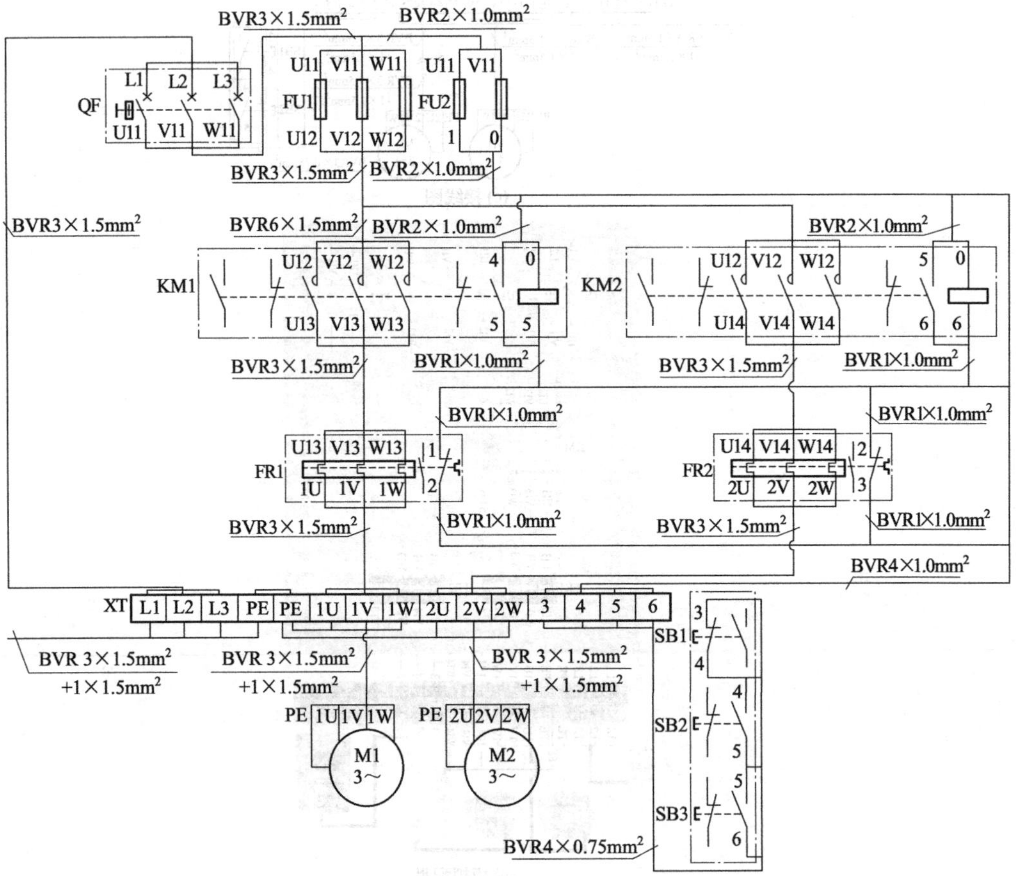

(c) 接线图

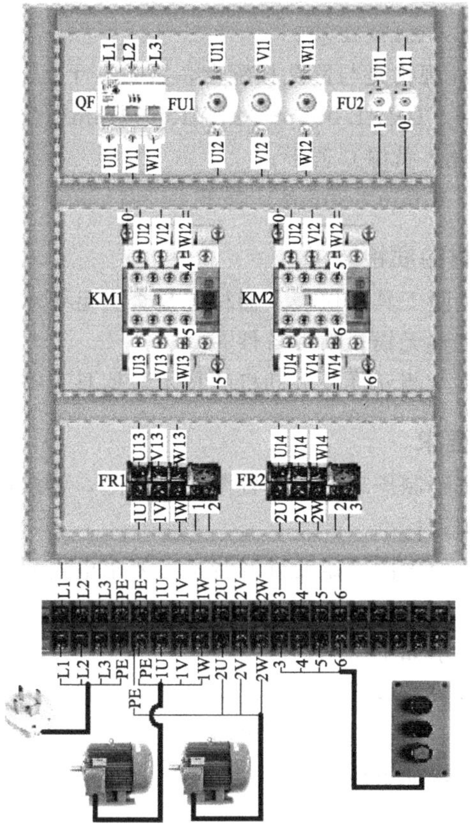

(d) 模拟配盘

图 2-8　控制电路实现顺序控制的三张图及模拟配盘

【实际操作】——控制电路实现的顺序控制电路的配盘

一、选用工具、仪表及材料

(1) 工具：钢锯、验电笔、螺钉旋具、尖嘴钳、斜口钳、剥线钳、电工刀等工具。

(2) 仪表：ZC35—3 型兆欧表（500V、0～500MΩ）、MG3—1 型钳流表、MF47 型万用表。

(3) 器材

① M→三相笼型异步电动机（WDJ26，40W、380V、0.2A、△、1430r/min）2 台；

② QF→空气开关（DZ47—60，三极、380V、1A）1 个；

③ FU1→螺旋熔断器（RL1—15，380V、15A、配熔体 2A）3 套；

④ FU2→螺旋熔断器（RL1—15，380V、15A、配熔体 2A）2 套；

⑤ SB→按钮（LA4—3H，保护式、按钮数 3）1 个；

⑥ KM→交流接触器（CJX2—09，9A、线圈电压 380V）2 个；

⑦ FR→热继电器（JR36—20，三极、20A、热元件 11A 整定电流 0.72A）2 个；

⑧ 三相四线插头 1 个；

⑨ XT→端子板（YDG-603）若干节并配导轨；

⑩ 线号套管（配 BVR1.5mm^2、BVR1.0mm^2 及 BVR0.75mm^2 导线用）若干；

⑪ 油性记号笔 1 支；
⑫ 网孔板（700mm×590mm）1 块；
⑬ 胀销及配套自攻钉，规格是与网孔板配套，数量若干；
⑭ 导线（BVR1.5mm^2、BVR1.0mm^2 及 BVR0.75mm^2）若干；
⑮ 接地线（BVR1.5mm^2 黄绿）若干；
⑯ 线槽（VDR2030F，20mm×30mm）若干。

二、工具、仪表及器材的质检要求

(1) 根据电动机规格检验工具、仪表、器材等是否满足要求。
(2) 电气元件外观应完整无损，附件备件齐全。
(3) 用万用表、兆欧表检测元件及电动机的技术数据是否符合要求。

三、安装步骤及工艺要求

第一步，根据控制要求绘制原理图、位置图和接线图，要求绘制的图纸在满足控制要求的前提下，必须符合现行国家标准。

第二步，在控制板上按位置图固定元件及线槽，要求电器元件安装应牢固，并符合工艺要求。

第三步，接线，工艺要求如下所示。
(1) 槽内导线不得有接头及破损。
(2) 一般应先控制电路后主电路及外部电路。
第四步，自检，工艺要求如下所示。
(1) 通断检测。
(2) 绝缘检测。
第五步，清理现场，要求符合 4S 管理规定。
第六步，交验，通知教师验检。
第七步，试车，在教师的监护下送电试车。
第八步，检修，教师设故障学生自行排除。

四、评分标准

1. 绘图（10 分）
(1) 未实现要求功能扣 10 分，且不能继续考核，应整改后继续。
(2) 未按国家标准每处扣 1 分，最高扣分为 10 分。
(3) 图面不整洁每张扣 2 分。
2. 元件检查（5 分）
(1) 电动机质量漏检扣 5 分。
(2) 元件漏检或检错，每处扣 1 分。
3. 安装（5 分）
(1) 元件安装位置与位置图不符，每处扣 1 分。
(2) 元件松动，每个扣 1 分。
(3) 线槽没做 45°拼角，每处扣 1 分。
4. 接线（30 分）
(1) 接线顺序错误，每根扣 5 分。

(2) 漏套线号套管，每处扣 5 分。
(3) 漏标线号或线号标错，每处扣 5 分。
(4) 不会接线或与接线图不符，扣 30 分。
(5) 导线及线号套管使用错误，每根扣 5 分。
5. 自检（20 分）
(1) 通断检测
① 不会检测或检测错误，扣 15 分。
② 漏检，每处扣 5 分。
(2) 绝缘检测
① 不会检测或检测错误，扣 15 分。
② 漏检，每处扣 5 分。
6. 交验试车（10 分）
(1) 未通知教师私自试车，扣 10 分。
(2) 一次校验不合格，扣 5 分。
(3) 二次校验不合格，扣 10 分。
7. 检修（20 分）
(1) 检不出故障，扣 20 分。
(2) 查出故障但排除不了，扣 10 分。
(3) 制造出新故障，每处扣 5 分。
8. 安全文明生产
违反安全文明生产规程，扣 5～40 分。
9. 定额时间
定额时间 150min，每超过 10min（不足 10min 按 10min 计）扣 5 分。
备注：除定额时间和安全文明生产外其他扣分不应超过配分。

温馨提示

注意不要损坏元件。

【任务评价】

温馨提示

完成【知识准备】、【实际操作】后，进入总结评价阶段。评价分自评、教师评两种，主要是总结评价本次安装、调试、演示过程中做得好的地方及需要改进的地方等。根据评分的情况和本次任务的结果，填入表 2-12 和表 2-13。

表 2-12　学生自评表格

任务完成进度	做得好的方面	不足、需要改进的方面

表 2-13 教师评价表格

在本次任务中的表现	学生进步的方面	学生不足、需要改进的方面

【总结报告】

温馨提示

总结报告可涉及内容为本次任务，本次实训的心得体会等，总之，要学会随时记录工作过程，总结经验教训，为今后的工作打下良好的基础。

任务小结

本任务主要是熟练绘制顺序控制的三张图；熟练完成顺序控制电路的配盘。

问题探究

一、主电路实现顺序控制

主电路实现顺序控制——M1 启动 M2 才能启动，同时停的三张图及模拟配盘如图 2-9 所示。

二、控制电路实现顺序控制

控制电路实现顺序控制——M1 启动，M2 才能启动，M1 停 M2 也停，M1 不停 M2 也可以停的三张图及模拟配盘如图 2-10 所示。

三、控制电路实现顺序控制

控制电路实现顺序控制——M1 启动，M2 才能启动，M2 停 M1 才能停的三张图及模拟配盘如图 2-11 所示。

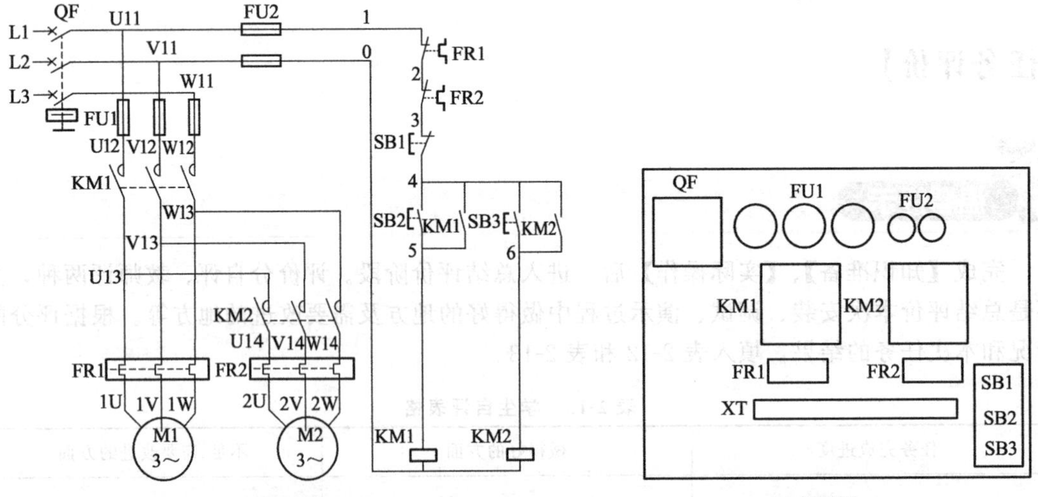

(a) 原理图　　(b) 位置图

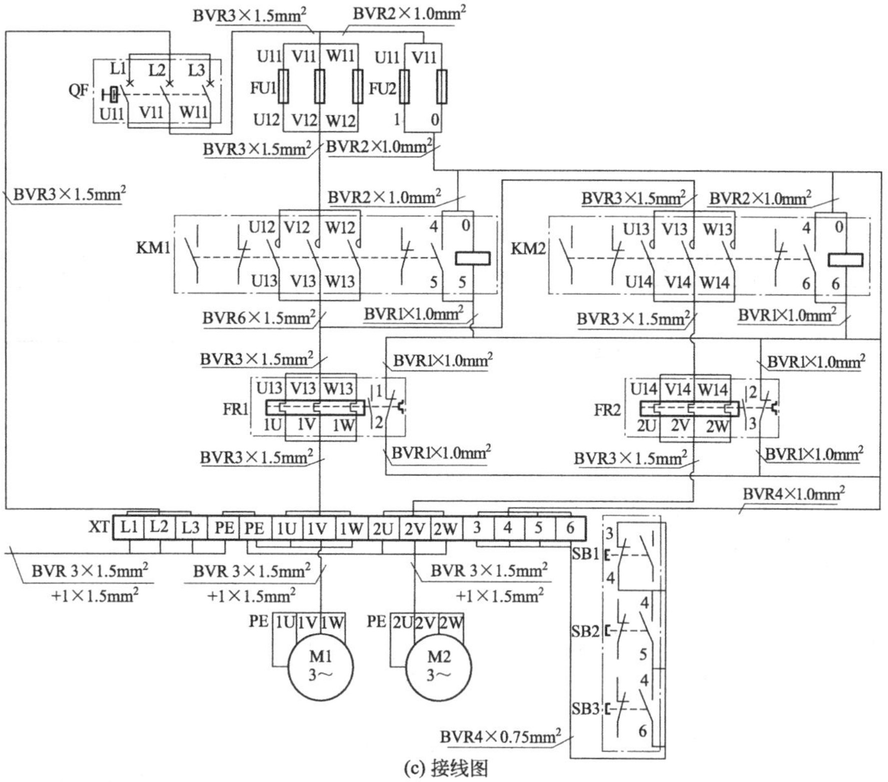

(c) 接线图

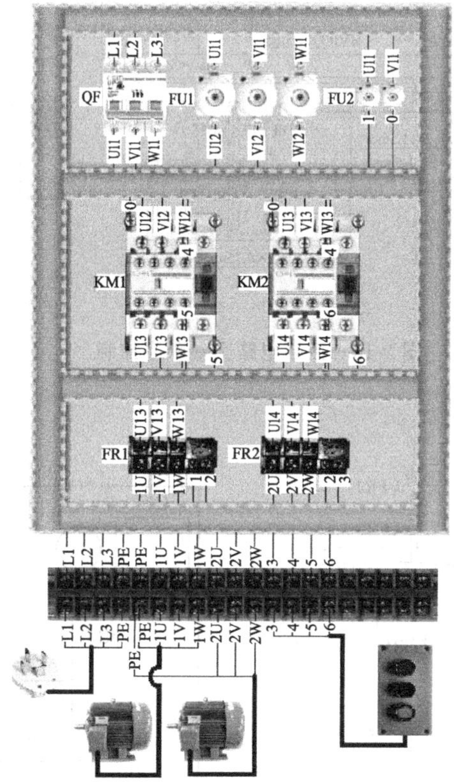

(d) 模拟配盘

图 2-9　主电路实现顺序控制

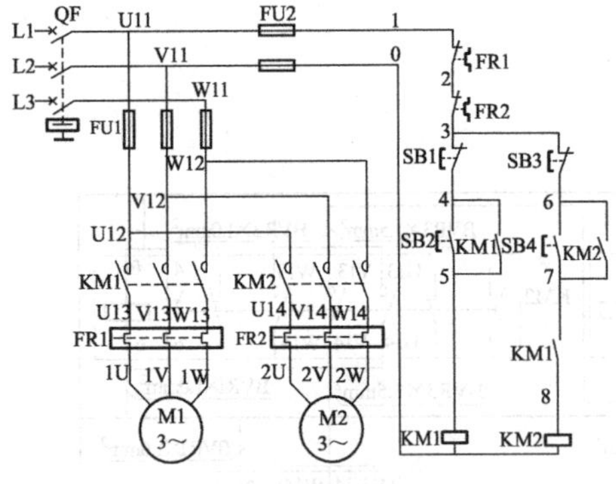

(a) 原理图

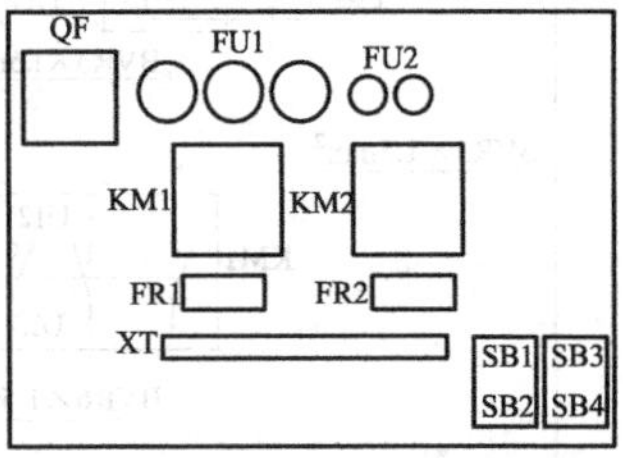

(b) 位置图

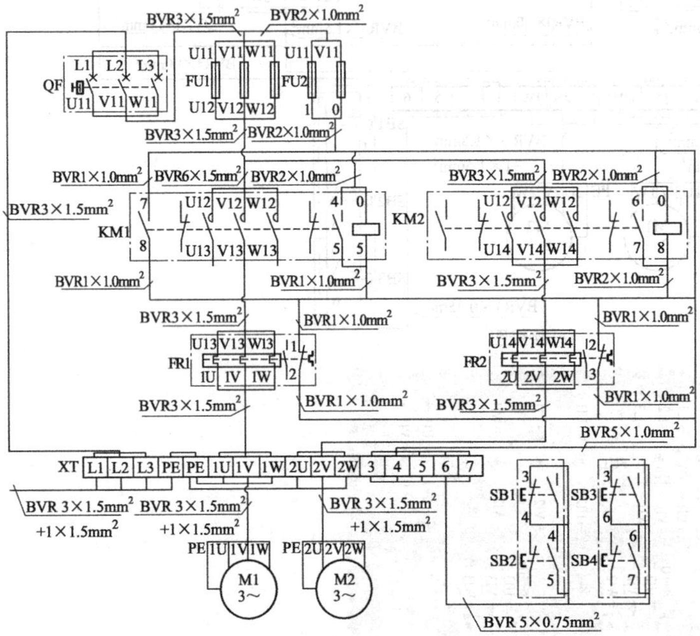

(c) 接线图

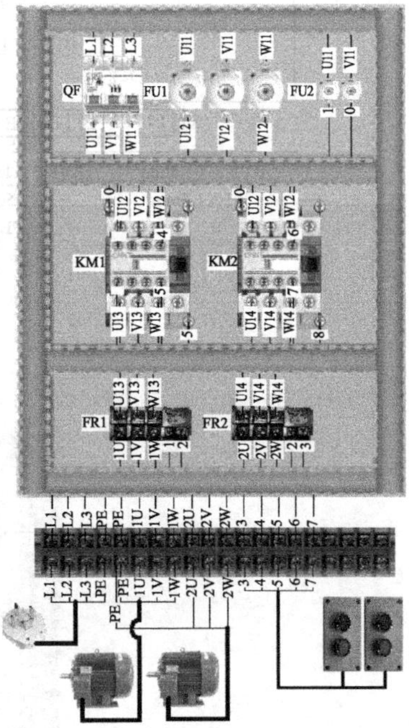

(d) 模拟配盘

图 2-10 控制电路实现顺序控制

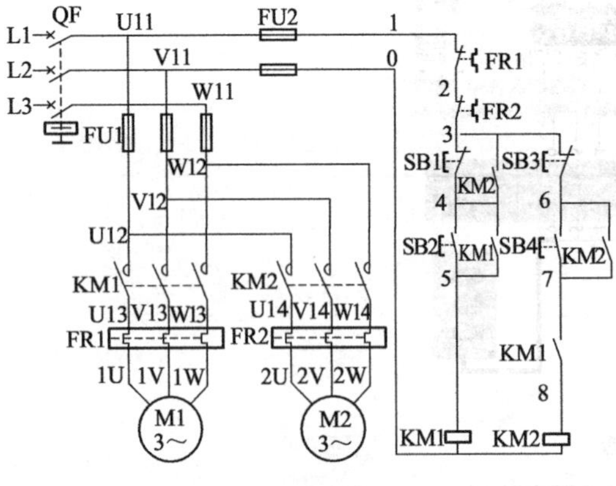

(a) 原理图

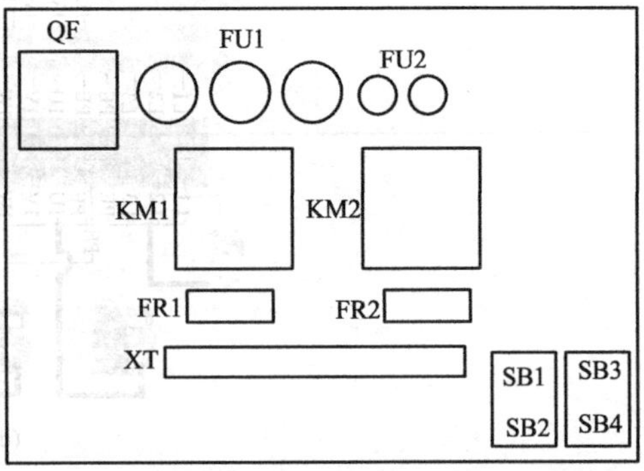

(b) 位置图

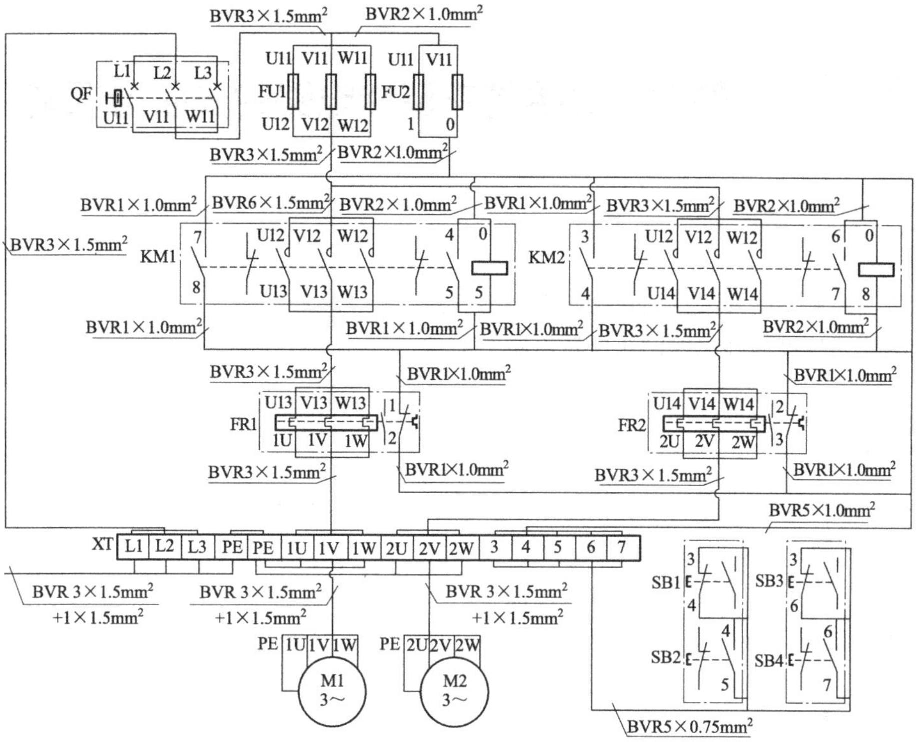

(c) 接线图

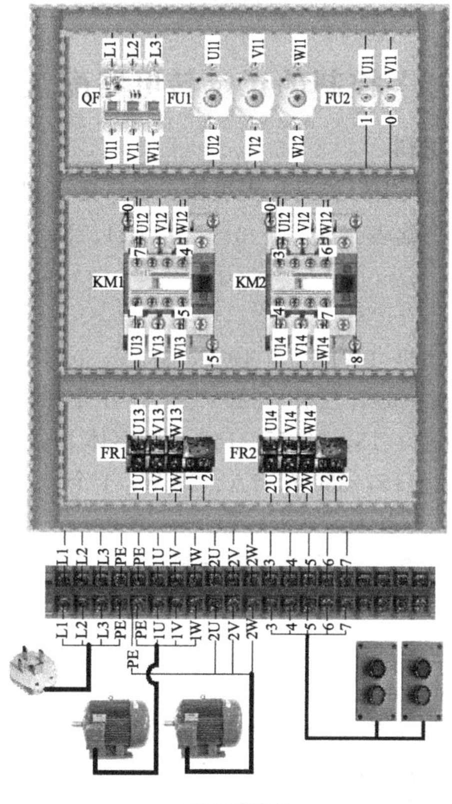

(d) 模拟配盘

图 2-11　控制电路实现顺序控制

任务7 倒顺开关控制正反转电路的安装与调试

学习目标

① 熟练绘制倒顺开关控制正反转电路的三张图；
② 熟练完成倒顺开关控制正反转电路的配盘。

工作任务

首先，熟练绘制倒顺开关控制正反转电路的三张图；其次，要做到能够正确熟练地完成倒顺开关控制的正反转电路的配盘。

任务实施

【知识准备】

倒顺开关控制正反转电路的三张图及模拟配盘如图 2-12 所示。

【实际操作】——倒顺开关控制的正反转电路配盘

一、选用工具、仪表及材料

（1）工具：钢锯、验电笔、螺钉旋具、尖嘴钳、斜口钳、剥线钳、电工刀等工具。

（2）仪表：ZC35—3 型兆欧表（500V、0～500MΩ）、MG3—1 型钳流表、MF47 型万用表。

（3）器材

① M→三相笼型异步电动机（WDJ26，40W、380V、0.2A、△、1430r/min）1 台；

② QF→空气开关（DZ47—60，三极、380V、1A）1 个；

③ FU→螺旋熔断器（RL1—15，380V、15A、配熔体 2A）3 套；

④ QS→倒顺开关（HY2—15，380V、7A、3KW）1 个；

⑤ 三相四线插头 1 个；

⑥ XT→端子板（YDG—603）若干节并配导轨；

⑦ 线号套管（配 BVR1.5mm^2 导线用）若干；

⑧ 油性记号笔 1 支；

⑨ 网孔板（700mm×590mm）1 块；

⑩ 胀销及配套自攻钉，规格是与网孔板配套，数量若干；

⑪ 导线（BVR1.5mm^2）若干；

⑫ 接地线（BVR1.5mm^2 黄绿）若干；

⑬ 线槽（VDR2030F，20mm×30mm）若干。

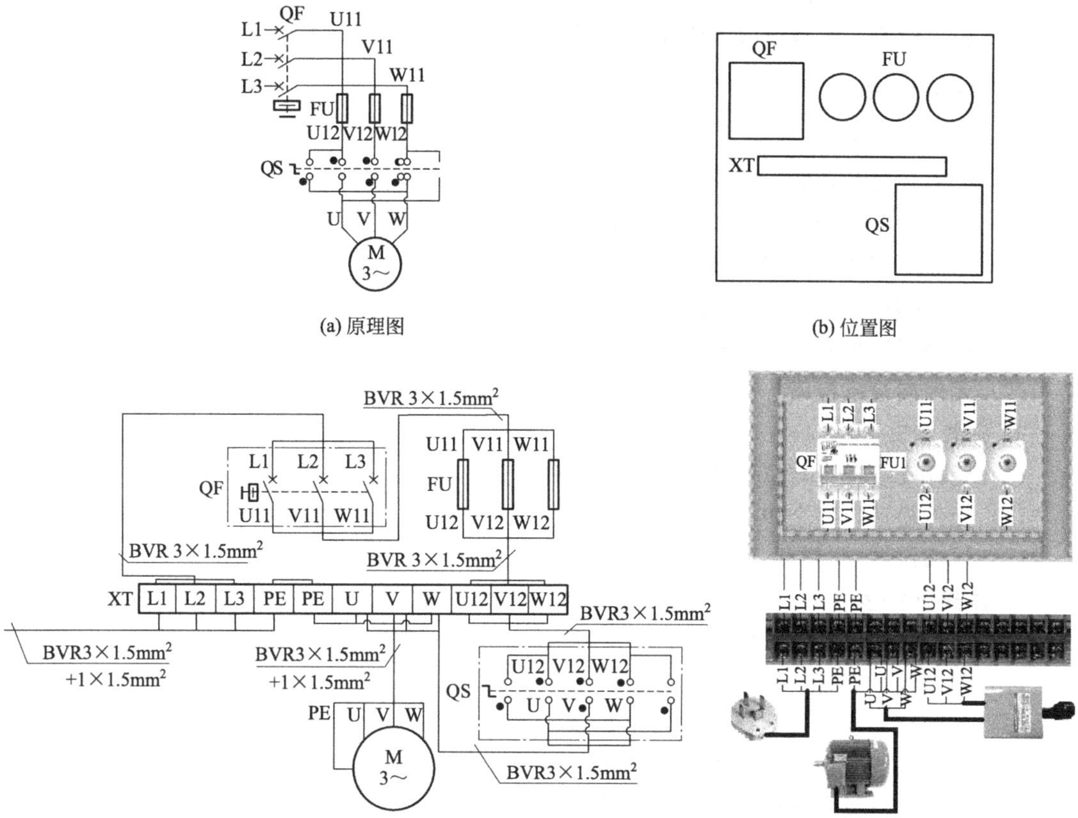

(a) 原理图

(b) 位置图

(c) 接线图

(d) 模拟配盘

图 2-12 倒顺开关控制的正反转电路的三张图及模拟配盘

二、工具、仪表及器材的质检要求

(1) 根据电动机规格检验工具、仪表、器材等是否满足要求。

(2) 电气元件的外观应完整无损，附件备件齐全。

(3) 用万用表、兆欧表检测元件及电动机的技术数据是否符合要求。

三、安装步骤及工艺要求

第一步，根据控制要求绘制原理图、位置图和接线图，要求绘制的图纸在满足控制要求的前提下，必须符合现行国家标准。

第二步，在控制板上按位置图固定元件及线槽，要求电器元件安装应牢固，并符合工艺要求。

第三步，接线，工艺要求如下所示。

(1) 槽内导线不得有接头及破损；

(2) 一般应先控制电路后主电路及外部电路。

第四步，自检，工艺要求如下所示。

(1) 通断检测；

(2) 绝缘检测。

第五步，清理现场，要求符合 4S 管理规定。

第六步，交验，通知教师验检。

第七步，试车，在教师的监护下送电试车。

第八步，检修，教师设故障学生自行排除。

四、评分标准

1. 绘图（10分）

(1) 未实现要求功能扣10分，且不能继续考核，应整改后继续。

(2) 未按国家标准每处扣1分，最高扣分为10分。

(3) 图面不整洁每张扣2分。

2. 元件检查（5分）

(1) 电动机质量漏检扣5分。

(2) 元件漏检或检错，每处扣1分。

3. 安装（5分）

(1) 元件安装位置与位置图不符，每处扣1分。

(2) 元件松动，每个扣1分。

(3) 线槽没做45°拼角，每处扣1分。

4. 接线（30分）

(1) 接线顺序错误，每根扣5分。

(2) 漏套线号套管，每处扣5分。

(3) 漏标线号或线号标错，每处扣5分。

(4) 不会接线或与接线图不符，扣30分。

(5) 导线及线号套管使用错误，每根扣5分。

5. 自检（20分）

(1) 通断检测

① 不会检测或检测错误，扣15分。

② 漏检，每处扣5分。

(2) 绝缘检测

① 不会检测或检测错误，扣15分。

② 漏检，每处扣5分。

6. 交验试车（10分）

(1) 未通知教师私自试车，扣10分。

(2) 一次校验不合格，扣5分。

(3) 二次校验不合格，扣10分。

7. 检修（20分）

(1) 检不出故障，扣20分

(2) 查出故障但排除不了，扣10分。

(3) 制造出新故障，每处扣5分。

8. 安全文明生产

违反安全文明生产规程，扣5～40分。

9. 定额时间

定额时间150min，每超过10min（不足10min按10min计）扣5分。

备注：除定额时间和安全文明生产外其他扣分不应超过配分。

温馨提示

注意不要损坏元件。

【任务评价】

温馨提示

完成【知识准备】、【实际操作】后，进入总结评价阶段。评价分自评、教师评两种，主要是总结评价本次安装、调试、演示过程中做得好的地方及需要改进的地方等。根据评分的情况和本次任务的结果，填入表 2-14 和表 2-15。

表 2-14　学生自评表格

任务完成进度	做得好的方面	不足、需要改进的方面

表 2-15　教师评价表格

在本次任务中的表现	学生进步的方面	学生不足、需要改进的方面

【总结报告】

温馨提示

总结报告可涉及内容为本次任务，本次实训的心得体会等，总之，要学会随时记录工作过程，总结经验教训，为今后的工作打下良好的基础。

任务小结

本任务主要是熟练绘制倒顺开关控制的正反转电路三张图；熟练完成倒顺开关控制的正反转电路的配盘。

问题探究

一、倒顺开关控制的正反转电路中“倒” 和“顺” 电动机都不启动或电动机缺相的故障

1. 原因

(1) 熔断器熔体熔断；(2) 倒顺开关操作失控；(3) 倒顺开关动、静触头接触不良；(4) 电动机故障（绕组断路）；(5) 连接导线断路

2. 处理方法

（1）查看有没有装熔体；（2）查看熔体的小红点有没有脱落；（3）检查熔断器的连接导线是否有松脱、断裂现象；（4）用测电笔检查熔断器 FU 的上下端头是否有电；（5）若有电，断开电源，拆掉电动机，用万用表的电阻挡检查倒顺开关的好坏。

二、倒顺开关控制的正反转电路中电动机正转正常反转不启动或缺相或反转正常正转不启动或缺相的故障

1. 原因

电动机有一个方向正常，说明电源、熔断器、电动机是好的，因此故障可能是：（1）倒顺开关操作失控；（2）倒顺开关动、静触头接触不良

2. 处理办法

断开电源，拆下倒顺开关，检查其内部结构是否有较严重的机械损坏，能否修复，若损坏较严重则更换，否则，进行修复。

任务8 电气互锁正反转电路的安装与调试

学习目标

① 熟练绘制电气互锁正反转电路的三张图；

② 熟练完成电气互锁正反转电路的配盘。

工作任务

首先，熟练绘制电气互锁正反转电路的三张图；其次，要做到能够正确熟练地完成电气互锁正反转电路的配盘。

任务实施

【知识准备】

电气互锁正反转电路的三张图及模拟配盘如图 2-13 所示。

【实际操作】——电气互锁正反转电路的配盘

一、选用工具、仪表及材料

（1）工具：钢锯、验电笔、螺钉旋具、尖嘴钳、斜口钳、剥线钳、电工刀等工具。

（2）仪表：ZC35—3 型兆欧表（500V、0～500MΩ）、MG3—1 型钳流表、MF47 型万用表。

（3）器材

① M→三相笼型异步电动机（WDJ26，40W、380V、0.2A、△、1430r/min）1 台；

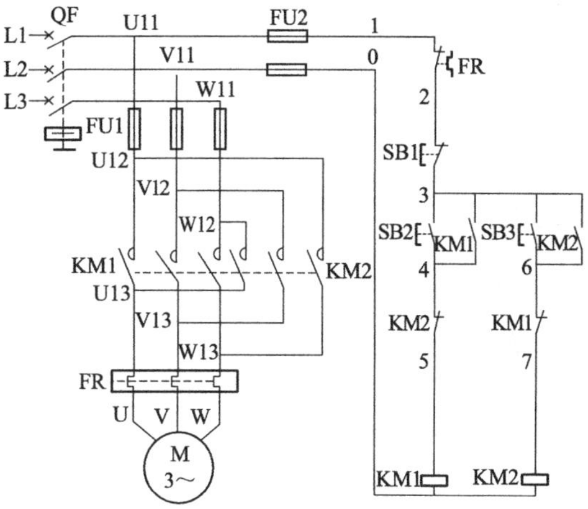

(a) 原理图

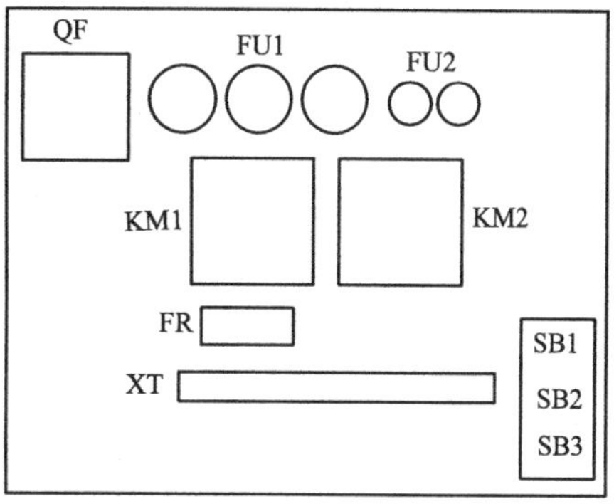

(b) 位置图

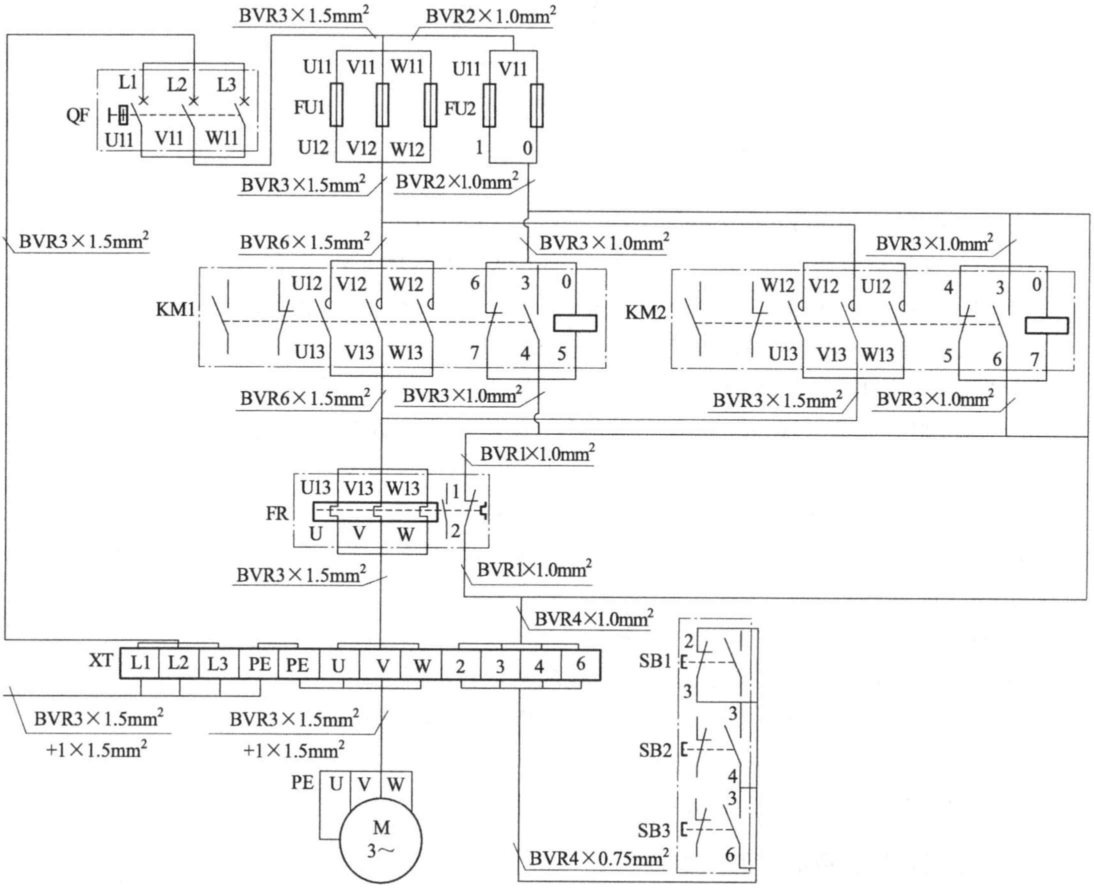

(c) 接线图

图 2-13

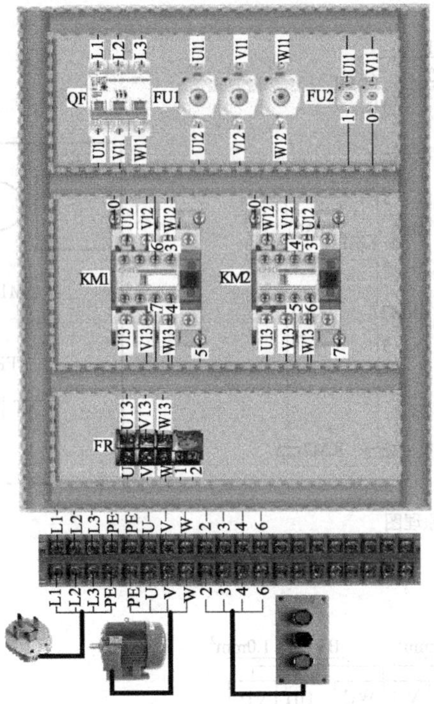

(d) 模拟配盘

图 2-13　电气互锁正反转电路的三张图及模拟配盘

② QF→空气开关（DZ47—60，三极、380V、1A）1 个；

③ FU1→螺旋熔断器（RL1—15，380V、15A、配熔体 2A）3 套；

④ FU2→螺旋熔断器（RL1—15，380V、15A、配熔体 2A）2 套；

⑤ SB→按钮（LA4—3H，保护式、按钮数 3）1 个；

⑥ KM→交流接触器（CJX2—09，9A、线圈电压 380V）2 个；

⑦ FR→热继电器（JR36—20，三极、20A、热元件 11A 整定电流 0.72A）1 个；

⑧ 三相四线插头 1 个；

⑨ XT→端子板（YDG—603）若干节并配导轨；

⑩ 线号套管（配 BVR1.5mm^2、BVR1.0mm^2 及 BVR0.75mm^2 导线用）若干；

⑪ 油性记号笔 1 支；

⑫ 网孔板（700mm×590mm）1 块；

⑬ 胀销及配套自攻钉，规格是与网孔板配套，数量若干；

⑭ 导线（BVR1.5mm^2、BVR1.0mm^{2}及 BVR0.75mm^2）若干；

⑮ 接地线（BVR1.5mm^2 黄绿）若干；

⑯ 线槽（VDR2030F，20mm×30mm）若干。

二、工具、仪表及器材的质检要求

（1）根据电动机规格检验工具、仪表、器材等是否满足要求。

（2）电气元件外观应完整无损，附件备件齐全。

（3）用万用表、兆欧表检测元件及电动机的技术数据是否符合要求。

三、安装步骤及工艺要求

第一步，根据控制要求绘制原理图、位置图和接线图，要求绘制的图纸在满足控制要求的前提下，必须符合现行国家标准。

第二步，在控制板上按位置图固定元件及线槽，要求电器元件安装应牢固，并符合工艺要求。

第三步，接线，工艺要求如下所示。

(1) 槽内导线不得有接头及破损；

(2) 一般应先控制电路后主电路及外部电路。

第四步，自检，工艺要求如下所示。

(1) 通断检测；

(2) 绝缘检测。

第五步，清理现场，要求符合 4S 管理规定。

第六步，交验，通知教师验检。

第七步，试车，在教师的监护下送电试车。

第八步，检修，教师设故障学生自行排除。

四、评分标准

1. 绘图（10 分）

(1) 未实现要求功能扣 10 分，且不能继续考核，应整改后继续。

(2) 未按国家标准每处扣 1 分，最高扣分为 10 分。

(3) 图面不整洁每张扣 2 分。

2. 元件检查（5 分）

(1) 电动机质量漏检扣 5 分。

(2) 元件漏检或检错，每处扣 1 分。

3. 安装（5 分）

(1) 元件安装位置与位置图不符，每处扣 1 分。

(2) 元件松动，每个扣 1 分。

(3) 线槽没做 45°拼角，每处扣 1 分。

4. 接线（30 分）

(1) 接线顺序错误，每根扣 5 分。

(2) 漏套线号套管，每处扣 5 分。

(3) 漏标线号或线号标错，每处扣 5 分。

(4) 不会接线或与接线图不符，扣 30 分。

(5) 导线及线号套管使用错误，每根扣 5 分。

5. 自检（20 分）

(1) 通断检测

① 不会检测或检测错误，扣 15 分。

② 漏检，每处扣 5 分。

(2) 绝缘检测

① 不会检测或检测错误，扣 15 分。

② 漏检，每处扣 5 分。

6. 交验试车（10 分）

（1）未通知教师私自试车，扣 10 分。

（2）一次校验不合格，扣 5 分。

（3）二次校验不合格，扣 10 分。

7. 检修（20 分）

（1）检不出故障，扣 20 分。

（2）查出故障但排除不了，扣 10 分。

（3）制造出新故障，每处扣 5 分。

8. 安全文明生产

违反安全文明生产规程，扣 5～40 分。

9. 定额时间

定额时间 200min，每超过 10min（不足 10min 按 10min 计）扣 5 分。

备注：除额定时间和安全文明生产外其他扣分不应超过配分。

温馨提示

注意不要损坏元件。

【任务评价】

温馨提示

完成【知识准备】、【实际操作】后，进入总结评价阶段。评价分自评、教师评两种，主要是总结评价本次安装、调试、演示过程中做得好的地方及需要改进的地方等。根据评分的情况和本次任务的结果，填入表 2-16 和表 2-17。

表 2-16　学生自评表格

任务完成进度	做得好的方面	不足、需要改进的方面

表 2-17　教师评价表格

在本次任务中的表现	学生进步的方面	学生不足、需要改进的方面

【总结报告】

温馨提示

总结报告可涉及内容为本次任务，本次实训的心得体会等，总之，要学会随时记录工作

过程，总结经验教训，为今后的工作打下良好的基础。

任务小结

本任务主要是熟练绘制电气互锁正反转电路的三张图；熟练完成电气互锁正反转电路的配盘。

问题探究

（1）电气互锁正反转电路常见故障——按下正转启动按钮，接触器不吸合，电动机不转。

故障原因：控制回路电源 L1、L2 没电、FU2 接触不良，或熔体熔断，常闭按钮接触不良，热继电器常闭触点接触不良，线圈断路，KM2 常闭触点接触不良。

解决方法：提供电源、拧紧元件、更换熔丝、修理按钮、热继电器保证常闭点闭合、更换线圈、调整 KM2 常闭触点，使其接触良好。

（2）电气互锁正反转电路常见故障——按下反转启动按钮，接触器不吸合，电动机不转

故障原因：控制回路电源 L1、L2 没电、FU2 接触不良，或熔丝熔断，常闭按钮接触不良，热继电器常闭触点接触不良，线圈断路，KM1 常闭触点接触不良。

解决方法：提供电源、拧紧元件、更换熔丝、修理按钮、热继电器保证常闭点闭合、更换线圈、调整 KM1 常闭触点，使其接触良好。

（3）电气互锁正反转电路常见故障——合上电源开关，正转接触器吸合，电动机正转。

故障原因：线圈线与控制线接错，正转启动按钮常开错接成常闭触点，KM1 自锁常开触点错接成常闭。

解决方法：改正接线错误的部分接线。

（4）电气互锁正反转电路常见故障——合上电源开关，反转接触器吸合，电动机反转。

故障原因：线圈线与控制线接错，反转启动按钮常开错接成常闭触点，KM2 自锁常开触点错接成常闭。

解决方法：改正接线错误的部分接线。

（5）电气互锁正反转电路常见故障——按下正转启动按钮，接触器吸合，电动机转动，抬手后电动机停转，没有自锁。

故障原因：线圈线与自锁线接错，KM1 自锁触点接触不良，自锁线断线。

解决方法：改正接线错误的部分接线，修理接触器常开触点、将断线重新换线再接好。

（6）电气互锁正反转电路常见故障——按下反转启动按钮，接触器吸合，电动机转动，抬手后电动机停转，没有自锁。

故障原因：线圈线与自锁线接错，KM2 自锁触点接触不良，自锁线断线。

解决方法：改正接线错误的部分接线，修理接触器常开触点、将断线重新换线再接好。

（7）电气互锁正反转电路常见故障——接触器吸合，电动机不转。

故障原因：电源 L3 没电，L3 相熔丝断或熔断器接触不良，交流接触器三相接触不良，热继电器主电路断路。

解决方法：提供 L3 电源，更换熔芯、调节接触点、修理接触器和热继电器保证良好。

（8）电气互锁正反转电路常见故障——电动机有正转没有反转。

故障原因：KM1 常闭触点可能断路，反转启动按钮常开触点接触不良。

解决方法：调整 KM1 常闭触点、修理反转启动按钮常开触点使其接触良好。

(9) 电气互锁正反转电路常见故障——电动机有反转没有正转。

故障原因：KM2 常闭触点可能断路，正转启动按钮常开触点接触不良。

解决方法：调整 KM2 常闭触点、修理正转启动按钮常开触点使其接触良好。

(10) 电气互锁正反转电路常见故障——启动时接触器就不吸合了。

这是因为接触器的常闭触点互锁接线有错，将互锁触点接成了自己锁自己了，启动时常闭触点是通的接触器线圈得电吸合，接触器吸合后常闭触点又断开，接触器线圈又断电释放，释放常闭触点又接通，接触器又吸合，触点又断开，所以会出现接触器不吸合的现象。

任务9 机械互锁正反转电路的安装与调试

学习目标

① 熟练绘制机械互锁正反转电路的三张图；

② 熟练完成机械互锁正反转电路的配盘。

工作任务

首先，熟练绘制机械互锁正反转电路的三张图；其次，要做到能够正确熟练地完成机械互锁正反转电路的配盘。

任务实施

【知识准备】

机械互锁正反转电路的三张图及模拟配盘如图 2-14 所示。

【实际操作】——机械互锁正反转电路的配盘

一、选用工具、仪表及材料

(1) 工具：钢锯、验电笔、螺钉旋具、尖嘴钳、斜口钳、剥线钳、电工刀等工具。

(2) 仪表：ZC35—3 型兆欧表（500V、0～500MΩ）、MG3—1 型钳流表、MF47 型万用表。

(3) 器材

① M→三相笼型异步电动机（WDJ26，40W、380V、0.2A、△、1430r/min）1 台；

② QF→空气开关（DZ47—60，三极、380V、1A）1 个；

③ FU1→螺旋熔断器（RL1—15，380V、15A、配熔体 2A）3 套；

④ FU2→螺旋熔断器（RL1—15，380V、15A、配熔体 2A）2 套；

⑤ SB→按钮（LA4—3H，保护式、按钮数 3）1 个；

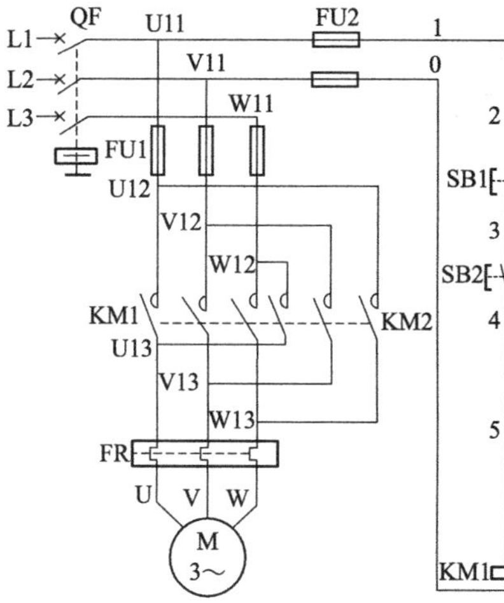

(a) 原理图

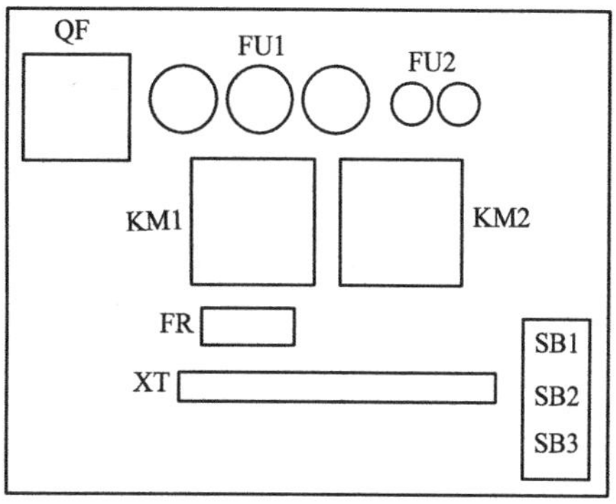

(b) 位置图

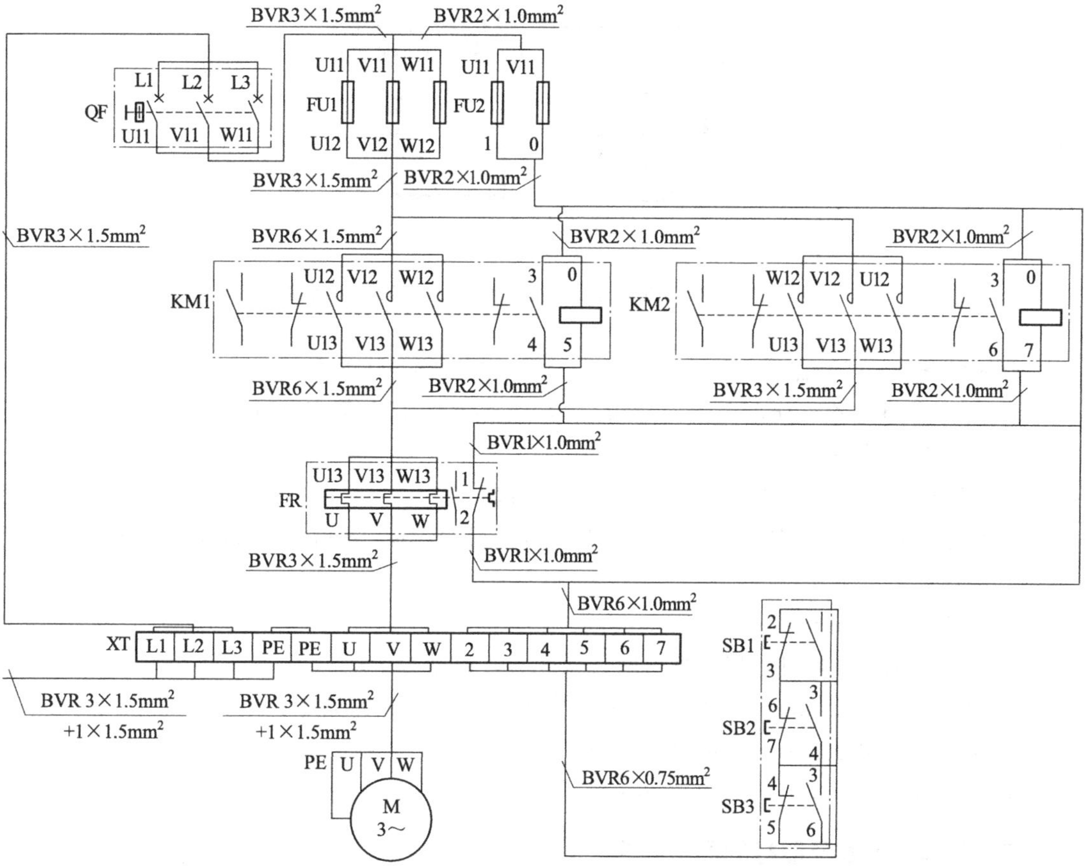

(c) 接线图

图 2-14

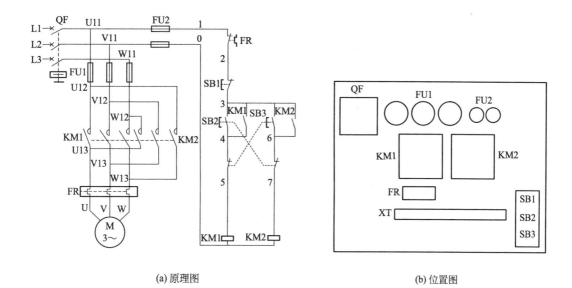

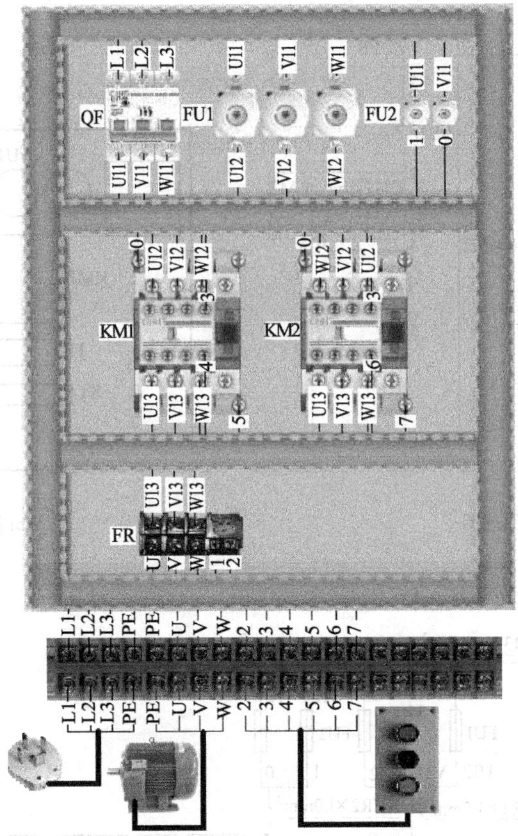

(d) 模拟配盘

图 2-14 机械互锁正反转电路的三张图及模拟配盘

⑥ KM→交流接触器（CJX2—09，9A、线圈电压 380V）2 个；

⑦ FR→热继电器（JR36—20，三极、20A、热元件 11A 整定电流 0.72A）1 个；

⑧ 三相四线插头 1 个；

⑨ XT→端子板（YDG—603）若干节并配导轨；

⑩ 线号套管（配 BVR1.5mm^2、BVR1.0mm^2 及 BVR0.75mm^2 导线用）若干；

⑪ 油性记号笔 1 支；

⑫ 网孔板（700mm×590mm）1 块；

⑬ 胀销及配套自攻钉，规格是与网孔板配套，数量若干；

⑭ 导线（BVR1.5mm^2、BVR1.0mm^2 及 BVR0.75mm^2）若干；

⑮ 接地线（BVR1.5mm^2 黄绿）若干；

⑯ 线槽（VDR2030F，20mm×30mm）若干。

二、工具、仪表及器材的质检要求

① 根据电动机规格检验工具、仪表、器材等是否满足要求。

② 电气元件外观应完整无损，附件备件齐全。

③ 用万用表、兆欧表检测元件及电动机的技术数据是否符合要求。

三、安装步骤及工艺要求

第一步，根据控制要求绘制原理图、位置图和接线图，要求绘制的图纸在满足控制要求的前提下，必须符合现行国家标准。

第二步，在控制板上按位置图固定元件及线槽，工艺要求：电器元件安装应牢固，并符合工艺要求。

第三步，接线，工艺要求如下所示。

① 槽内导线不得有接头及破损；

② 一般应先控制电路后主电路及外部电路。

第四步，自检，工艺要求如下所示。

① 通断检测；

② 绝缘检测。

第五步，清理现场，要求符合4S管理规定。

第六步，交验，通知教师验检。

第七步，试车，在教师的监护下送电试车。

第八步，检修，教师设故障学生自行排除。

四、评分标准

1. 绘图（10分）

(1) 未实现要求功能扣10分，且不能继续考核，应整改后继续。

(2) 未按国家标准每处扣1分，最高扣分为10分。

(3) 图面不整洁每张扣2分。

2. 元件检查（5分）

(1) 电动机质量漏检扣5分。

(2) 元件漏检或检错，每处扣1分。

3. 安装（5分）

(1) 元件安装位置与位置图不符，每处扣1分。

(2) 元件松动，每个扣1分。

(3) 线槽没做45°拼角，每处扣1分。

4. 接线（30分）

(1) 接线顺序错误，每根扣5分。

(2) 漏套线号套管，每处扣5分。

(3) 漏标线号或线号标错，每处扣5分。

(4) 不会接线或与接线图不符，扣30分。

(5) 导线及线号套管使用错误，每根扣5分。

5. 自检（20分）

(1) 通断检测

① 不会检测或检测错误，扣15分。

② 漏检，每处扣5分。

(2) 绝缘检测

① 不会检测或检测错误，扣15分。

② 漏检，每处扣5分。

6. 交验试车（10 分）

（1）未通知教师私自试车，扣 10 分。

（2）一次校验不合格，扣 5 分。

（3）二次校验不合格，扣 10 分。

7. 检修（20 分）

（1）检不出故障，扣 20 分。

（2）查出故障但排除不了，扣 10 分。

（3）制造出新故障，每处扣 5 分。

8. 安全文明生产

违反安全文明生产规程，扣 5～40 分。

9. 定额时间

定额时间 200min，每超过 10min（不足 10min 按 10min 计）扣 5 分。

备注：除定额时间和安全文明生产外其他扣分不应超过配分。

温馨提示

注意不要损坏元件。

【任务评价】

温馨提示

完成【知识准备】、【实际操作】后，进入总结评价阶段。评价分自评、教师评两种，主要是总结评价本次安装、调试、演示过程中做得好的地方及需要改进的地方等。根据评分的情况和本次任务的结果，填入表 2-18 和表 2-19。

表 2-18　学生自评表格

任务完成进度	做得好的方面	不足、需要改进的方面

表 2-19　教师评价表格

在本次任务中的表现	学生进步的方面	学生不足、需要改进的方面

【总结报告】

温馨提示

总结报告可涉及内容为本次任务，本次实训的心得体会等，总之，要学会随时记录工作过程，总结经验教训，为今后的工作打下良好的基础。

任务小结

本任务主要是熟练绘制机械互锁正反转电路的三张图；熟练完成机械互锁正反转电路的配盘。

问题探究

（1）机械互锁正反转电路常见故障——不启动。

故障原因之一：检查控制电路 FU2 是否断路，热继电器 FR 触点是否用错或接触不良，停止按钮的常闭触点是否接触不良，启动按钮的常开触点是否接触不良。

故障原因之二：按钮互锁的接线有误。

（2）机械互锁正反转电路常见故障——不能够自锁一抬手接触器就断开。

故障原因：这是因为自锁触点接线有误。

任务10　双重互锁正反转控制电路的安装与调试

学习目标

① 熟练绘制双重互锁正反转控制电路的三张图；

② 熟练完成双重互锁正反转控制电路的配盘。

工作任务

本任务主要是熟练绘制双重互锁正反转控制电路的三张图；熟练完成双重互锁正反转控制电路的配盘。首先，熟练绘制双重互锁正反转控制电路的三张图，其次，要做到能够正确熟练地完成双重互锁正反转控制电路的配盘。

任务实施

【知识准备】

双重互锁正反转控制电路的三张图及模拟配盘如图 2-15 所示。

【实际操作】——双重互锁正反转控制电路的配盘

一、选用工具、仪表及材料

（1）工具：钢锯、验电笔、螺钉旋具、尖嘴钳、斜口钳、剥线钳、电工刀等工具。

（2）仪表：ZC35—3 型兆欧表（500V、0～500MΩ）、MG3—1 型钳流表、MF47 型万用表。

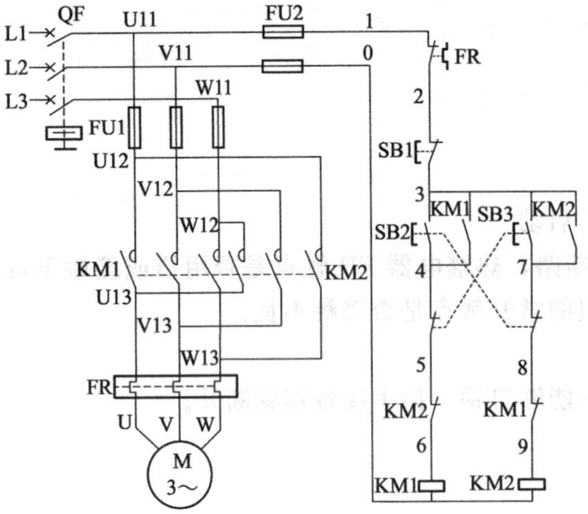

(a) 原理图

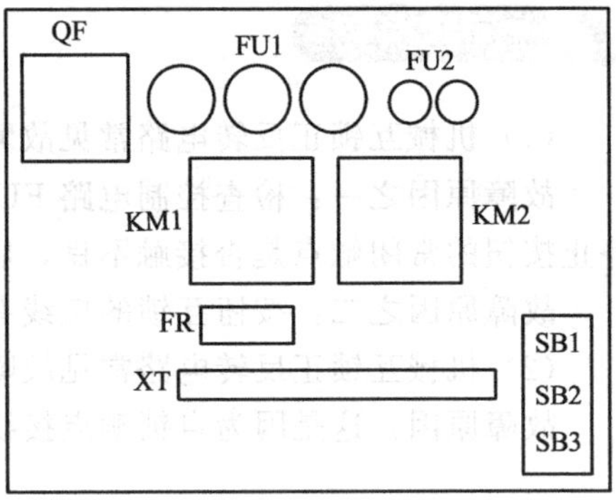

(b) 位置图

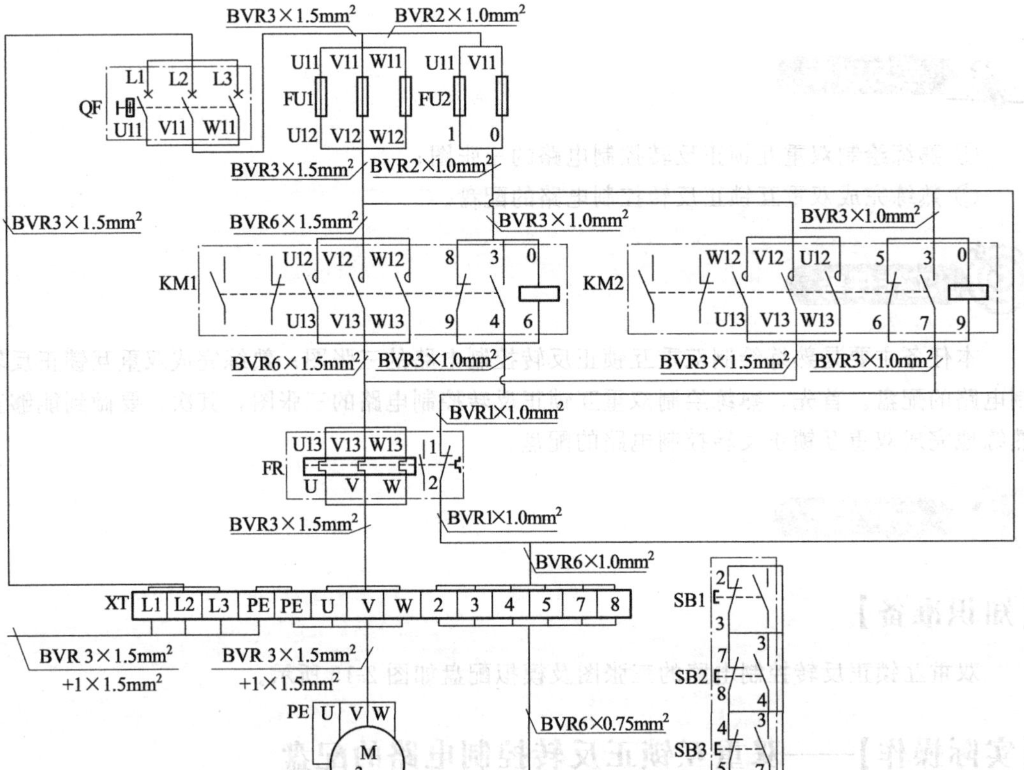

(c) 接线图

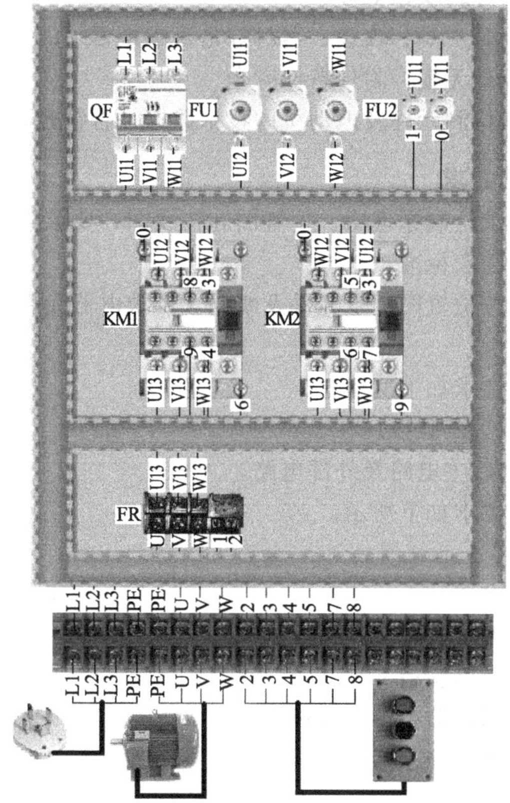

(d) 模拟配盘

图 2-15　双重互锁正反转控制电路的三张图及模拟配盘

(3) 器材

① M→三相笼型异步电动机（WDJ26，40W、380V、0.2A、△、1430r/min）1 台；

② QF→空气开关（DZ47—60，三极、380V、1A）1 个；

③ FU1→螺旋熔断器（RL1—15，380V、15A、配熔体 2A）3 套；

④ FU2→螺旋熔断器（RL1—15，380V、15A、配熔体 2A）2 套；

⑤ SB→按钮（LA4—3H，保护式、按钮数 3）1 个；

⑥ KM→交流接触器（CJX2—09，9A、线圈电压 380V）2 个；

⑦ FR→热继电器（JR36—20，三极、20A、热元件 11A 整定电流 0.72A）1 个；

⑧ 三相四线插头 1 个；

⑨ XT→端子板（YDG—603）若干节并配导轨；

⑩ 线号套管（配 BVR1.5mm^2、BVR1.0mm^2 及 BVR0.75mm^2 导线用）若干；

⑪ 油性记号笔 1 支；

⑫ 网孔板（700mm×590mm）1 块；

⑬ 胀销及配套自攻钉，规格是与网孔板配套，数量若干；

⑭ 导线（BVR1.5mm^2、BVR1.0mm^2 及 BVR0.75mm^2）若干；

⑮ 接地线（BVR1.5mm^2 黄绿）若干；

⑯ 线槽（VDR2030F，20mm×30mm）若干。

二、工具、仪表及器材的质检要求

① 根据电动机规格检验工具、仪表、器材等是否满足要求。

② 电气元件外观应完整无损，附件备件齐全。

③ 用万用表、兆欧表检测元件及电动机的技术数据是否符合要求。

三、安装步骤及工艺要求

第一步，根据控制要求绘制原理图、位置图和接线图，要求绘制的图纸在满足控制要求的前提下，必须符合现行国家标准。

第二步，在控制板上按位置图固定元件及线槽，要求电器元件安装应牢固，并符合工艺要求。

第三步，接线，工艺要求如下所示。

① 槽内导线不得有接头及破损；

② 一般应先控制电路后主电路及外部电路。

第四步，自检，工艺要求如下所示。

① 通断检测；

② 绝缘检测。

第五步，清理现场，要求符合4S管理规定。

第六步，交验，通知教师验检。

第七步，试车，在教师的监护下送电试车。

第八步，检修，教师设故障学生自行排除。

四、评分标准

1. 绘图（10分）

① 未实现要求功能扣10分，且不能继续考核，应整改后继续。

② 未按国家标准每处扣1分，最高扣分为10分。

③ 图面不整洁每张扣2分。

2. 元件检查（5分）

① 电动机质量漏检扣5分。

② 元件漏检或检错，每处扣1分。

3. 安装（5分）

① 元件安装位置与位置图不符，每处扣1分。

② 元件松动，每个扣1分。

③ 线槽没做45°拼角，每处扣1分。

4. 接线（30分）

① 接线顺序错误，每根扣5分。

② 漏套线号套管，每处扣5分。

③ 漏标线号或线号标错，每处扣5分。

④ 不会接线或与接线图不符，扣30分。

⑤ 导线及线号套管使用错误，每根扣5分。

5. 自检（20分）

(1) 通断检测

① 不会检测或检测错误，扣 15 分。
② 漏检，每处扣 5 分。
（2）绝缘检测
① 不会检测或检测错误，扣 15 分。
② 漏检，每处扣 5 分。
6. 交验试车（10 分）
① 未通知教师私自试车，扣 10 分。
② 一次校验不合格，扣 5 分。
③ 二次校验不合格，扣 10 分。
7. 检修（20 分）
① 检不出故障，扣 20 分。
② 查出故障但排除不了，扣 10 分。
③ 制造出新故障，每处扣 5 分。
8. 安全文明生产
违反安全文明生产规程，扣 5～40 分。
9. 定额时间
定额时间 230min，每超过 10min（不足 10min 按 10min 计）扣 5 分。
备注：除定额时间和安全文明生产外其他扣分不应超过配分。

温馨提示

注意不要损坏元件。

【任务评价】

温馨提示

完成【知识准备】、【实际操作】后，进入总结评价阶段。评价分自评、教师评两种，主要是总结评价本次安装、调试、演示过程中做得好的地方及需要改进的地方等。根据评分的情况和本次任务的结果，填入表 2-20 和表 2-21。

表 2-20 学生自评表格

任务完成进度	做得好的方面	不足、需要改进的方面

表 2-21 教师评价表格

在本次任务中的表现	学生进步的方面	学生不足、需要改进的方面

【总结报告】

温馨提示

总结报告可涉及内容为本次任务，本次实训的心得体会等，总之，要学会随时记录工作过程，总结经验教训，为今后的工作打下良好的基础。

任务小结

本任务主要是熟练绘双重互锁正反转控制电路的三张图；熟练完成双重互锁正反转控制电路的配盘。

问题探究

(1) 双重互锁正反转控制电路常见故障——按正反转启动按钮，电动机均不能启动。

故障原因：①控制回路熔断器熔断或接线松动。②热继电器常闭触点未复位或接线松动。③停止按钮常闭触点接触不良或导线松动。④电动机已损坏。

解决办法：①更换已坏的熔断器或将导线紧固。②复位热继常闭触点紧固导线连接端。③修复按钮触点或更换。④更换电动机。

(2) 双重互锁正反转控制电路常见故障——正转或反转操作时，按下按钮能启动，松手即停转。

故障原因：接触器自锁触点断线或接触不良。

解决办法：处理或更换接触器常开辅助触点或紧固接线。

(3) 双重互锁正反转控制电路常见故障——正反转有一个方向可控制，另一方向不可控制。

故障原因：①启动按钮触点常开接触不良。②一只接触器的互锁常闭触点接触不良。③启动按钮互锁常闭触点接触不良。④一只接触器线圈断线。⑤导线断线或松动。

解决办法：①修复或更换按钮常开触点。②修复或更换接触器常闭触点。③修复按钮常闭触点或更换按钮。④更换接触器线圈。⑤连接和紧固导线。

(4) 倒顺开关、电气互锁、机械互锁及双重互锁正反转控制电路的比较。

倒顺开关正反转控制电路所用电器较少，线路简单；但它是一种手动控制电路，在频繁换向时，操作人员的劳动强度大，操作不安全。这种电路一般用于控制额定电流为10A、功率为3kW以下的小容量电动机。

接触器联锁（又称电气互锁）正反转控制电路工作安全可靠；但操作不便，因为电动机从正转到反转时，必须先按下停止按钮后，才能按反转启动按钮，否则由于接触器的联锁作用不能实现反转。

按钮联锁（又称机械互锁）正反转控制电路操作方便；但容易产生电源两相短路故障，例如当正转接触器主触头发生熔焊或杂物卡住等故障时，即使接触器线圈失电，主触头也分断不开，这时若直接按下反转启动按钮，反转接触器得电动作，触头闭合，必然造成电源两相短路故障。

按钮、接触器双重联锁（简称双重互锁）正反转控制电路是在按钮联锁的基础上又增加了接触器联锁，故兼有两种联锁控制电路的优点，使电路操作方便，工作安全可靠。

任务11 行程限位控制电路的安装与调试

学习目标

① 熟练绘制行程限位控制电路的三张图；

② 熟练完成行程限位控制电路的配盘。

工作任务

首先，熟练绘制行程限位控制电路的三张图；其次，要做到能够正确熟练地完成行程限位控制电路的配盘。

任务实施

【知识准备】

行程限位控制电路的三张图及模拟配盘如图 2-16 所示。

【实际操作】——行程限位控制电路的配盘

一、选用工具、仪表及材料

（1）工具：钢锯、验电笔、螺钉旋具、尖嘴钳、斜口钳、剥线钳、电工刀等工具。

（2）仪表：ZC35—3 型兆欧表（500V、0～500MΩ）、MG3—1 型钳流表、MF47 型万用表。

（3）器材

① M→三相笼型异步电动机（WDJ26，40W、380V、0.2A、△、1430r/min）1 台；

② QF→空气开关（DZ47—60，三极、380V、1A）1 个；

③ FU1→螺旋熔断器（RL1—15，380V、15A、配熔体 2A）3 套；

④ FU2→螺旋熔断器（RL1—15，380V、15A、配熔体 2A）2 套；

⑤ SB→按钮（LA4—3H，保护式、按钮数 3）1 个；

⑥ KM→交流接触器（CJX2—09，9A、线圈电压 380V）2 个；

⑦ FR→热继电器（JR36—20，三极、20A、热元件 11A 整定电流 0.72A）1 个；

⑧ 三相四线插头 1 个；

⑨ QS→行程开关（LX19—001，AC380V、DC220V、5A）2 个；

⑩ XT→端子板（YDG—603）若干节并配导轨；

⑪ 线号套管（配 BVR1.5mm^2、BVR1.0mm^2 及 BVR0.75mm^2 导线用）若干；

⑫ 油性记号笔 1 支；

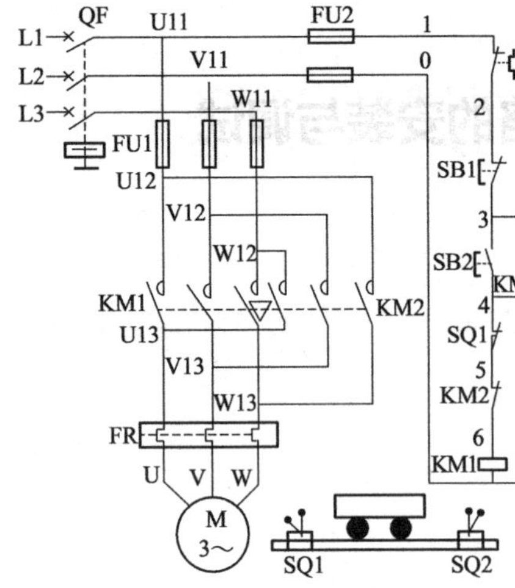

(a) 原理图

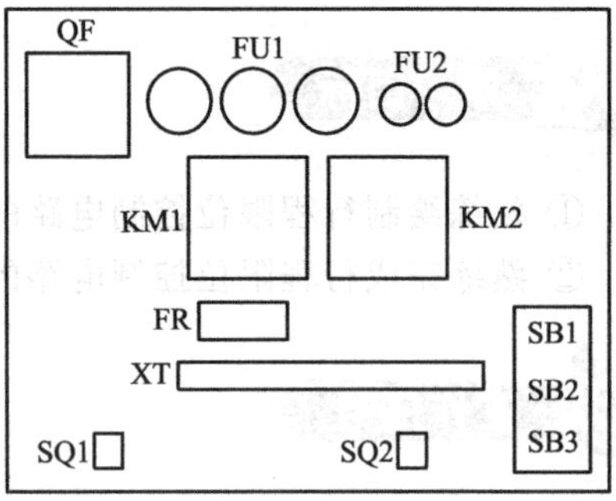

(b) 位置图

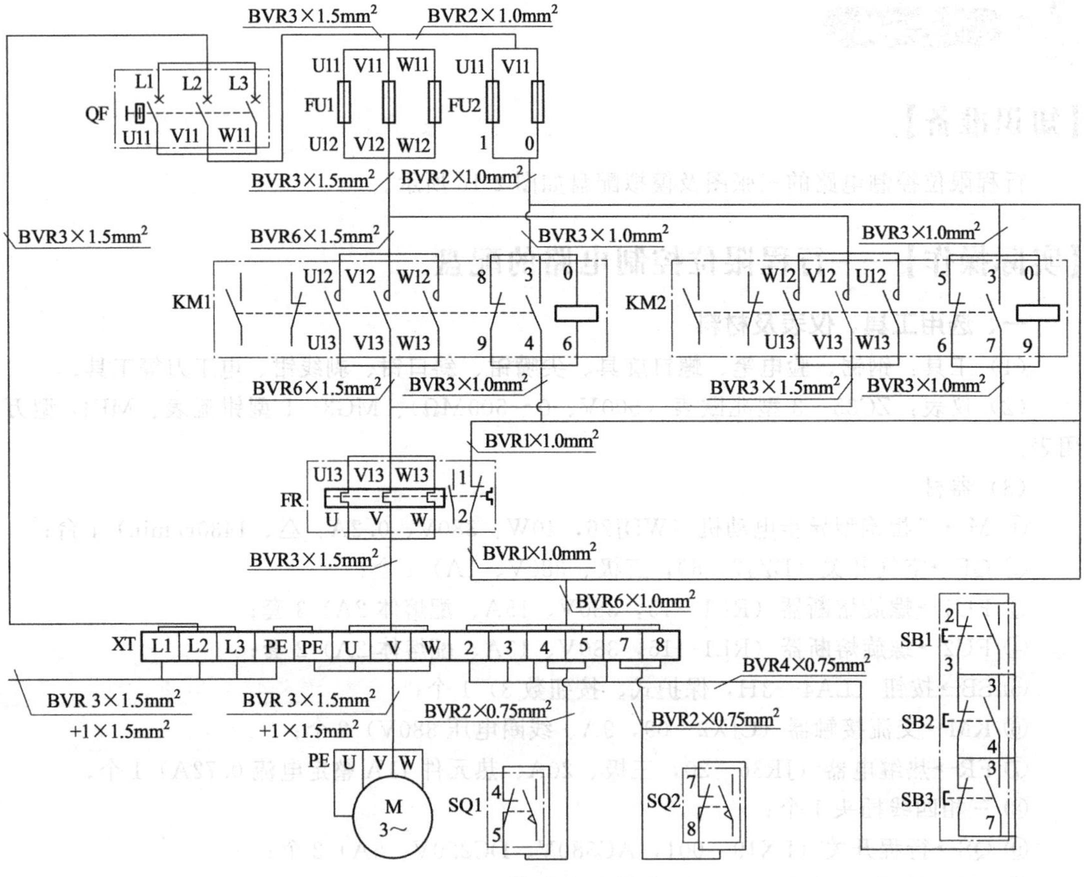

(c) 接线图

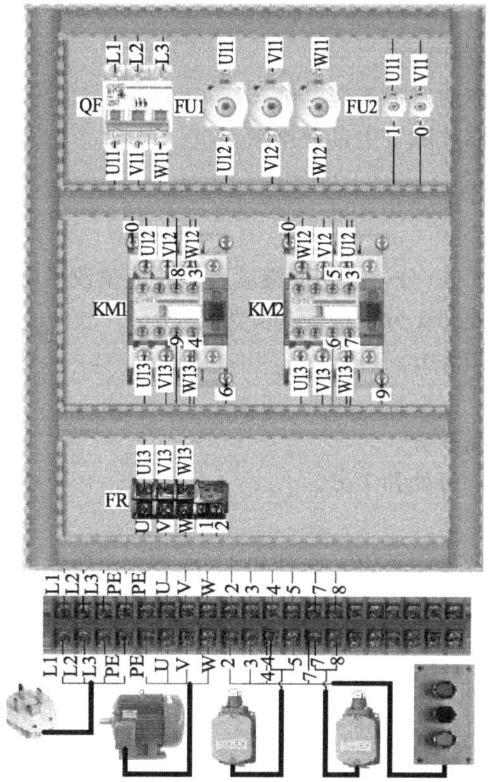

(d) 模拟配盘

图 2-16　行程限位控制电路的三张图及模拟配盘

⑬ 网孔板（700mm×590mm）1 块；

⑭ 胀销及配套自攻钉，规格是与网孔板配套，数量若干；

⑮ 导线（BVR1.5mm^2、BVR1.0mm^2及 BVR0.75mm^2）若干；

⑯ 接地线（BVR1.5mm^2 黄绿）若干；

⑰ 线槽（VDR2030F，20mm×30mm）若干。

二、工具、仪表及器材的质检要求

（1）根据电动机规格检验工具、仪表、器材等是否满足要求。

（2）电气元件外观应完整无损，附件备件齐全。

（3）用万用表、兆欧表检测元件及电动机的技术数据是否符合要求。

三、安装步骤及工艺要求

第一步，根据控制要求绘制原理图、位置图和接线图，要求绘制的图纸在满足控制要求的前提下，必须符合现行国家标准。

第二步，在控制板上按位置图固定元件及线槽，要求电器元件安装应牢固，并符合工艺要求。

第三步，接线，工艺要求如下所示。

（1）槽内导线不得有接头及破损；

（2）一般应先控制电路后主电路及外部电路。

第四步，自检，工艺要求如下所示。

（1）通断检测；

（2）绝缘检测。

第五步，清理现场，要求符合4S管理规定。

第六步，交验，通知教师验检。

第七步，试车，在教师的监护下送电试车。

第八步，检修，教师设故障学生自行排除。

四、评分标准

1. 绘图（10分）

(1) 未实现要求功能扣10分，且不能继续考核，应整改后继续。

(2) 未按国家标准每处扣1分，最高扣分为10分。

(3) 图面不整洁每张扣2分。

2. 元件检查（5分）

(1) 电动机质量漏检扣5分。

(2) 元件漏检或检错，每处扣1分。

3. 安装（5分）

(1) 元件安装位置与位置图不符，每处扣1分。

(2) 元件松动，每个扣1分。

(3) 线槽没做45°拼角，每处扣1分。

4. 接线（30分）

(1) 接线顺序错误，每根扣5分。

(2) 漏套线号套管，每处扣5分。

(3) 漏标线号或线号标错，每处扣5分。

(4) 不会接线或与接线图不符，扣30分。

(5) 导线及线号套管使用错误，每根扣5分。

5. 自检（20分）

(1) 通断检测

① 不会检测或检测错误，扣15分。

② 漏检，每处扣5分。

(2) 绝缘检测

① 不会检测或检测错误，扣15分。

② 漏检，每处扣5分。

6. 交验试车（10分）

(1) 未通知教师私自试车，扣10分。

(2) 一次校验不合格，扣5分。

(3) 二次校验不合格，扣10分。

7. 检修（20分）

(1) 检不出故障，扣20分。

(2) 查出故障但排除不了，扣10分。

(3) 制造出新故障，每处扣5分。

8. 安全文明生产

违反安全文明生产规程，扣5～40分。

9. 定额时间

定额时间300min，每超过10min（不足10min按10min计）扣5分。

备注：除定额时间和安全文明生产外其他扣分不应超过配分。

温馨提示

注意不要损坏元件。

【任务评价】

温馨提示

完成【知识准备】、【实际操作】后，进入总结评价阶段。评价分自评、教师评两种，主要是总结评价本次安装、调试、演示过程中做得好的地方及需要改进的地方等。根据评分的情况和本次任务的结果，填入表 2-22 和表 2-23。

表 2-22　学生自评表格

任务完成进度	做得好的方面	不足、需要改进的方面

表 2-23　教师评价表格

在本次任务中的表现	学生进步的方面	学生不足、需要改进的方面

【总结报告】

温馨提示

总结报告可涉及内容为本次任务，本次实训的心得体会等，总之，要学会随时记录工作过程，总结经验教训，为今后的工作打下良好的基础。

任务小结

本任务主要是熟练绘行程限位控制电路的三张图；熟练完成行程限位控制电路的配盘。

问题探究

常用的故障处理方法

1. 经验法

（1）弹压活动部件法。主要用于活动部件，如接触器的衔铁、行程开关的滑轮臂、按钮、开关等。通过反复弹压活动部件，使活动部件灵活，同时也使一些接触不良的触头得到摩擦，达到接触导通的目的。

（2）电路敲击法。此法基本同弹压活动部件法，两者的区别是弹压活动部件法是断电检查，而电路敲击法是在通电的过程中进行的。该法可用一只小橡胶锤，轻轻的敲击工作中的元件。如果电路故障突然排除，或者故障突然出现，都说明被敲击元件附近或该元件本身存在接触不良的现象。对于正常电气设备，一般能经住一定幅度的冲击，即使工作没有异常现象，如果在一定程度的敲击下，发生了异常现象，也说明该电路存在故障隐患，应及时查找并排除。

（3）黑暗观察法。在电路存在接触不良故障时，在电源电压作用下，常产生火花并伴随着一定的声响。因为火花和声音一般比较弱，在环境光线较为明亮、噪声稍大的场所常不易察觉。因此应在比较黑暗和安静的情况下，观察电路有无火花产生，聆听是否有放电时的“嘶嘶”声或“劈啪”声。如果有火花产生，则可以肯定，产生火花的地方存在接触不良或放电击穿的故障。但如果没有火花产生，也不能说明电路一定接触良好。因此，黑暗观察法只是一个辅助手段，对故障点的确定有一定帮助。

（4）非接触测温法。温度异常时，元件性能常发生改变，同时，元件温度异常也反映了元件本身的工作情况，如过荷、内部短路等。因此可以用测温法判断电路的工作情况。

（5）元件替换法。对于值得怀疑的元件，可采用替换的方法进行验证。如果故障依旧，说明故障点怀疑不准，可能该元件没有问题。但如果故障排除，则与该元件相关的电路部分存在故障，应加以确认。

（6）对比法。如果电路有两个或两个以上的相同部分时，可以对这两部分的工作情况做一对比。因为两个部分同时发生故障的可能性较小，因此通过比较，可以方便地测出各种情况下的参数差异，通过合理分析，可以方便地确定故障范围和故障情况。

（7）交换法。当有两台或两台以上的电气控制系统时，可把系统分为几个部分，将各个部件进行交换。当换到某一部分时，电路恢复正常工作，而将故障换到其他设备上时，其他设备出现了相同的故障，说明故障就在此部分；当只有一台设备时，而控制电路内部又存在相同元件时，可以将相同元件调换位置，检查对应元件的功能是否得到恢复，故障是否又转到另外的部分。如果故障转到另外的部分，则说明调换元件存在故障；如果故障没有变化，则说明故障与调换元件无关。通过调换元件，可以不借用其他仪器来检查其他元件的好坏，因此可在条件不具备时使用。

（8）加热法。当电气故障与开机时间呈一定的对应关系时，可采用加热法促使故障更加明显。因此随着开机时间的增加，电气线路内部的温度上升。在温度的作用下，电气线路中的故障元件或侵入污物的电气性能不断改变，从而引发故障。因此可用加热法，加速电路温度的上升，起到诱发故障的作用。

（9）分割法。首先将电路分为几个较为独立的部分，弄清其间的关系，再对各部分电路进行检测，继而确定故障的大致范围。然后再将电路中存在故障的部分细分出来，对每一小部分进行检测，再确定故障范围，继续细分至每一个支路，最后将故障点找出来。

2. 检测法

检测法是指采用仪器仪表作为辅助工具对电气线路故障进行判断的检修方法。比较常用和实用的方法是利用欧姆表、电压表和电流表对电路进行测试。

（1）电阻法。例如一台控制变压器，不能正常工作。用万用表电阻挡测变压器原边绕组电阻为无穷大，判断为绕组断线。重绕后故障排除。

（2）电压法。例如一台小型鼓风机，通电后不能转动，但有电流声。根据故障现象，应是电源缺相，或是绕组断线，采用电阻法，用万用表电阻挡测三相绕组电阻均在正常范围，电动机正常。改用万用表电压挡，测三相电源均为正常范围，也为正常。再用万用表电阻挡，从开关出线处，测三相绕组，发现有一相断线。检查导线，发现两根四芯电缆在接头处电线接错，致使电动机缺相。

（3）电流法。电路在正常工作时，导线中有电流流过，其大小反映了电路的工作状态。为了测量电路中的电流，常在电路中串接电流表，然后通过电流表读出电路的电流，在和其应有之对比就可发现故障点。

任务12 自动往返控制电路的安装与调试

学习目标

① 熟练绘制自动往返控制电路的三张图；

② 熟练完成自动往返控制电路的配盘。

工作任务

首先，熟练绘制自动往返控制电路的三张图；其次，要做到能够正确熟练地完成自动往返控制电路的配盘。

任务实施

【知识准备】

自动往返控制电路的三张图及模拟配盘如图 2-17 所示。

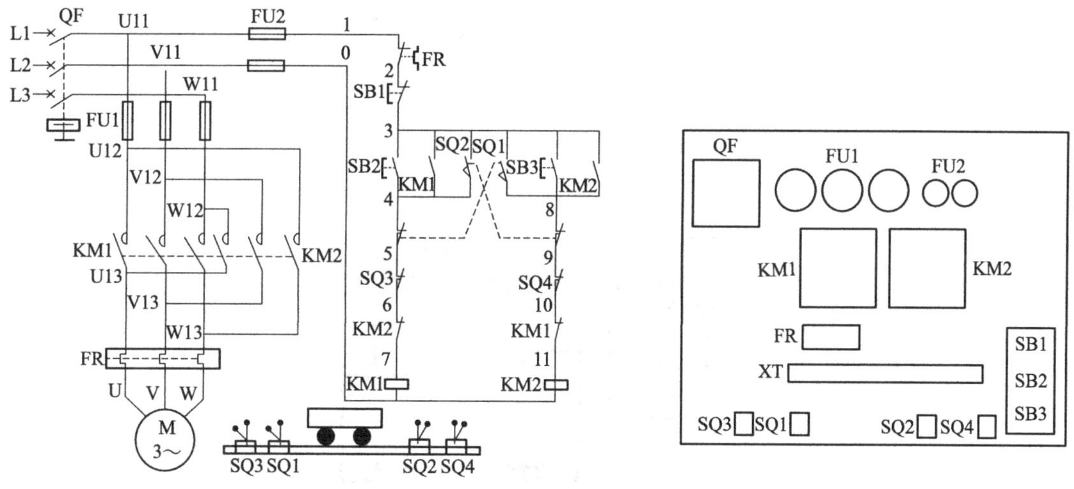

(a) 原理图　　　　(b) 位置图

图 2-17

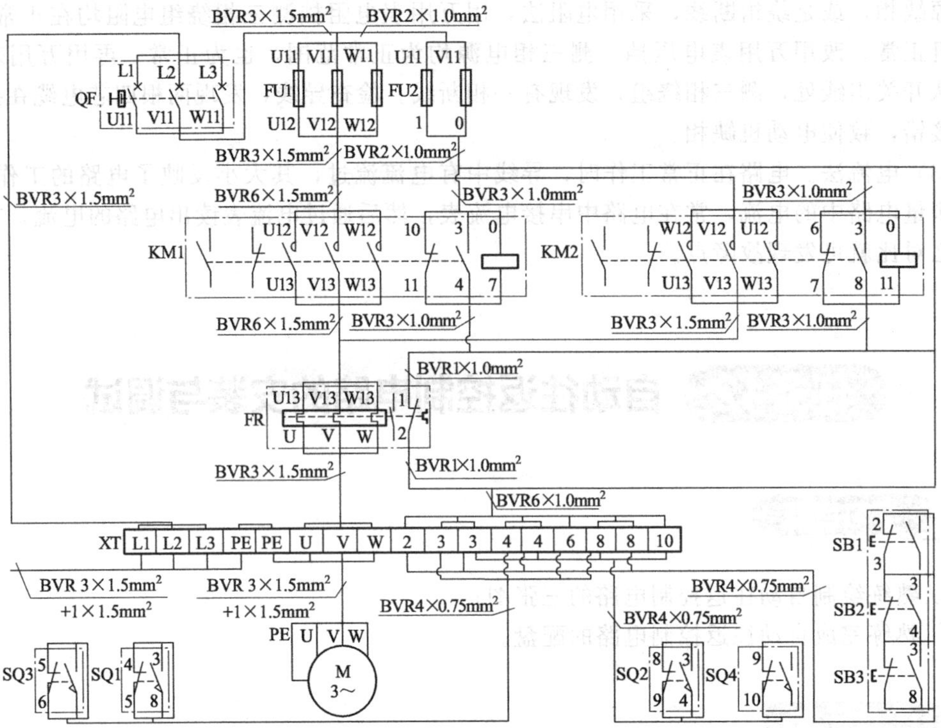

(c) 接线图

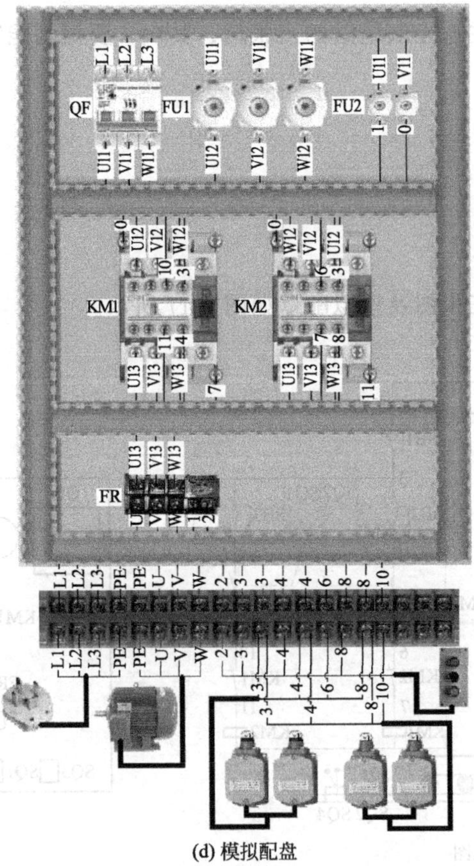

(d) 模拟配盘

图 2-17　自动往返控制电路的三张图及模拟配盘

【实际操作】——自动往返控制电路的配盘

一、选用工具、仪表及材料

(1) 工具：钢锯、验电笔、螺钉旋具、尖嘴钳、斜口钳、剥线钳、电工刀等工具。

(2) 仪表：ZC35—3 型兆欧表（500V、0～500MΩ）、MG3—1 型钳流表、MF47 型万用表。

(3) 器材

① M→三相笼型异步电动机（WDJ26，40W、380V、0.2A、△、1430r/min）1 台；

② QF→空气开关（DZ47—60，三极、380V、1A）1 个；

③ FU1→螺旋熔断器（RL1—15，380V、15A、配熔体 2A）3 套；

④ FU2→螺旋熔断器（RL1—15，380V、15A、配熔体 2A）2 套；

⑤ SB→按钮（LA4—3H，保护式、按钮数 3）1 个；

⑥ KM→交流接触器（CJX2—09，9A、线圈电压 380V）2 个；

⑦ FR→热继电器（JR36—20，三极、20A、热元件 11A 整定电流 0.72A）1 个；

⑧ 三相四线插头 1 个；

⑨ QS→行程开关（LX19—001，AC380V、DC220V、5A）4 个；

⑩ XT→端子板（YDG—603）若干节并配导轨；

⑪ 线号套管（配 BVR1.5mm^2、BVR1.0mm^2 及 BVR0.75mm^2 导线用）若干；

⑫ 油性记号笔 1 支；

⑬ 网孔板（700mm×590mm）1 块；

⑭ 胀销及配套自攻钉，规格是与网孔板配套，数量若干；

⑮ 导线（BVR1.5mm^2、BVR1.0mm^2 和 BVR0.75mm^2）若干；

⑯ 接地线（BVR1.5mm^2 黄绿）若干；

⑰ 线槽（VDR2030F，20mm×30mm）若干。

二、工具、仪表及器材的质检要求

(1) 根据电动机规格检验工具、仪表、器材等是否满足要求。

(2) 电气元件外观应完整无损，附件备件齐全。

(3) 用万用表、兆欧表检测元件及电动机的技术数据是否符合要求。

三、安装步骤及工艺要求

第一步，根据控制要求绘制原理图、位置图和接线图，要求绘制的图纸在满足控制要求的前提下，必须符合现行国家标准。

第二步，在控制板上按位置图固定元件及线槽，要求电器元件安装应牢固，并符合工艺要求。

第三步，接线，工艺要求如下所示。

(1) 槽内导线不得有接头及破损；

(2) 一般应先控制电路后主电路及外部电路。

第四步，自检，工艺要求如下所示。

(1) 通断检测；

(2) 绝缘检测。

第五步，清理现场，要求符合 4S 管理规定。

第六步，交验，通知教师验检。

第七步，试车，在教师的监护下送电试车。

第八步，检修，教师设故障学生自行排除。

四、评分标准

1. 绘图（10分）

(1) 未实现要求功能扣10分，且不能继续考核，应整改后继续。

(2) 未按国家标准每处扣1分，最高扣分为10分。

(3) 图面不整洁每张扣2分。

2. 元件检查（5分）

(1) 电动机质量漏检扣5分。

(2) 元件漏检或检错，每处扣1分。

3. 安装（5分）

(1) 元件安装位置与位置图不符，每处扣1分。

(2) 元件松动，每个扣1分。

(3) 线槽没做45°拼角，每处扣1分。

4. 接线（30分）

(1) 接线顺序错误，每根扣5分。

(2) 漏套线号套管，每处扣5分。

(3) 漏标线号或线号标错，每处扣5分。

(4) 不会接线或与接线图不符，扣30分。

(5) 导线及线号套管使用错误，每根扣5分。

5. 自检（20分）

(1) 通断检测

① 不会检测或检测错误，扣15分。

② 漏检，每处扣5分。

(2) 绝缘检测

① 不会检测或检测错误，扣15分。

② 漏检，每处扣5分。

6. 交验试车（10分）

(1) 未通知教师私自试车，扣10分。

(2) 一次校验不合格，扣5分。

(3) 二次校验不合格，扣10分。

7. 检修（20分）

(1) 检不出故障，扣20分。

(2) 查出故障但排除不了，扣10分。

(3) 制造出新故障，每处扣5分。

8. 安全文明生产

违反安全文明生产规程，扣5～40分。

9. 定额时间

定额时间300min，每超过10min（不足10min按10min计）扣5分。

备注：除定额时间和安全文明生产外其他扣分不应超过配分。

温馨提示

注意不要损坏元件。

【任务评价】

温馨提示

完成【知识准备】、【实际操作】后，进入总结评价阶段。评价分自评、教师评两种，主要是总结评价本次安装、调试、演示过程中做得好的地方及需要改进的地方等。根据评分的情况和本次任务的结果，填入表 2-24 和表 2-25。

表 2-24　学生自评表格

任务完成进度	做得好的方面	不足、需要改进的方面

表 2-25　教师评价表格

在本次任务中的表现	学生进步的方面	学生不足、需要改进的方面

【总结报告】

温馨提示

总结报告可涉及内容为本次任务，本次实训的心得体会等，总之，要学会随时记录工作过程，总结经验教训，为今后的工作打下良好的基础。

任务小结

本任务主要是熟练绘自动往返控制电路的三张图；熟练完成自动往返控制电路的配盘。

问题探究

(1) 自动往返控制电路的常见故障——电路上电后，按下正转（或反转启动）按钮，正转（或反转）接触器线圈均得电，但电动机不动作，且电动机有异响。

故障原因：主电路熔断器坏掉一相。

处理办法：更换对应熔体。

(2) 自动往返控制电路的常见故障——电路上电后，按下 SB2 后松开，电动机持续正转，碰到 SQ1 后，自动停机，不会自动反转。

故障原因：KM1 常闭头或 KM2 线圈出现断路，也可能 SQ1 常开触点没能接触。

处理办法：用验电笔逐级检测，找到故障点维修或更换元件。

(3) 自动往返控制电路的常见故障——按下启动按钮后，熔断器 FU2 就熔断。

故障原因：电路中出现了短路。

处理办法：首先用万用表检查 KM1、KM2 线圈的绝缘层是否"烧穿"，若线圈电阻正常，再检查按钮开关和行程开关内是否"搭线"，线圈是否被短接。

任务13 Y—△降压启动控制电路的安装与调试

学习目标

① 熟练绘制手动控制的 Y—△降压启动控制电路的三张图；

② 熟练完成手动控制的 Y—△降压启动控制电路的配盘。

工作任务

首先，熟练绘制手动控制的 Y—△降压启动控制电路的三张图；其次，要做到能够正确熟练地完成手动控制的 Y—△降压启动控制电路的配盘。

任务实施

【知识准备】

手动控制的 Y—△降压启动控制电路的三张图及模拟配盘如图 2-18 所示。

【实际操作】——手动控制的 Y—△降压启动控制电路的配盘

一、选用工具、仪表及材料

(1) 工具：钢锯、验电笔、螺钉旋具、尖嘴钳、斜口钳、剥线钳、电工刀等工具。

(2) 仪表：ZC35—3 型兆欧表（500V、0～500MΩ）、MG3—1 型钳流表、MF47 型万用表。

(3) 器材

① M→三相笼型异步电动机（WDJ26，40W、380V、0.2A、△、1430r/min）1 台；

② QF→空气开关（DZ47—60，三极、380V、1A）1 个；

③ FU1→螺旋熔断器（RL1—15，380V、15A、配熔体 2A）3 套；

④ FU2→螺旋熔断器（RL1—15，380V、15A、配熔体 2A）2 套；

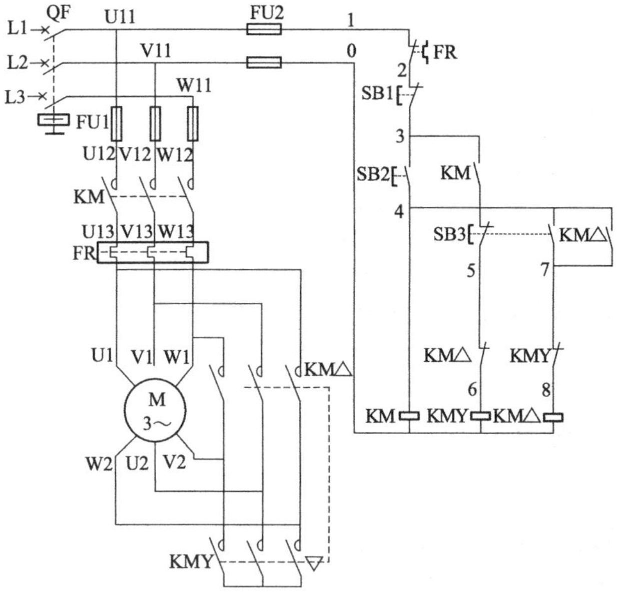

(a) 原理图

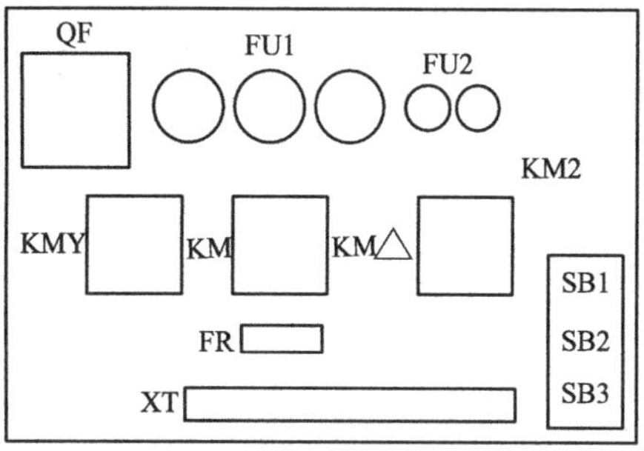

(b) 位置图

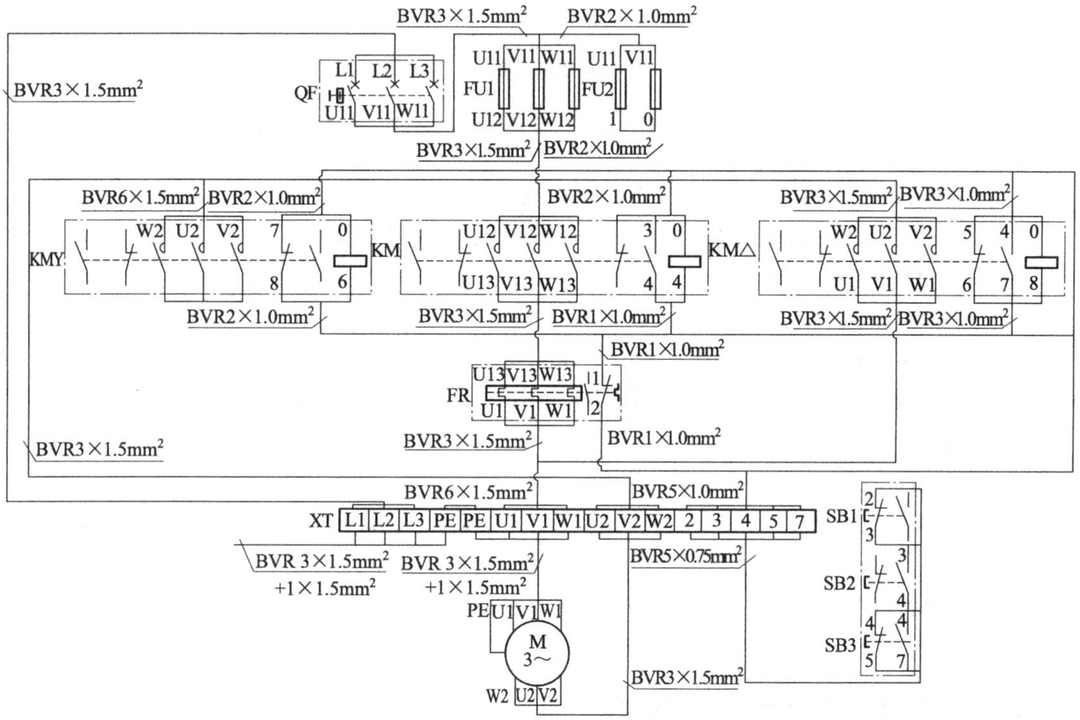

(c) 接线图

图 2-18

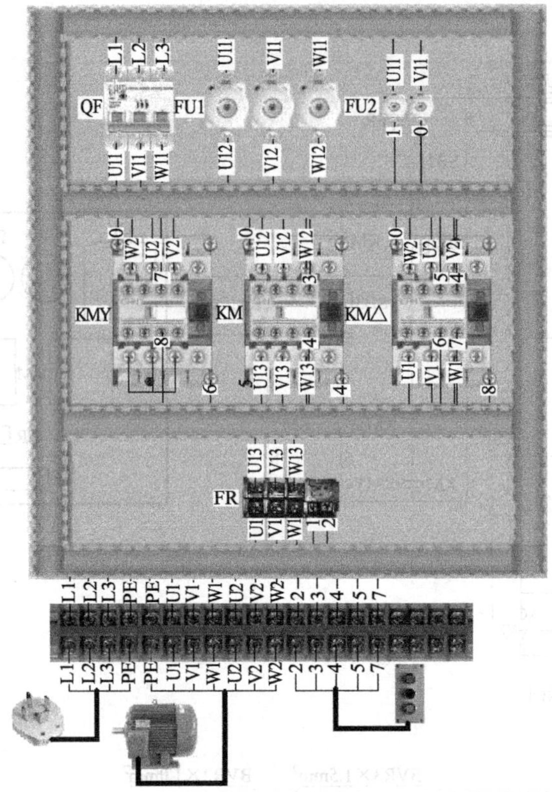

(d) 模拟配盘

图 2-18　手动控制的 Y—△降压启动控制电路的三张图及模拟配盘

⑤ SB→按钮（LA4—3H，保护式、按钮数 3）1 个；

⑥ KM→交流接触器（CJX2—09，9A、线圈电压 380V）3 个；

⑦ FR→热继电器（JR36—20，三极、20A、热元件 11A 整定电流 0.72A）1 个；

⑧ 三相四线插头 1 个；

⑨ XT→端子板（YDG—603）若干节并配导轨；

⑩ 线号套管（配 BVR1.5mm^2、BVR1.0mm^2 及 BVR0.75mm^2 导线用）若干；

⑪ 油性记号笔 1 支；

⑫ 网孔板（700mm×590mm）1 块；

⑬ 胀销及配套自攻钉，规格是与网孔板配套，数量若干；

⑭ 导线（BVR1.5mm^2、BVR1.0mm^2 及 BVR0.75mm^2）若干；

⑮ 接地线（BVR1.5mm^2 黄绿）若干；

⑯ 线槽（VDR2030F，20mm×30mm）若干。

二、工具、仪表及器材的质检要求

① 根据电动机规格检验工具、仪表、器材等是否满足要求。

② 电气元件外观应完整无损，附件备件齐全。

③ 用万用表、兆欧表检测元件及电动机的技术数据是否符合要求。

三、安装步骤及工艺要求

第一步，根据控制要求绘制原理图、位置图和接线图，要求绘制的图纸在满足控制要求的前提下，必须符合现行国家标准。

第二步，在控制板上按位置图固定元件及线槽，要求电器元件安装应牢固，并符合工艺要求。

第三步，接线，工艺要求如下所示。

① 槽内导线不得有接头及破损；

② 一般应先控制电路后主电路及外部电路。

第四步，自检，工艺要求如下所示。

① 通断检测；

② 绝缘检测。

第五9步，清理现场，要求符合4S管理规定。

第六步，交验，通知教师验检。

第七步，试车，在教师的监护下送电试车。

第八步，检修，教师设故障学生自行排除。

四、评分标准

1. 绘图（10分）

(1) 未实现要求功能扣10分，且不能继续考核，应整改后继续。

(2) 未按国家标准每处扣1分，最高扣分为10分。

(3) 图面不整洁每张扣2分。

2. 元件检查（5分）

(1) 电动机质量漏检扣5分。

(2) 元件漏检或检错，每处扣1分。

3. 安装（5分）

(1) 元件安装位置与位置图不符，每处扣1分。

(2) 元件松动，每个扣1分。

(3) 线槽没做45°拼角，每处扣1分。

4. 接线（30分）

(1) 接线顺序错误，每根扣5分。

(2) 漏套线号套管，每处扣5分。

(3) 漏标线号或线号标错，每处扣5分。

(4) 不会接线或与接线图不符，扣30分。

(5) 导线及线号套管使用错误，每根扣5分。

5. 自检（20分）

(1) 通断检测

① 不会检测或检测错误，扣15分。

② 漏检，每处扣5分。

(2) 绝缘检测

① 不会检测或检测错误，扣15分。

② 漏检，每处扣5分。

6. 交验试车（10 分）

(1) 未通知教师私自试车，扣 10 分。

(2) 一次校验不合格，扣 5 分。

(3) 二次校验不合格，扣 10 分。

7. 检修（20 分）

(1) 检不出故障，扣 20 分。

(2) 查出故障但排除不了，扣 10 分。

(3) 制造出新故障，每处扣 5 分。

8. 安全文明生产

违反安全文明生产规程，扣 5～40 分。

9. 定额时间

定额时间 320min，每超过 10min（不足 10min 按 10min 计）扣 5 分。

备注：除定额时间和安全文明生产外其他扣分不应超过配分。

温馨提示

注意不要损坏元件。

【任务评价】

温馨提示

完成【知识准备】、【实际操作】后，进入总结评价阶段。评价分自评、教师评两种，主要是总结评价本次安装、调试、演示过程中做得好的地方及需要改进的地方等。根据评分的情况和本次任务的结果，填入表 2-26 和表 2-27。

表 2-26 学生自评表格

任务完成进度	做得好的方面	不足、需要改进的方面

表 2-27 教师评价表格

在本次任务中的表现	学生进步的方面	学生不足、需要改进的方面

【总结报告】

温馨提示

总结报告可涉及内容为本次任务，本次实训的心得体会等，总之，要学会随时记录工作

过程，总结经验教训，为今后的工作打下良好的基础。

任务小结

本任务主要是熟练绘制手动控制的 Y—△降压启动控制电路的三张图；熟练完成手动控制的 Y—△降压启动控制电路的配盘。

任务14　串电阻降压启动控制电路的安装与调试

学习目标

① 熟练绘制串电阻降压启动控制电路的三张图；
② 熟练完成串电阻降压启动控制电路的配盘。

工作任务

首先，熟练绘制串电阻降压启动控制电路的三张图，其次，要做到能够正确熟练地完成串电阻降压启动控制电路的配盘。

任务实施

【知识准备】

串电阻降压启动控制电路的三张图及模拟配盘如图 2-19 所示。

【实际操作】——串电阻降压启动控制电路的配盘

一、选用工具、仪表及材料

(1) 工具：钢锯、验电笔、螺钉旋具、尖嘴钳、斜口钳、剥线钳、电工刀等工具。

(2) 仪表：ZC35—3 型兆欧表（500V、0～500MΩ)、MG3—1 型钳流表、MF47 型万用表。

(3) 器材

① M→三相笼型异步电动机（WDJ26，40W、380V、0.2A、△、1430r/min）1 台；
② QF→空气开关（DZ47—60，三极、380V、1A）1 个；
③ FU1→螺旋熔断器（RL1—15，380V、15A、配熔体 2A）3 套；
④ FU2→螺旋熔断器（RL1—15，380V、15A、配熔体 2A）2 套；
⑤ SB→按钮（LA4—3H，保护式、按钮数 2）1 个；
⑥ KM→交流接触器（CJX2—09，9A、线圈电压 380V）2 个；
⑦ FR→热继电器（JR36—20，三极、20A、热元件 11A 整定电流 0.72A）1 个；
⑧ KT→时间继电器（JSZ3A—B，380V，0.47A）1 个；

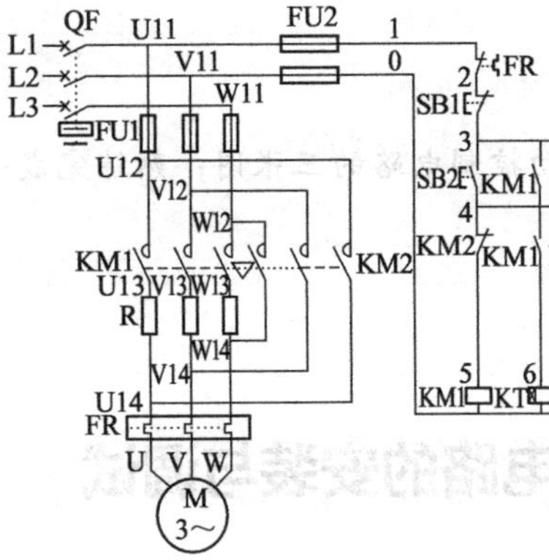

(a) 原理图

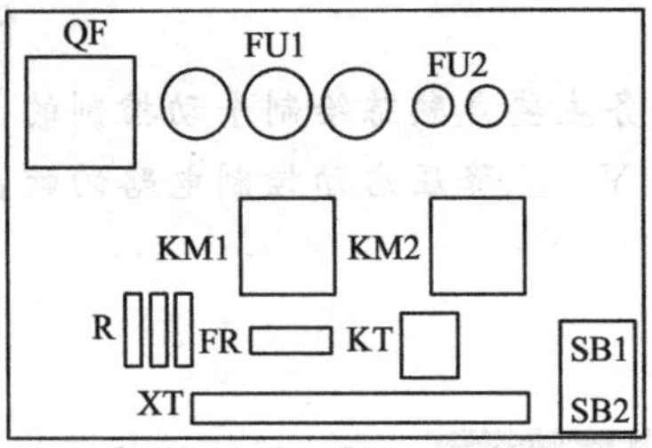

(b) 位置图

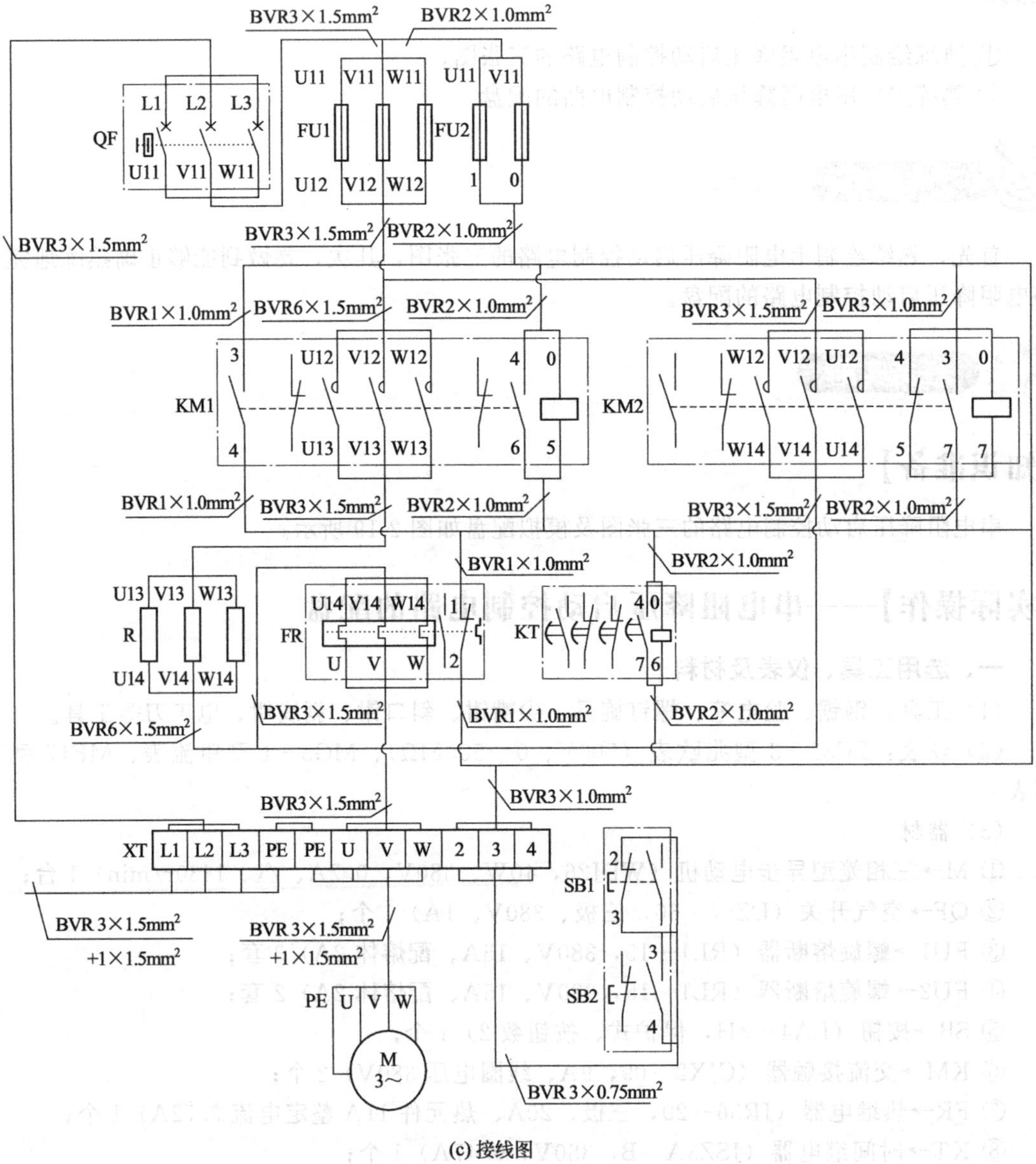

(c) 接线图

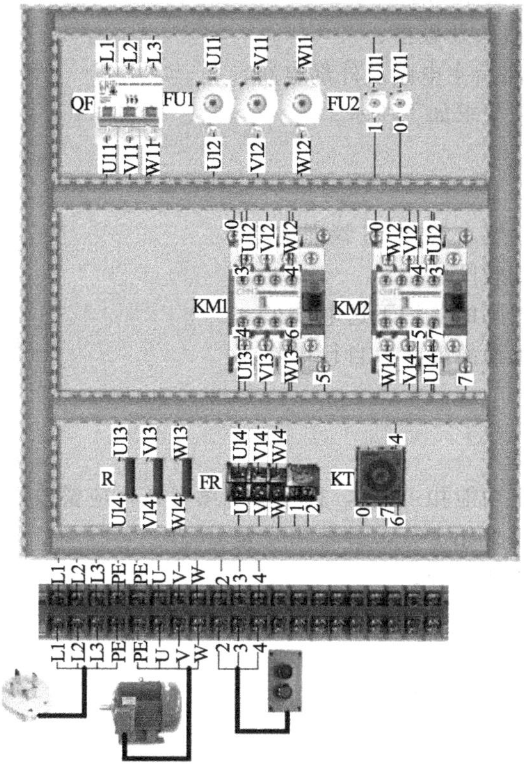

(d) 模拟配盘

图 2-19 串电阻降压启动控制电路的三张图及模拟配盘

⑨ R→电阻（0.07A、1.2kΩ）3 个；

⑩ 三相四线插头 1 个；

⑪ XT→端子板（YDG-603）若干节并配导轨；

⑫ 线号套管（配 BVR1.5mm^2、BVR1.0mm^2 及 BVR0.75mm^2 导线用）若干；

⑬ 油性记号笔 1 支；

⑭ 网孔板（700mm×590mm）1 块；

⑮ 胀销及配套自攻钉，规格是与网孔板配套，数量若干；

⑯ 导线（BVR1.5mm^2、BVR1.0mm^2 及 BVR0.75mm^2）若干；

⑰ 接地线（BVR1.5mm^2 黄绿）若干；

⑱ 线槽（VDR2030F，20mm×30mm）若干。

二、工具、仪表及器材的质检要求

① 根据电动机规格检验工具、仪表、器材等是否满足要求。

② 电气元件外观应完整无损，附件备件齐全。

③ 用万用表、兆欧表检测元件及电动机的技术数据是否符合要求。

三、安装步骤及工艺要求

第一步，根据控制要求绘制原理图、位置图和接线图，要求绘制的图纸在满足控制要求的前提下，必须符合现行国家标准。

第二步，在控制板上按位置图固定元件及线槽，要求电器元件安装应牢固，并符合工艺要求。

第三步，接线，工艺要求如下所示。

① 槽内导线不得有接头及破损；

② 一般应先控制电路后主电路及外部电路。

第四步，自检，工艺要求如下所示。

① 通断检测；

② 绝缘检测。

第五步，清理现场，要求符合 4S 管理规定。

第六步，交验，通知教师验检。

第七步，试车，在教师的监护下送电试车。

第八步，检修，教师设故障学生自行排除。

四、评分标准

1. 绘图（10 分）

（1）未实现功能要求功能扣 10 分，且不能继续考核，应整改后继续。

（2）未按国家标准每处扣 1 分，最高扣分为 10 分。

（3）图面不整洁每张扣 2 分。

2. 元件检查（5 分）

（1）电动机质量漏检扣 5 分。

（2）元件漏检或检错，每处扣 1 分。

3. 安装（5 分）

（1）元件安装位置与位置图不符，每处扣 1 分。

（2）元件松动，每个扣 1 分。

（3）线槽没做 45°拼角，每处扣 1 分。

4. 接线（30 分）

（1）接线顺序错误，每根扣 5 分。

（2）漏套线号套管，每处扣 5 分。

（3）漏标线号或线号标错，每处扣 5 分。

（4）不会接线或与接线图不符，扣 30 分。

（5）导线及线号套管使用错误，每根扣 5 分。

5. 自检（20 分）

（1）通断检测

① 不会检测或检测错误，扣 15 分。

② 漏检，每处扣 5 分。

（2）绝缘检测

① 不会检测或检测错误，扣 15 分。

② 漏检，每处扣 5 分。

6. 交验试车（10 分）

（1）未通知教师私自试车，扣 10 分。

（2）一次校验不合格，扣 5 分。

（3）二次校验不合格，扣 10 分。

7. 检修（20 分）

（1）检不出故障，扣 20 分。

（2）查出故障但排除不了，扣 10 分。

（3）制造出新故障，每处扣 5 分。

8. 安全文明生产

违反安全文明生产规程，扣 5～40 分。

9. 定额时间

定额时间 300min，每超过 10min（不足 10min 按 10min 计）扣 5 分。

备注：除定额时间和安全文明生产外其他扣分不应超过配分。

温馨提示

注意不要损坏元件。

【任务评价】

温馨提示

完成【知识准备】、【实际操作】后，进入总结评价阶段。评价分自评、教师评两种，主要是总结评价本次安装、调试、演示过程中做得好的地方及需要改进的地方等。根据评分的情况和本次任务的结果，填入表 2-28 和表 2-29。

表 2-28　学生自评表格

任务完成进度	做得好的方面	不足、需要改进的方面

表 2-29　教师评价表格

在本次任务中的表现	学生进步的方面	学生不足、需要改进的方面

【总结报告】

温馨提示

总结报告可涉及内容为本次任务，本次实训的心得体会等，总之，要学会随时记录工作过程，总结经验教训，为今后的工作打下良好的基础。

任务小结

本任务主要是熟练绘串电阻降压启动控制电路的三张图；熟练完成串电阻降压启动控制电路的配盘。

问题探究

1．串电阻降压启动控制电路中的电阻选择

串电阻降压启动控制电路中的电阻是大功率耐冲击大电流的限流降压元件，电阻多为铸铁电阻片或镍铬铁合金电阻器的大功率线绕电阻，这种电阻的阻值都很小，在零点几欧到几欧至几十欧。

计算比较复杂，但是可以根据电动机转子线圈内阻估算，一般情况下选择的电阻要为转子线圈内阻的 2～6 倍之间，电阻的额定电流不小于电动机额定电流的 2/3 就可以了。电动机串电阻启动市面上都有成品卖，手动控制柜、自动控制柜都有销售，按电动机的功率购买就可以了。

2．串电阻降压启动控制电路的适用范围

（1）电源容量在 180kW 以上，电动机功率 7kW 以下的三相异步电动机可采用直接启动。

（2）满足下面公式的可以全压启动。

$$\frac{I_{\mathrm{ST}}}{I_{\mathrm{N}}}\leqslant\frac{3}{4}+\frac{S}{4P}$$

式中，I_{ST}为全压启动电流；I_{N} 为电动机额定电流；S 为电源变压器容量；P 为电动机功率。

除此之外，就可以用降压启动（包括串电阻降压启动）。因此，该任务中的电动机原则上不应该用串电阻降压启动，本任务只是为了练习该种控制方法的特例。

任务15 自耦变压器降压启动控制电路的安装与调试

学习目标

① 熟练绘制自耦变压器降压启动控制电路的三张图；

② 熟练完成自耦变压器降压启动控制电路的配盘。

工作任务

首先，熟练绘制自耦变压器降压启动控制电路的三张图；其次，要做到能够正确熟练地完成自耦变压器降压启动控制电路的配盘。

任务实施

【知识准备】

自耦变压器降压启动控制电路的三张图及模拟配盘如图 2-20 所示。

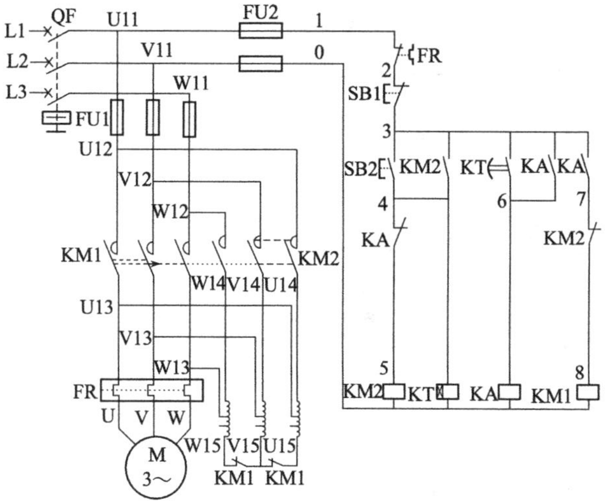

(a) 原理图

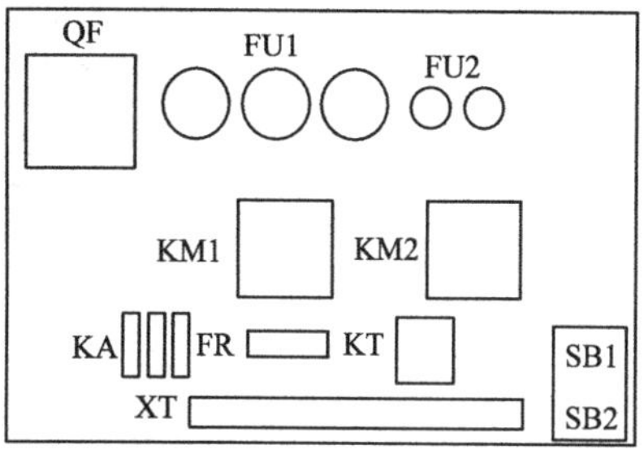

(b) 位置图

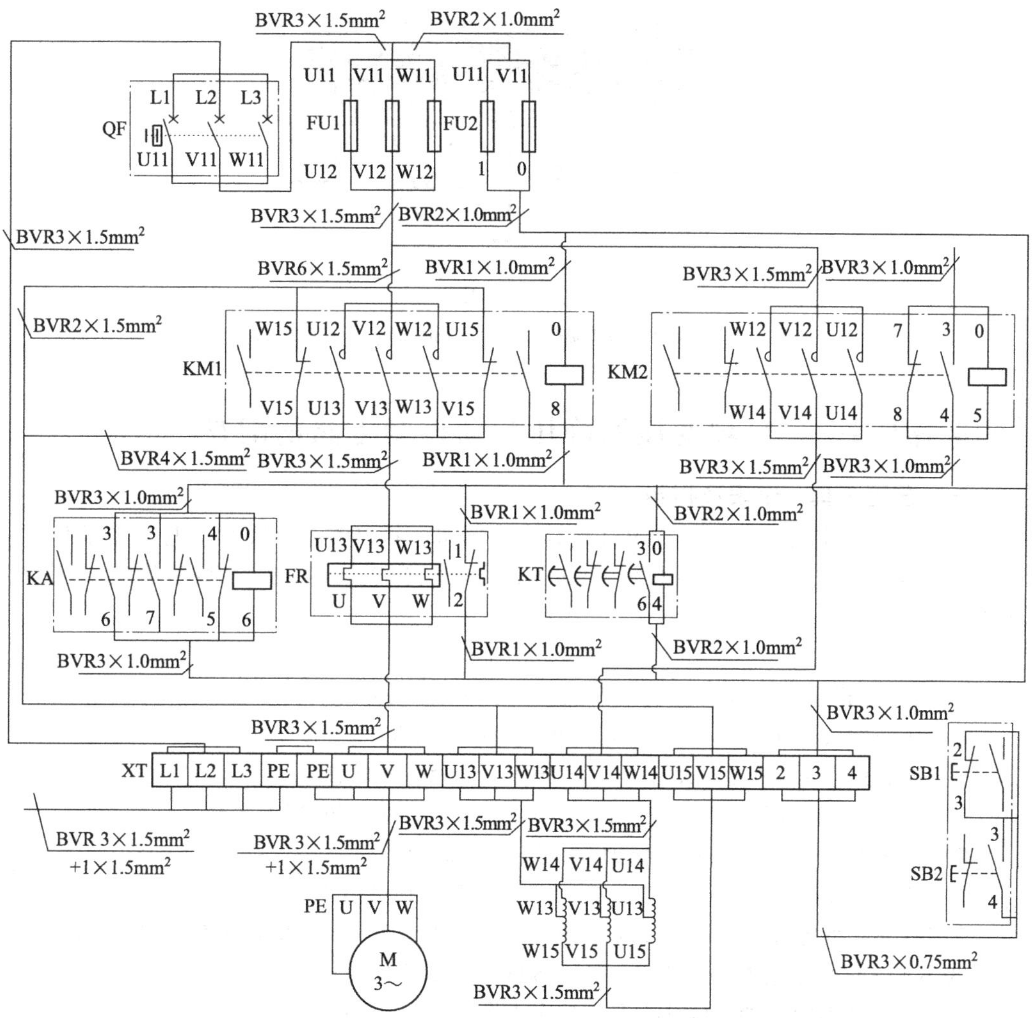

(c) 接线图

图 2-20

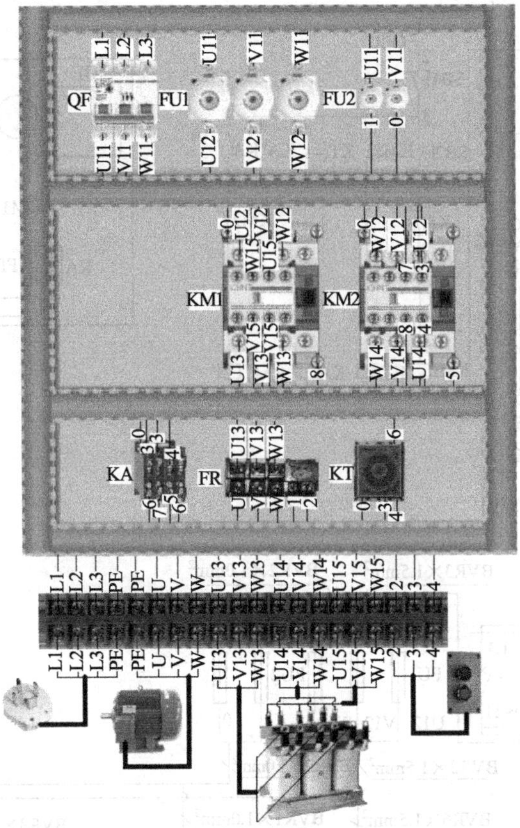

(d) 模拟配盘

图 2-20　自耦变压器降压启动控制电路的三张图及模拟配盘

【实际操作】——自耦变压器降压启动控制电路的配盘

一、选用工具、仪表及材料

（1）工具：钢锯、验电笔、螺钉旋具、尖嘴钳、斜口钳、剥线钳、电工刀等工具。

（2）仪表：ZC35—3 型兆欧表（500V、0～500MΩ）、MG3—1 型钳流表、MF47 型万用表。

（3）器材

① M→三相笼型异步电动机（WDJ26，40W、380V、0.2A、△、1430r/min）1 台；

② QF→空气开关（DZ47—60，三极、380V、1A）1 个；

③ FU1→螺旋熔断器（RL1—15，380V、15A、配熔体 2A）3 套；

④ FU2→螺旋熔断器（RL1—15，380V、15A、配熔体 2A）2 套；

⑤ SB→按钮（LA4—3H，保护式、按钮数 2）1 个；

⑥ KM→交流接触器（CJX2—09，9A、线圈电压 380V）2 个；

⑦ FR→热继电器（JR36—20，三极、20A、热元件 11A 整定电流 0.72A）1 个；

⑧ KT→时间继电器（JSZ3A—B，380V，0.47A）1 个；

⑨ TC→自耦变压器（QZB—J—100）1 个；

⑩ KA→中间继电器（JZ7—44，5A、线圈电压 380V）1 个；

⑪ 三相四线插头 1 个；

⑫ XT→端子板（YDG-603）若干节并配导轨；
⑬ 线号套管（配 BVR1.5mm^2、BVR1.0mm^2 及 BVR0.75mm^2 导线用）若干；
⑭ 油性记号笔 1 支；
⑮ 网孔板（700mm×590mm）1 块；
⑯ 胀销及配套自攻钉，规格与网孔板配套，数量若干；
⑰ 导线（BVR1.5mm^2、BVR1.0mm^2 和 BVR0.75mm^2）若干；
⑱ 接地线（BVR1.5mm^2 黄绿）若干；
⑲ 线槽（VDR2030F，20mm×30mm）若干。

二、工具、仪表及器材的质检要求

① 根据电动机规格检验工具、仪表、器材等是否满足要求。
② 电气元件外观应完整无损，附件备件齐全。
③ 用万用表、兆欧表检测元件及电动机的技术数据是否符合要求。

三、安装步骤及工艺要求

第一步，根据控制要求绘制原理图、位置图和接线图，要求绘制的图纸在满足控制要求的前提下，必须符合现行国家标准。

第二步，在控制板上按位置图固定元件及线槽，要求电器元件安装应牢固，并符合工艺要求。

第三步，接线，工艺要求如下所示。

① 槽内导线不得有接头及破损；
② 一般应先控制电路后主电路及外部电路。

第四步，自检，工艺要求如下所示。

① 通断检测；
② 绝缘检测。

第五步，清理现场，要求符合 4S 管理规定。

第六步，交验，通知教师验检。

第七步，试车，在教师的监护下送电试车。

第八步，检修，教师设故障学生自行排除。

四、评分标准

1. 绘图（10 分）

（1）未实现要求功能扣 10 分，且不能继续考核，应整改后继续。
（2）未按国家标准每处扣 1 分，最高扣分为 10 分。
（3）图面不整洁每张扣 2 分。

2. 元件检查（5 分）

（1）电动机质量漏检扣 5 分。
（2）元件漏检或检错，每处扣 1 分。

3. 安装（5 分）

（1）元件安装位置与位置图不符，每处扣 1 分。
（2）元件松动，每个扣 1 分。
（3）线槽没做 45°拼角，每处扣 1 分。

4. 接线（30 分）

（1）接线顺序错误，每根扣 5 分。

（2）漏套线号套管，每处扣 5 分。

（3）漏标线号或线号标错，每处扣 5 分。

（4）不会接线或与接线图不符，扣 30 分。

（5）导线及线号套管使用错误，每根扣 5 分。

5. 自检（20 分）

（1）通断检测

① 不会检测或检测错误，扣 15 分。

② 漏检，每处扣 5 分。

（2）绝缘检测

① 不会检测或检测错误，扣 15 分。

② 漏检，每处扣 5 分。

6. 交验试车（10 分）

（1）未通知教师私自试车，扣 10 分。

（2）一次校验不合格，扣 5 分。

（3）二次校验不合格，扣 10 分。

7. 检修（20 分）

（1）检不出故障，扣 20 分。

（2）查出故障但排除不了，扣 10 分。

（3）制造出新故障，每处扣 5 分。

8. 安全文明生产

违反安全文明生产规程，扣 5～40 分。

9. 定额时间

定额时间 300min，每超过 10min（不足 10min 按 10min 计）扣 5 分。

备注：除定额时间和安全文明生产外其他扣分不应超过配分。

温馨提示

注意不要损坏元件。

【任务评价】

温馨提示

完成【知识准备】、【实际操作】后，进入总结评价阶段。评价分自评、教师评两种，主要是总结评价本次安装、调试、演示过程中做得好的地方及需要改进的地方等。根据评分的情况和本次任务的结果，填入表 2-30 和表 2-31。

表 2-30 学生自评表格

任务完成进度	做得好的方面	不足、需要改进的方面

表 2-31　教师评价表格

在本次任务中的表现	学生进步的方面	学生不足、需要改进的方面

【总结报告】

温馨提示

总结报告可涉及内容为本次任务，本次实训的心得体会等，总之，要学会随时记录工作过程，总结经验教训，为今后的工作打下良好的基础。

任务小结

本任务主要是熟练绘自耦变压器降压启动控制电路的三张图；熟练完成自耦变压器降压启动控制电路的配盘。

问题探究

（1）自耦变压器降压启动控制电路常见故障——按启动按钮，电动机不能启动

故障原因：主回路无电；控制线路熔丝断；控制按钮触点接触不良；热继电器动作。

处理方法：查熔断器 FU1 是否熔断；更换保险管；修复触点；手动复位。

（2）自耦变压器降压启动控制电路常见故障——松开启动按钮，自锁不起作用

故障原因：接触器 KM2 动合辅助触点坏；控制线路断路。

处理方法：断开电源，使接触器手动闭合，用万能表检查 KM2 触点是否接通；接好自锁线路。

（3）自耦变压器降压启动控制电路常见故障——不能进入全压运行

故障原因：KT 线圈烧坏；延时动合触点不能闭合；KA 动合触点不能自锁；KM1 线圈烧坏；KA 触头接触面不好。

处理方法：更换 KT 线圈；修复触点；调整好 KA 动合触点；更换 KM1 线圈；修整好 KA 触头接触面。

任务16　电磁抱闸制动控制电路的安装与调试

学习目标

① 熟练绘制电磁抱闸制动控制电路——断电制动的三张图；

② 熟练完成电磁抱闸制动控制电路——断电制动的配盘。

工作任务

首先，熟练绘制电磁抱闸制动控制电路——断电制动的三张图；其次，要做到能够正确熟练地完成电磁抱闸制动控制电路——断电制动的配盘。

任务实施

【知识准备】

电磁抱闸制动控制电路——断电制动的三张图及模拟配盘如图 2-21 所示。

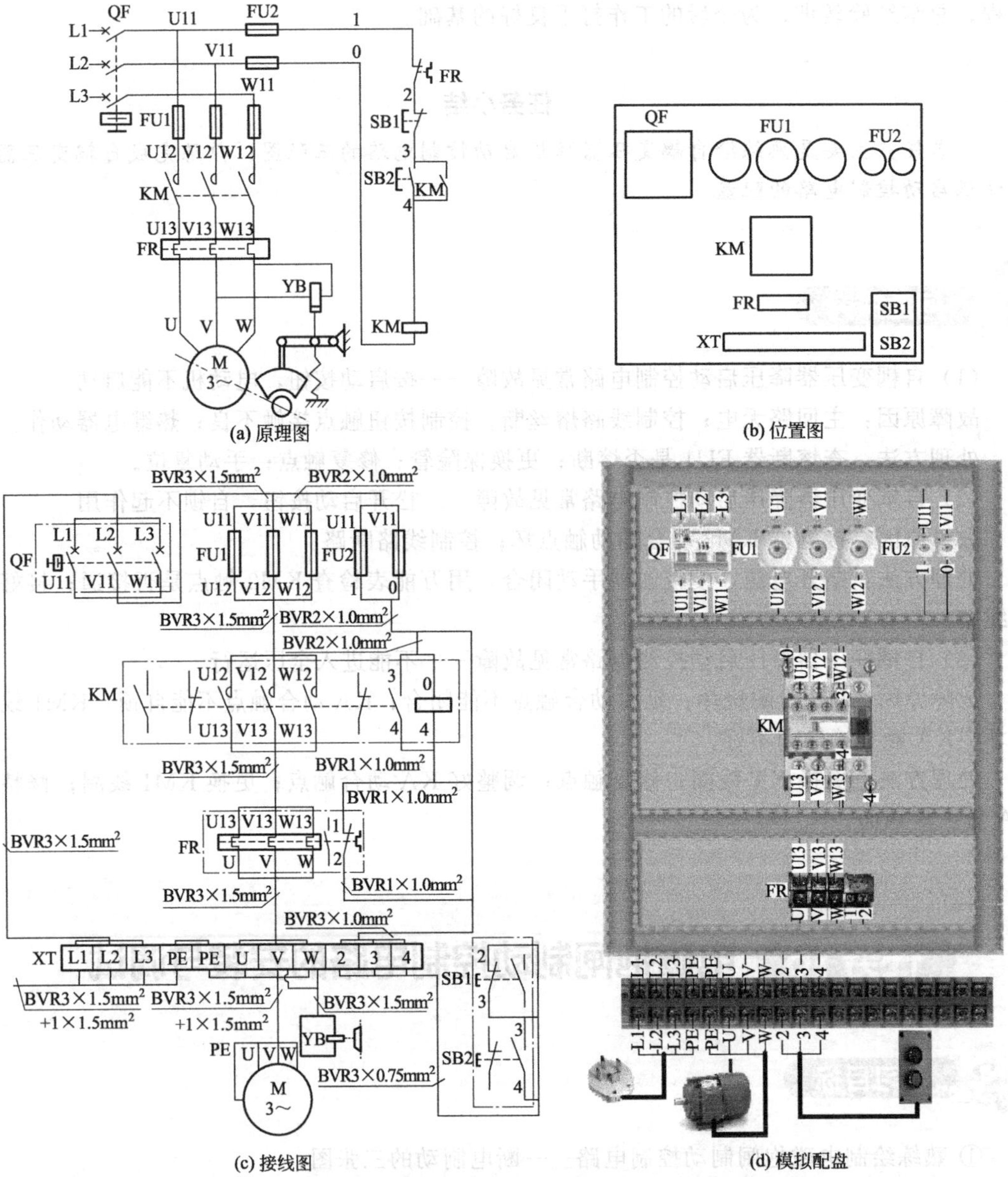

图 2-21　电磁抱闸制动控制电路——断电制动的三张图及模拟配盘

【实际操作】——电磁抱闸制动控制电路——断电制动的配盘

一、选用工具、仪表及材料

(1) 工具：钢锯、验电笔、螺钉旋具、尖嘴钳、斜口钳、剥线钳、电工刀等工具。

(2) 仪表：ZC35—3 型兆欧表（500V、0～500MΩ）、MG3—1 型钳流表、MF47 型万用表。

(3) 器材

① M→电磁制动三相笼型异步电动机（YEJ，40W、380V、0.2A、△、1430r/min）1 台；

② QF→空气开关（DZ47—60，三极、380V、1A）1 个；

③ FU1→螺旋熔断器（RL1—15，380V、15A、配熔体 2A）3 套；

④ FU2→螺旋熔断器（RL1—15，380V、15A、配熔体 2A）2 套；

⑤ SB→按钮（LA4—3H，保护式、按钮数 2）1 个；

⑥ KM→交流接触器（CJX2—09，9A、线圈电压 380V）1 个；

⑦ FR→热继电器（JR36—20，三极、20A、热元件 11A 整定电流 0.72A）1 个；

⑧ 三相四线插头 1 个；

⑨ XT→端子板（YDG—603）若干节并配导轨；

⑩ 线号套管（配 BVR1.5mm^2、BVR1.0mm^2 及 BVR0.75mm^2 导线用）若干；

⑪ 油性记号笔 1 支；

⑫ 网孔板（700mm×590mm）1 块；

⑬ 胀销及配套自攻钉，规格与网孔板配套，数量若干；

⑭ 导线（BVR1.5mm^2、BVR1.0mm^2 及 BVR0.75mm^2）若干；

⑮ 接地线（BVR1.5mm^2 黄绿）若干；

⑯ 线槽（VDR2030F，20mm×30mm）若干。

二、工具、仪表及器材的质检要求

① 根据电动机规格检验工具、仪表、器材等是否满足要求。

② 电气元件外观应完整无损，附件备件齐全。

③ 用万用表、兆欧表检测元件及电动机的技术数据是否符合要求。

三、安装步骤及工艺要求

第一步，根据控制要求绘制原理图、位置图和接线图，要求绘制的图纸在满足控制要求的前提下，必须符合现行国家标准。

第二步，在控制板上按位置图固定元件及线槽，要求电器元件安装应牢固，并符合工艺要求。

第三步，接线，工艺要求如下所示。

① 槽内导线不得有接头及破损；

② 一般应先控制电路后主电路及外部电路。

第四步，自检，工艺要求如下所示。

① 通断检测；

② 绝缘检测。

第五步，清理现场，要求符合 4S 管理规定。

第六步，交验，通知教师验检。

第七步，试车，在教师的监护下送电试车。

第八步，检修，教师设故障学生自行排除。

四、评分标准

1. 绘图（10分）

(1) 未实现要求功能扣10分，且不能继续考核，应整改后继续。

(2) 未按国家标准每处扣1分，最高扣分为10分。

(3) 图面不整洁每张扣2分。

2. 元件检查（5分）

(1) 电动机质量漏检扣5分。

(2) 元件漏检或检错，每处扣1分。

3. 安装（5分）

(1) 元件安装位置与位置图不符，每处扣1分。

(2) 元件松动，每个扣1分。

(3) 线槽没做45°拼角，每处扣1分。

4. 接线（30分）

(1) 接线顺序错误，每根扣5分。

(2) 漏套线号套管，每处扣5分。

(3) 漏标线号或线号标错，每处扣5分。

(4) 不会接线或与接线图不符，扣30分。

(5) 导线及线号套管使用错误，每根扣5分。

5. 自检（20分）

(1) 通断检测

① 不会检测或检测错误，扣15分。

② 漏检，每处扣5分。

(2) 绝缘检测

① 不会检测或检测错误，扣15分。

② 漏检，每处扣5分。

6. 交验试车（10分）

(1) 未通知教师私自试车，扣10分。

(2) 一次校验不合格，扣5分。

(3) 二次校验不合格，扣10分。

7. 检修（20分）

(1) 检不出故障，扣20分。

(2) 查出故障但排除不了，扣10分。

(3) 制造出新故障，每处扣5分。

8. 安全文明生产

违反安全文明生产规程，扣5～40分。

9. 定额时间

定额时间300min，每超过10min（不足10min按10min计）扣5分。

备注：除定额时间和安全文明生产外其他扣分不应超过配分。

温馨提示

注意不要损坏元件。

【任务评价】

温馨提示

完成【知识准备】、【实际操作】后，进入总结评价阶段。评价分自评、教师评两种，主要是总结评价本次安装、调试、演示过程中做得好的地方及需要改进的地方等。根据评分的情况和本次任务的结果，填入表 2-32 和表 2-33。

表 2-32　学生自评表格

任务完成进度	做得好的方面	不足、需要改进的方面

表 2-33　教师评价表格

在本次任务中的表现	学生进步的方面	学生不足、需要改进的方面

【总结报告】

温馨提示

总结报告可涉及内容为本次任务，本次实训的心得体会等，总之，要学会随时记录工作过程，总结经验教训，为今后的工作打下良好的基础。

任务小结

本任务主要是熟练绘电磁抱闸制动控制电路——断电制动的三张图；熟练完成电磁抱闸制动控制电路——断电制动的配盘。

任务17　单向启动反接制动控制电路的安装与调试

学习目标

① 熟练绘制单向启动反接制动控制电路的三张图；

② 熟练完成单向启动反接制动控制电路的配盘。

工作任务

首先，熟练绘制单向启动反接制动控制电路的三张图；其次，要做到能够正确熟练地完成单向启动反接制动控制电路的配盘。

任务实施

【知识准备】

单向启动反接制动控制电路的三张图及模拟配盘如图 2-22 所示。

【实际操作】——单向启动反接制动控制电路的配盘

一、选用工具、仪表及材料

（1）工具：钢锯、验电笔、螺钉旋具、尖嘴钳、斜口钳、剥线钳、电工刀等工具。

（2）仪表：ZC35—3 型兆欧表（500V、0～500MΩ）、MG3—1 型钳流表、MF47 型万用表。

（3）器材

① M→电磁制动三相笼型异步电动机（WDJ26，40W、380V、0.2A、△、1430r/min）1 台；

② QF→空气开关（DZ47—60，三极、380V、1A）1 个；

③ FU1→螺旋熔断器（RL1—15，380V、15A、配熔体 2A）3 套；

④ FU2→螺旋熔断器（RL1—15，380V、15A、配熔体 2A）2 套；

⑤ SB→按钮（LA4—3H，保护式、按钮数 2）1 个；

⑥ KM→交流接触器（CJX2—09，9A、线圈电压 380V）2 个；

⑦ FR→热继电器（JR36—20，三极、20A、热元件 11A 整定电流 0.72A）1 个；

⑧ R→电阻（0.07A、1.2kΩ）3 个；

⑨ KS→速度继电器（YJ1 型）1 个；

⑩ 三相四线插头 1 个；

⑪ XT→端子板（YDG—603）若干节并配导轨；

⑫ 线号套管（配 BVR1.5mm^2、BVR1.0mm^2 及 BVR0.75mm^2 导线用）若干；

⑬ 油性记号笔 1 支；

⑭ 网孔板（700mm×590mm）1 块；

⑮ 胀销及配套自攻钉，规格是与网孔板配套，数量是若干；

⑯ 导线（BVR1.5mm^2、BVR1.0mm^2 及 BVR0.75mm^2）若干；

⑰ 接地线（BVR1.5mm^2 黄绿）若干；

⑱ 线槽（VDR2030F，20mm×30mm）若干。

二、工具、仪表及器材的质检要求

① 根据电动机规格检验工具、仪表、器材等是否满足要求。

② 电气元件外观应完整无损，附件备件齐全。

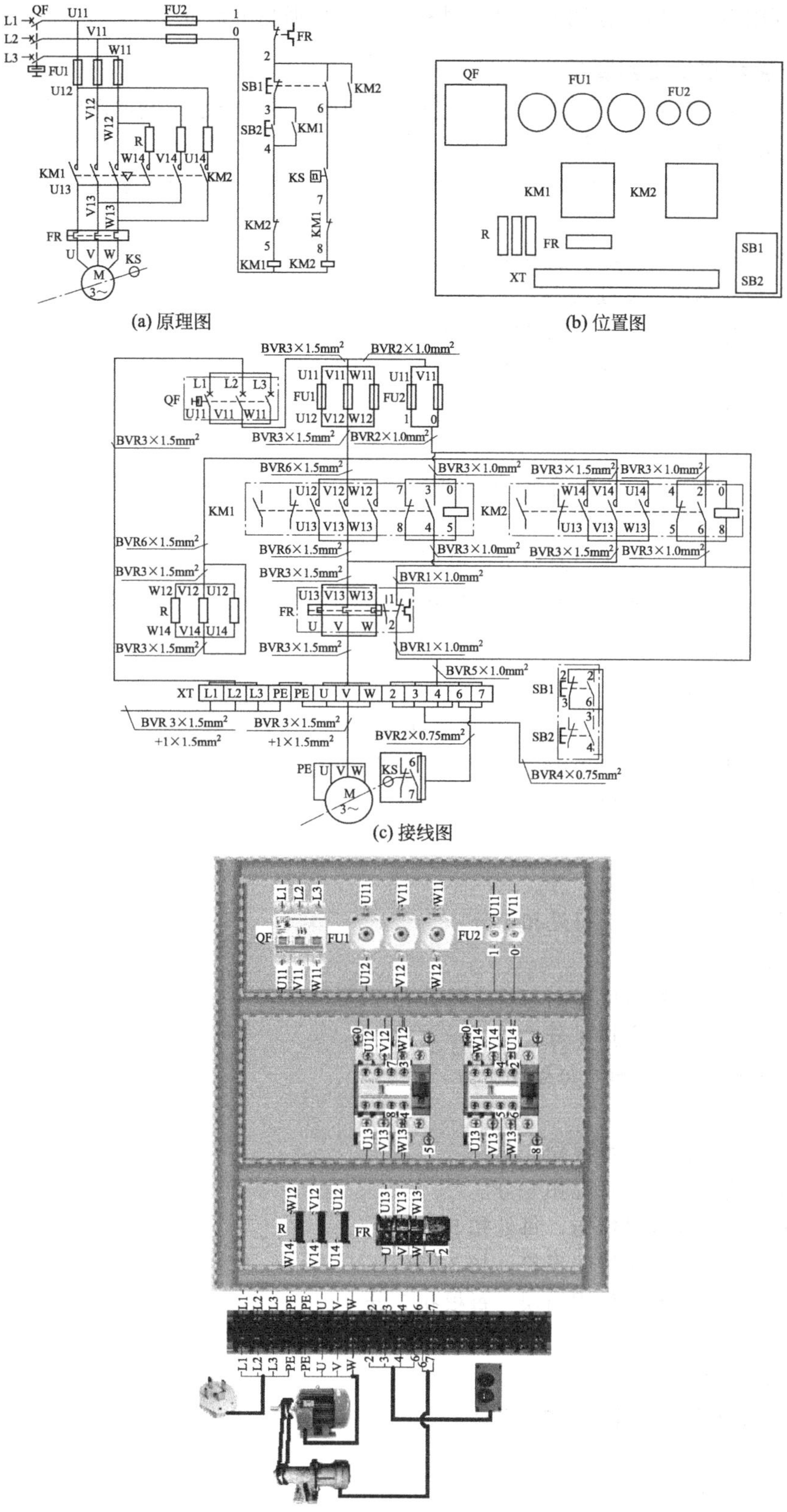

(a) 原理图　(b) 位置图　(c) 接线图　(d) 模拟配盘

图 2-22　单向启动反接制动控制电路的三张图及模拟配盘

③ 用万用表、兆欧表检测元件及电动机的技术数据是否符合要求。

三、安装步骤及工艺要求

第一步，根据控制要求绘制原理图、位置图和接线图，要求绘制的图纸在满足控制要求的前提下，必须符合现行国家标准。

第二步，在控制板上按位置图固定元件及线槽，要求电器元件安装应牢固，并符合工艺要求。

第三步，接线，工艺要求如下所示。

① 槽内导线不得有接头及破损；

② 一般应先控制电路后主电路及外部电路。

第四步，自检，工艺要求如下所示。

① 通断检测；

② 绝缘检测。

第五步，清理现场，要求符合4S管理规定。

第六步，交验，通知教师验检。

第七步，试车，在教师的监护下送电试车。

第八步，检修，教师设故障学生自行排除。

四、评分标准

1. 绘图（10分）

(1) 未实现要求功能扣10分，且不能继续考核，应整改后继续。

(2) 未按国家标准每处扣1分，最高扣分为10分。

(3) 图面不整洁每张扣2分。

2. 元件检查（5分）

(1) 电动机质量漏检扣5分。

(2) 元件漏检或检错，每处扣1分。

3. 安装（5分）

(1) 元件安装位置与位置图不符，每处扣1分。

(2) 元件松动，每个扣1分。

(3) 线槽没做45°拼角，每处扣1分。

4. 接线（30分）

(1) 接线顺序错误，每根扣5分。

(2) 漏套线号套管，每处扣5分。

(3) 漏标线号或线号标错，每处扣5分。

(4) 不会接线或与接线图不符，扣30分。

(5) 导线及线号套管使用错误，每根扣5分。

5. 自检（20分）

(1) 通断检测

① 不会检测或检测错误，扣15分。

② 漏检，每处扣5分。

(2) 绝缘检测

① 不会检测或检测错误，扣15分。

② 漏检，每处扣5分。

6. 交验试车（10 分）

（1）未通知教师私自试车，扣 10 分。

（2）一次校验不合格，扣 5 分。

（3）二次校验不合格，扣 10 分。

7. 检修（20 分）

（1）检不出故障，扣 20 分。

（2）查出故障但排除不了，扣 10 分。

（3）制造出新故障，每处扣 5 分。

8. 安全文明生产

违反安全文明生产规程，扣 5～40 分。

9. 定额时间

定额时间 300min，每超过 10min（不足 10min 按 10min 计）扣 5 分。

备注：除定额时间和安全文明生产外其他扣分不应超过配分。

温馨提示

注意不要损坏元件。

【任务评价】

温馨提示

完成【知识准备】、【实际操作】后，进入总结评价阶段。评价分自评、教师评两种，主要是总结评价本次安装、调试、演示过程中做得好的地方及需要改进的地方等。根据评分的情况和本次任务的结果，填入表 2-34 和表 2-35。

表 2-34　学生自评表格

任务完成进度	做得好的方面	不足、需要改进的方面

表 2-35　教师评价表格

在本次任务中的表现	学生进步的方面	学生不足、需要改进的方面

【总结报告】

温馨提示

总结报告可涉及内容为本次任务，本次实训的心得体会等，总之，要学会随时记录工作

过程，总结经验教训，为今后的工作打下良好的基础。

任务小结

本任务主要是熟练绘单向启动反接制动控制电路的三张图；熟练完成单向启动反接制动控制电路的配盘。

问题探究

（1）单向启动反接制动控制电路常见故障——反接制动时速度继电器失效，电动机不制动。

故障原因：胶木摆杆断裂；触头接触不良；弹性动触片断裂或失去弹性；笼型绕组开路。

（2）单向启动反接制动控制电路常见故障——电动机不能正常制动。

故障原因：速度继电器的弹性动触片调整不当。

（3）单向启动反接制动控制电路常见故障——制动效果不显著。

故障原因：速度继电器的整定转速过高；速度继电器永磁转子磁性减退；限流电阻 R 阻值太大。

（4）单向启动反接制动控制电路常见故障——制动后电动机反转。

故障原因：由于制动太强，速度继电器的整定速度太低电动机反转。

（5）单向启动反接制动控制电路常见故障——制动时电动机振动过大。

故障原因：由于制动太强，限流电阻 R 阻值太小造成制动时电动机振动过大。

任务18 无变压器能耗制动控制电路的安装与调试

学习目标

① 熟练绘制无变压器能耗制动控制电路的三张图；

② 熟练完成无变压器能耗制动控制电路的配盘。

工作任务

本任务主要是熟练绘制无变压器能耗制动控制电路的三张图；熟练完成无变压器能耗制动控制电路的配盘。

任务实施

【知识准备】

无变压器能耗制动控制电路的三张图及模拟配盘如图 2-23 所示。

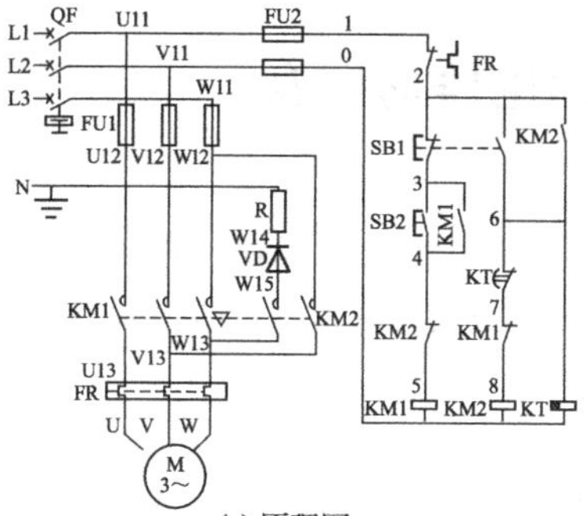

(a) 原理图

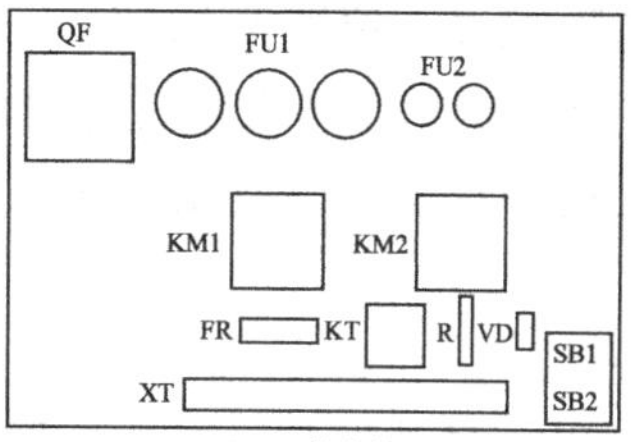

(b) 位置图

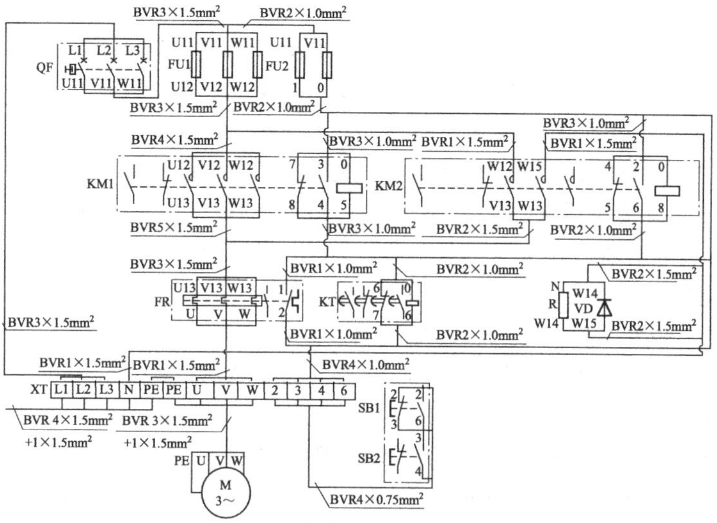

(c) 接线图

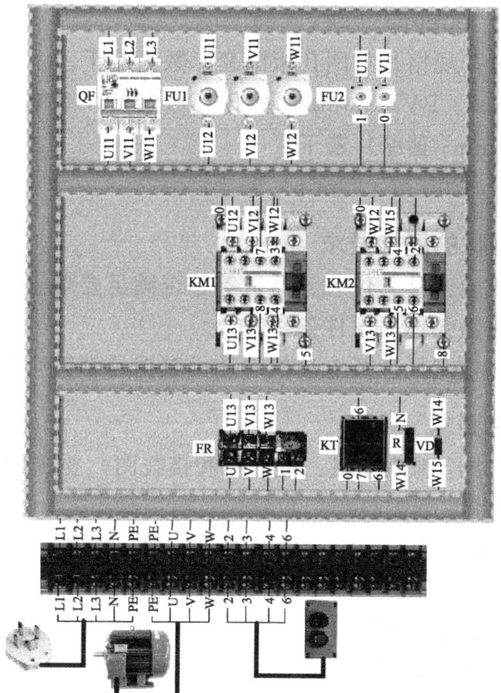

(d) 模拟配盘

图 2-23　无变压器能耗制动控制电路的三张图及模拟配盘

【实际操作】——无变压器能耗制动控制电路的配盘

一、选用工具、仪表及材料

（1）工具：钢锯、验电笔、螺钉旋具、尖嘴钳、斜口钳、剥线钳、电工刀等工具。

（2）仪表：ZC35—3 型兆欧表（500V、0～500MΩ）、MG3—1 型钳流表、MF47 型万用表。

（3）器材

① M→电磁制动三相笼型异步电动机（WDJ26，40W、380V、0.2A、△、1430r/min）1 台；

② QF→空气开关（DZ47—60，三极、380V、1A）1 个；

③ FU1→螺旋熔断器（RL1—15，380V、15A、配熔体 2A）3 套；

④ FU2→螺旋熔断器（RL1—15，380V、15A、配熔体 2A）2 套；

⑤ SB→按钮（LA4—3H，保护式、按钮数 2）1 个；

⑥ KM→交流接触器（CJX2—09，9A、线圈电压 380V）2 个；

⑦ FR→热继电器（JR36—20，三极、20A、热元件 11A 整定电流 0.72A）1 个；

⑧ R→电阻（0.2A、700Ω）1 个；

⑨ VD→二极管（ITT1F2，300V、1A）1 个；

⑩ KT→时间继电器（JSZ3A—B，380V，0.47A）1 个；

⑪ 三相四线插头 1 个；

⑫ XT→端子板（YDG—603）若干节并配导轨；

⑬ 线号套管（配 BVR1.5mm^2、BVR1.0mm^2 及 BVR0.75mm^2 导线用）若干；

⑭ 油性记号笔 1 支；

⑮ 网孔板（700mm×590mm）1 块；

⑯ 胀销及配套自攻钉，规格是与网孔板配套，数量若干；

⑰ 导线（BVR1.5mm^2、BVR1.0mm^2 及 BVR0.75mm^2）若干；

⑱ 接地线（BVR1.5mm^2 黄绿）若干；

⑲ 线槽（VDR2030F，20mm×30mm）若干。

二、工具、仪表及器材的质检要求

① 根据电动机规格检验工具、仪表、器材等是否满足要求。

② 电气元件外观应完整无损，附件备件齐全。

③ 用万用表、兆欧表检测元件及电动机的技术数据是否符合要求。

三、安装步骤及工艺要求

第一步，根据控制要求绘制原理图、位置图和接线图，要求绘制的图纸在满足控制要求的前提下，必须符合现行国家标准。

第二步，在控制板上按位置图固定元件及线槽，要求电器元件安装应牢固，并符合工艺要求。

第三步，接线，工艺要求如下所示。

① 槽内导线不得有接头及破损；

② 一般应先控制电路后主电路及外部电路。

第四步，自检，工艺要求如下所示。

① 通断检测；

② 绝缘检测。

第五步，清理现场，要求符合 4S 管理规定。

第六步，交验，通知教师验检。

第七步，试车，在教师的监护下送电试车。

第八步，检修，教师设故障学生自行排除。

四、评分标准

1. 绘图（10 分）

（1）未实现要求功能扣 10 分，且不能继续考核，应整改后继续。

（2）未按国家标准每处扣 1 分，最高扣分为 10 分。

（3）图面不整洁每张扣 2 分。

2. 元件检查（5 分）

（1）电动机质量漏检扣 5 分。

（2）元件漏检或检错，每处扣 1 分。

3. 安装（5 分）

（1）元件安装位置与位置图不符，每处扣 1 分。

（2）元件松动，每个扣 1 分。

（3）线槽没做 45°拼角，每处扣 1 分。

4. 接线（30 分）

（1）接线顺序错误，每根扣 5 分。

（2）漏套线号套管，每处扣 5 分。

（3）漏标线号或线号标错，每处扣 5 分。

（4）不会接线或与接线图不符，扣 30 分。

（5）导线及线号套管使用错误，每根扣 5 分。

5. 自检（20 分）

（1）通断检测

① 不会检测或检测错误，扣 15 分。

② 漏检，每处扣 5 分。

（2）绝缘检测

① 不会检测或检测错误，扣 15 分。

② 漏检，每处扣 5 分。

6. 交验试车（10 分）

（1）未通知教师私自试车，扣 10 分。

（2）一次校验不合格，扣 5 分。

（3）二次校验不合格，扣 10 分。

7. 检修（20 分）

（1）检不出故障，扣 20 分。

（2）查出故障但排除不了，扣 10 分。

（3）制造出新故障，每处扣 5 分。

8. 安全文明生产

违反安全文明生产规程，扣 5～40 分。

9. 定额时间

定额时间 300min，每超过 10min（不足 10min 按 10min 计）扣 5 分。

备注：除定额时间和安全文明生产外其他扣分不应超过配分。

温馨提示

注意不要损坏元件。

【任务评价】

温馨提示

完成【知识准备】、【实际操作】后，进入总结评价阶段。评价分自评、教师评两种，主要是总结评价本次安装、调试、演示过程中做得好的地方及需要改进的地方等。根据评分的情况和本次任务的结果，填入表 2-36 和表 2-37。

表 2-36　学生自评表格

任务完成进度	做得好的方面	不足、需要改进的方面

表 2-37　教师评价表格

在本次任务中的表现	学生进步的方面	学生不足、需要改进的方面

【总结报告】

温馨提示

总结报告可涉及内容为本次任务，本次实训的心得体会等，总之，要学会随时记录工作过程，总结经验教训，为今后的工作打下良好的基础。

任务小结

本任务主要是熟练绘无变压器能耗制动控制电路的三张图；熟练完成无变压器能耗制动控制电路的配盘。

项目三

单相异步电动机典型控制电路

任务1 认识单相异步电动机

学习目标

① 学习掌握单相异步电动机的结构、原理和分类；

② 了解单相异步电动机的适用场合；

③ 熟练认识、选用单相异步电动。

工作任务

首先，学习掌握单相异步电动机结构、原理和分类；其次，要了解单相异步电动机的适用场合；熟练认识、选用单相异步电动。

任务实施

【知识准备】

单相异步电动机是用单相交流电源供电的一类驱动用电动机，具有使用方便，结构简单、成本低廉，运行可靠，噪声小，对无线电系统干扰小，维修方便等一系列优点。特别是因为它可以直接使用普通民用电源，所以广泛地运用于各行各业和日常生活，作为各类工农业生产工具、日用电器、仪器仪表、商业服务、办公用具和文教卫生设备中的动力源，与人们的工作、学习和生活有着极为密切的关系，是日常现代化设备必不可少的驱动源，如电钻、小型鼓风机、医疗器械、风扇、洗衣机、冰箱、冷冻机、空调机、抽油烟机、电影放映机、家用水泵、农用机械等，工业上也常将单相异步电动机用于通风与锅炉设备以及其他伺服机构上。

但是单相异步电动机与容量相同的三相异步电动机比较，体积较大，运行性能也较差，所以单相异步电动机通常只做成小型的，其容量从几瓦到几千瓦，单相异步电动机占小功率异步电动机的大部分，到目前为止已经四次改型，也就是经过四次统一设计。不同场合对电动机的要求差别甚大，因此就需要采用各种不同类型的电动机产品，以满足使用要求。

一、单相交流异步电动机的结构

1. 定子部分

（1）机座。采用铸铁、铸铝或钢板制成，其结构型式主要取决于电动机的使用场合及冷却方式。单相异步电动机的机座型式一般有开启式、防护式、封闭式等几种。开启式结构的定子铁芯和绕组外露，用周围流动的空气自然冷却，多用于一些与整机装成一体的使用场合，如洗衣机等；防护式结构是在电动机的通风路径上开有一些必要的通风孔道，而电动机的铁芯和绕组则被机座遮盖着；封闭式结构是整个电动机采用密闭方式，电动机的内部和外部隔绝，防止外界的浸蚀与污染，电动机主要通过机座散热，当散热能力不足时，外部再加风扇冷却。

另外有些专用单相异步电动机，可以不用机座，直接把电动机与整机装成一体，如电钻、电锤等手提电动工具等。

(2) 铁芯部分。定子（转子）铁芯多用铁损小、导磁性能好，厚度一般为0.35～0.5mm的硅钢片冲槽叠压而成，且冲片上都均匀冲槽。由于单相异步电动机定、转子之间的气隙比较小，一般在0.2～0.4mm。为减小开槽所引起的电磁噪声和齿谐波附加转矩等的影响，定子槽口多采用半闭口形状。转子槽为闭口或半闭口，并且常采用转子斜槽来降低定子齿谐波的影响。集中式绕组罩极单相电动机的定子铁芯则采用凸极形状，也用硅钢片冲制叠压而成。

(3) 绕组。单相异步电动机的定子绕组，一般都采用两相绕组的形式，即主绕组（也称工作绕组）和辅助绕组（也称启动绕组）。主、辅绕组的轴线在空间相差90°电角度，两相绕组的槽数、槽形、匝数可以是相同的，也可以是不同的。一般主绕组占定子总槽数的2/3，辅助绕组占定子总槽数的1/3，具体应视各种电动机的要求而定。

单相异步电动机中常用的定子绕组型式有单层同心式绕组、单层链式绕组、双层叠绕组和正弦绕组。罩极式电动机的定子多为集中式绕组，罩极极面的一部分上嵌放有短路铜环式的罩极线圈。

2. 转子部分

(1) 转轴。转轴用含碳轴承钢车制而成，两端安置用于转动的轴承。单相异步电动机常用的轴承有滚动和滑动两种，由于其结构简单，噪声小，一般小容量的电动机都采用含油滑动轴承。

(2) 铁芯。转子铁芯是先用与定子铁芯相同的硅钢片冲制，将冲有齿槽的转子铁芯叠装后压入转轴。

(3) 绕组。单相异步电动机的转子绕组一般有两种型式，即笼型和电枢型。笼型转子绕组是用铝或者铝合金一次铸造而成，广泛应用于各种单相异步电动机。电枢型转子绕组则采用与直流电动机相同的分布式绕组型式，按叠绕或波绕的接法将线圈的首、尾端经换相器连接成一个整体的电枢绕组，电枢式转子绕组主要用于单相异步串励电动机。

3. 启动装置

除电容运转式电动机和罩极式电动机外，一般单相异步电动机在启动结束后辅助绕组都必须脱离电源，以免烧坏。因此，为保证单相异步电动机的正常启动和安全运行，就需配有相应的启动装置。

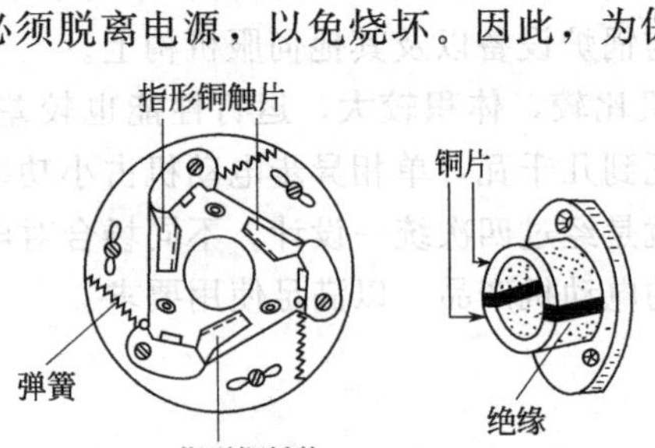

图 3-1 离心开关的结构示意图

启动装置的类型有很多，主要可分为离心开关、启动继电器和PTC启动器三大类。如图3-1所示为离心开关的结构示意图。离心开关包括旋转部分和固定部分，旋转部分装在转轴上，固定部分装在前端盖内。它利用一个随转轴一起转动的部件——离心块，当电动机转子达到额定转速的70%～80%时，离心块的离心力大于弹簧对动触点的压力，使动触点与静触点脱开。从而切断辅助绕组的电源，让电动机的主绕组单独留在电源上正常运行。

离心块的结构较为复杂，容易发生故障，甚至烧毁辅助绕组。而且开关又整个安装在电动机内部，出了问题检修也不方便。故现在的单相异步电动机已较少使用离心开关作为启动装置，转而采用多种多样的启动继电器。启动继电器一般装在电动机的机壳上面，维修、检查都很方便。常用的继电器有电压型、电流型和差动型3种。

(1) 电压型启动继电器。电压型启动继电器原理接线图如图3-2所示，继电器的电压线圈跨接在电动机的辅助绕组上，常闭触点串联接在辅助绕组的电路中。接通电源后，主、辅助绕组中都有电流流过，电动机开始启动。由于跨接在辅助绕组上的电压线圈的阻抗比辅助绕组大。故电动机在低速时，流过电压线圈中的电流很小。随着转速升高，辅助绕组中的反电动势逐渐增大，使得电压线圈中的电流也逐渐增大，当达到一定数值时，电压线圈产生的电磁力克服弹簧的拉力使常闭触点断开，切除了辅助绕组与电源的连接。由于启动用辅助绕组内的感应电动势，使电压线圈中仍有电流流过，故保持触点在断开位置，从而保证电动机在正常运行时辅助绕组不会接入电源。

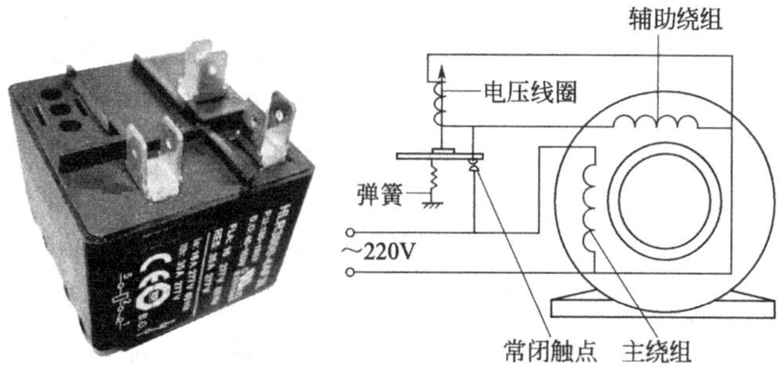

图3-2　电压型启动继电器原理接线图

(2) 电流型启动继电器。电流型启动继电器原理接线图如图3-3所示，继电器的电流线圈与电动机的主绕组串联，常开触点与电动机的辅助绕组串联。电动机未接通电源时，常开触点在弹簧压力的作用下处于断开状态。当电动机启动时，比额定电流大几倍的启动电流流经继电器线圈，使继电器的铁芯产生极大的电磁力，足以克服弹簧压力使常开触点闭合，使辅助绕组的电源接通，电动机启动后，随着转速上升，电流减小。当转速达到额定值的70%～80%时，主绕组内的电流减小。这时继电器电流线圈产生的电磁力小于弹簧压力，常开触点又被断开，辅助绕组的电源被切断，启动完毕。

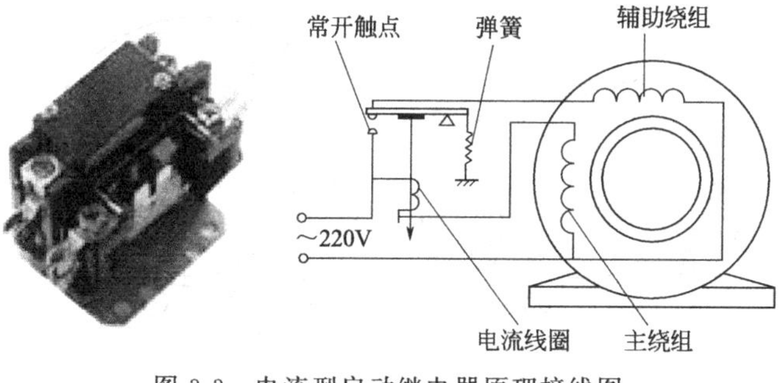

图3-3　电流型启动继电器原理接线图

(3) 差动型启动继电器。差动型启动继电器原理接线图如图3-4所示，差动型启动继电器有电流和电压两个线圈，因而工作更为可靠。电流线圈与电动机的主绕组串联，电压线圈经过常闭触点与电动机的辅助绕组并联。当电动机接通电源时，主绕组和电流线圈中的启动电流很大，使电流线圈产生的电磁力足以保证触点能可靠闭合。启动以后电流逐步减小，电流线圈产生的电磁力也随之减小。于是电压线圈的电磁力使触点断开，切除了辅助绕组的电源。

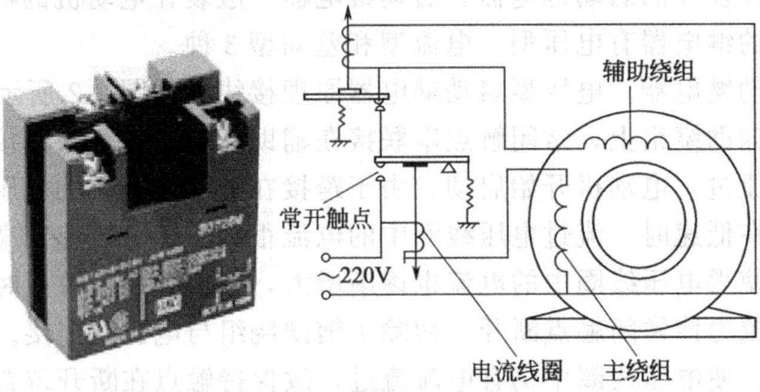

图 3-4　差动型启动继电器原理接线图

启动继电器虽然具有维修、检查都很方便的特点，但是由于它包含触点元件，所以故障率相对来说是比较高的，使用寿命也有限，所以近年来有被 PTC 启动器（图 3-5）所取代的趋势。

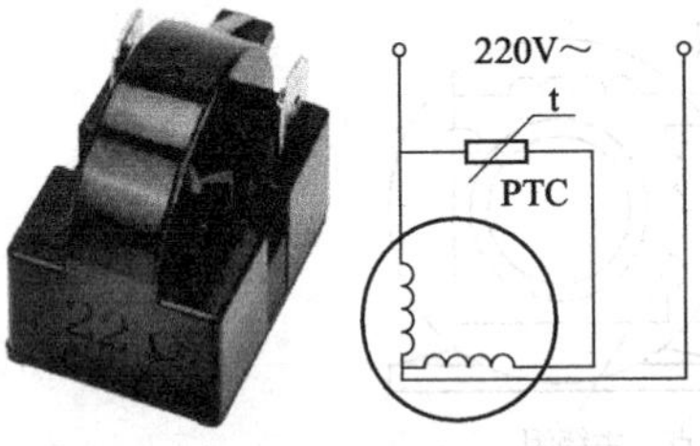

图 3-5　PTC 启动器原理接线图

PTC 启动器的主要元件是 PTC 元件，PTC 元件是掺入微量稀土元素，用陶瓷工艺加工的钛酸钡型半导体。在常温下呈低阻抗，串接在电路中呈通路状态，当通过电流使元件本身发热后，阻抗急剧上升，呈高阻态。

PTC 启动器，具有性能可靠、使用寿命长、无触点、无电火花及电磁波干扰；结构简单、安装方便，没有移动式零件，不会受潮生锈等优点；PTC 启动器的缺点是启动时间不宜过长（一般约 2s 左右），每启动一次后需间隔 4～5min，待元件降温后才能再次启动。

二、单相交流异步电动机的原理及机械特性

当单相正弦交流电通入定子单相绕组时，就会在绕组轴线方向上产生一个大小和方向交变的磁场，如图 3-6 所示。这种磁场的空间位置不变，其幅值在时间上随交变电流按正弦规律变化，具有脉动特性，因此称为脉动磁场，如图 3-7(a) 所示。可见，单相异步电动机中的磁场是一个脉动磁场，不同于三相异步电动机中的旋转磁场。

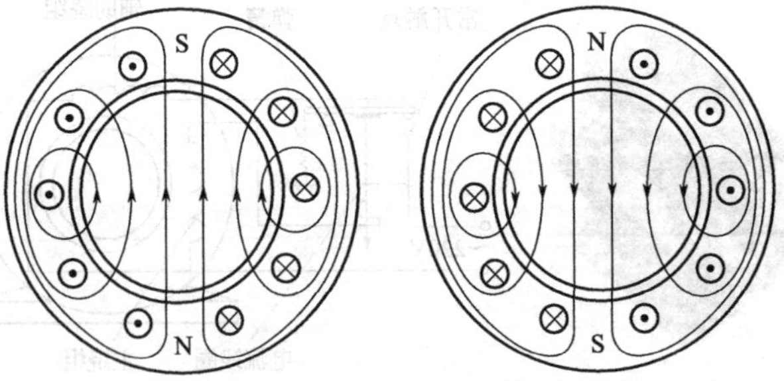

图 3-6　单相交变磁场

为了便于分析，这个脉动磁场可以分解成两个方向相反的旋转磁场，如图 3-7(b) 所示。它们分别在转子中感应出大小相等，方向相反的电动势和电流。两个旋转磁场作用于笼型转子的导体中将产生两个方向相反的电磁转矩 $T+$ 和 $T-$，合成后得到单相异步电动机

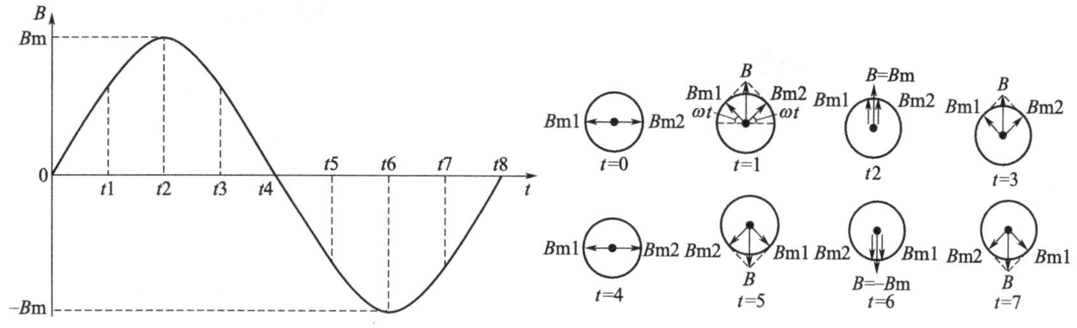

(a) 脉动磁场　　(b) 脉动磁场的分解

图 3-7　脉动磁场分解成两个方向相反的旋转磁场

的机械特性，如图 3-8 所示。图中，$T+$为正向转矩，由旋转磁场 Bm1 产生；$T-$为反向转矩，由反向旋转磁场 Bm2 产生，而 T 为单相异步电动机的合成转矩。

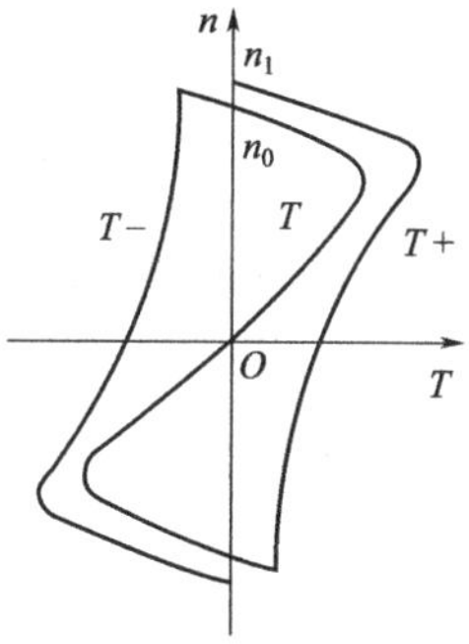

图 3-8　单相异步电动机的机械特性

从图 3-8 可知，单相异步电动机一相绕组通电的机械特性有如下特点。

① 当 $n=0$ 时，$T+=T-$，合成转矩 $T=0$。即单相异步电动机的启动转矩为零，不能自行启动。

② 当 $n>0$ 时，$T>0$；$n<0$ 时，$T<0$。即转向取决于初速度的方向。当外力给转子一个正向的初速度后，就会继续正向旋转；而外力给转子一个反向的初速度时，电机就会反转。

③ 由于转子中存在着方向相反的两个电磁转矩，因此理想空载转速 n_0 小于旋转磁场的转速 n_1；与同容量的三相异步电动机相比，单相异步电动机额定转速略低，过载能力、效率和功率因数也较低。

三、单相异步电动机分类及正反转时绕组的连接方法

通常根据电动机的启动和运行方式的特点，将单相异步电动机分为以下 5 种。

（一）单相电阻启动异步电动机（图 3-9）

代号 JZ BO BO2，它的定子嵌有主相绕组（也称工作绕组）和副相绕组（也称启动绕组），这两个绕组的轴线在空间成 90°电角度。副相绕组一般是串入一个外加电阻经过离心开头（或继电器或 PTC），与主相绕组并连，并一起接入电源。当电动机启动到转速达到同步转速的 75%～80%时，离心器打开，离心开关触点断电，但也有不加外电阻的，此时副相绕组导线较细，匝数较多，阻值较大（一般为几十欧），主绕组导线较粗，匝数较少，阻值较小（一般为几欧）。

1. 离心开关控制启动绕组的单相电阻启动异步电动机的正转和反转时绕组的连接方法

① 正转：U1 和 V1 接在一起接火线，U2 和 Z2 接在一起接零线。

② 反转：U1 和 Z2 接在一起接火线，U2 和 V1 接在一起接零线，即把主绕组首尾互换；或 U1 和 V2 接在一起接火线，U2 和 Z2 接在一起接零线，（此时 V1 和 Z1 接在一起），即把副绕组首尾互换。

2. 继电器控制启动绕组的单相电阻启动异步电动机的正转和反转时绕组的连接方法

（1）电压型继电器控制启动绕组

① 正转：U1 和 Z2 接在一起接火线，U2、V2 和 K1 接在一起接零线（此时 Z1、K2 和

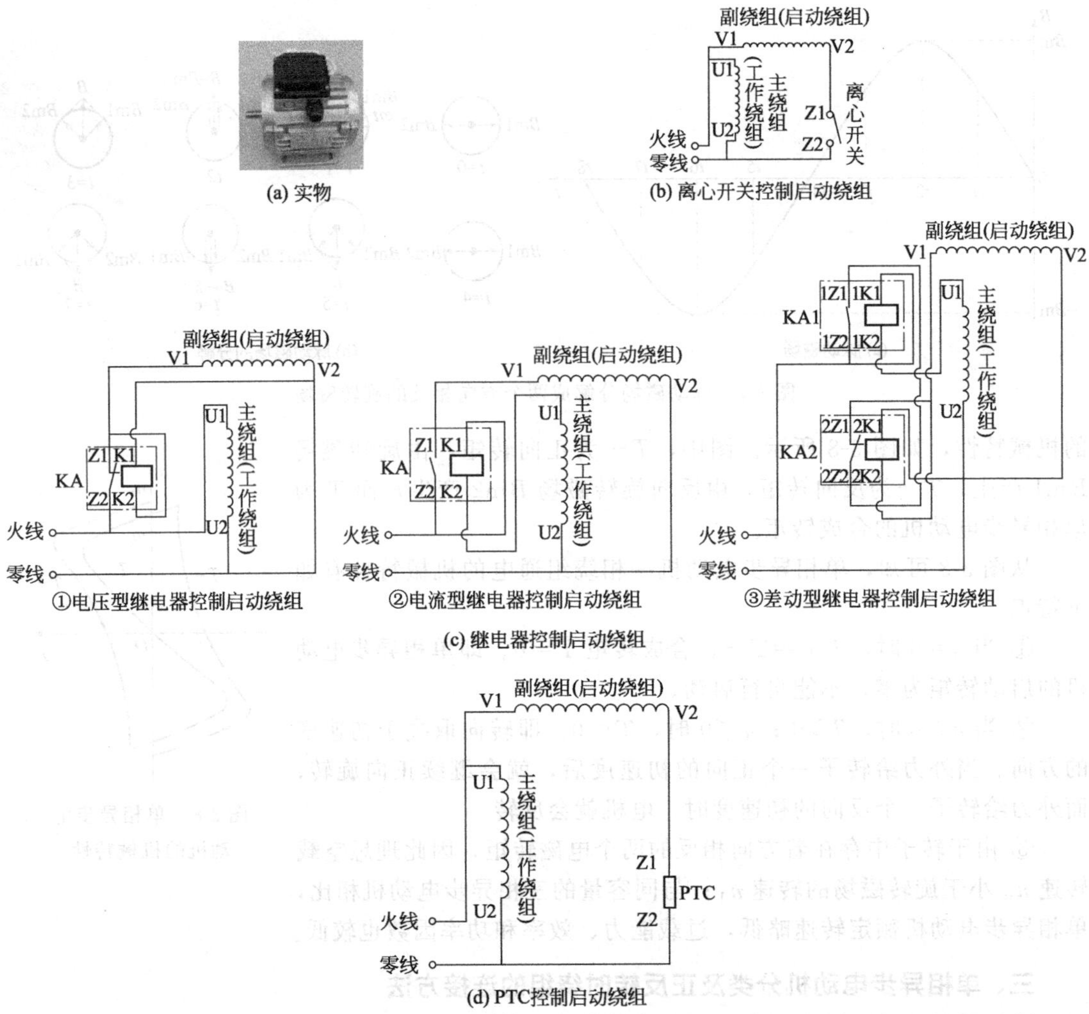

图 3-9　单相电阻启动异步电动机

V1 接在一起）。

② 反转：U2 和 Z2 接在一起接火线，U1、V2 和 K1 接在一起接零线（此时 Z1、K2 和 V1 接在一起），即把主绕组首尾互换；或 U1 和 Z2 接在一起接火线，U2、V1 和 K1 接在一起接零线（此时 Z1、K2 和 V2 接在一起）即把副绕组首尾互换。

（2）电流型继电器控制启动绕组

① 正转：K1 和 Z2 接一起接火线（此时 K2 和 U1 接一起），U2 和 V2 接一起接零线（此时 V1 和 Z1 接一起）。

② 反转：K1 和 Z2 接一起接火线（此时 K2 和 U2 接一起），U1 和 V2 接一起接零线（此时 V1 和 Z1 接一起），即把主绕组首位互换；或 K1 和 Z2 接一起接火线（此时 K2 和 U1 接一起），U2 和 V1 接一起接零线（此时 V2 和 Z1 接一起），即把副绕组首位互换。

（3）差动型继电器控制启动绕组

① 正转：1K1 和 1Z2 接一起接火线（此时 1K2 和 U1 接一起），U2、V2 和 2K1 接一起接零线（此时 2K2、2Z1 和 V1 接一起，2Z2、1Z1 接一起）。

② 反转：1K1 和 1Z2 接一起接火线（此时 1K2 和 U2 接一起），U1、V2 和 2K1 接一起

接零线（此时 2K2、2Z1 和 V1 接一起，2Z2、1Z1 接一起）即把主绕组首尾互换；或 1K1 和 1Z2 接一起接火线（此时 1K2 和 U1 接一起），U2、V1 和 2K1 接一起接零线（此时 2K2、2Z1 和 V2 接一起，2Z2、1Z1 接一起）即把副绕组首尾互换。

3. PTC 控制启动绕组的单相电阻启动异步电动机的正转和反转时绕组的连接方法

① 正转：U1 和 V1 接在一起接火线，U2 和 Z2 接在一起接零线。

② 反转：U1 和 Z2 接在一起接火线，U2 和 V1 接在一起接零线，即把主绕组首尾互换；或 U1 和 V2 接在一起接火线，U2 和 Z2 接在一起接零线，（此时 V1 和 Z1 接在一起）即把副绕组首尾互换。

（二）单相电容启动异步电动机（图 3-10）

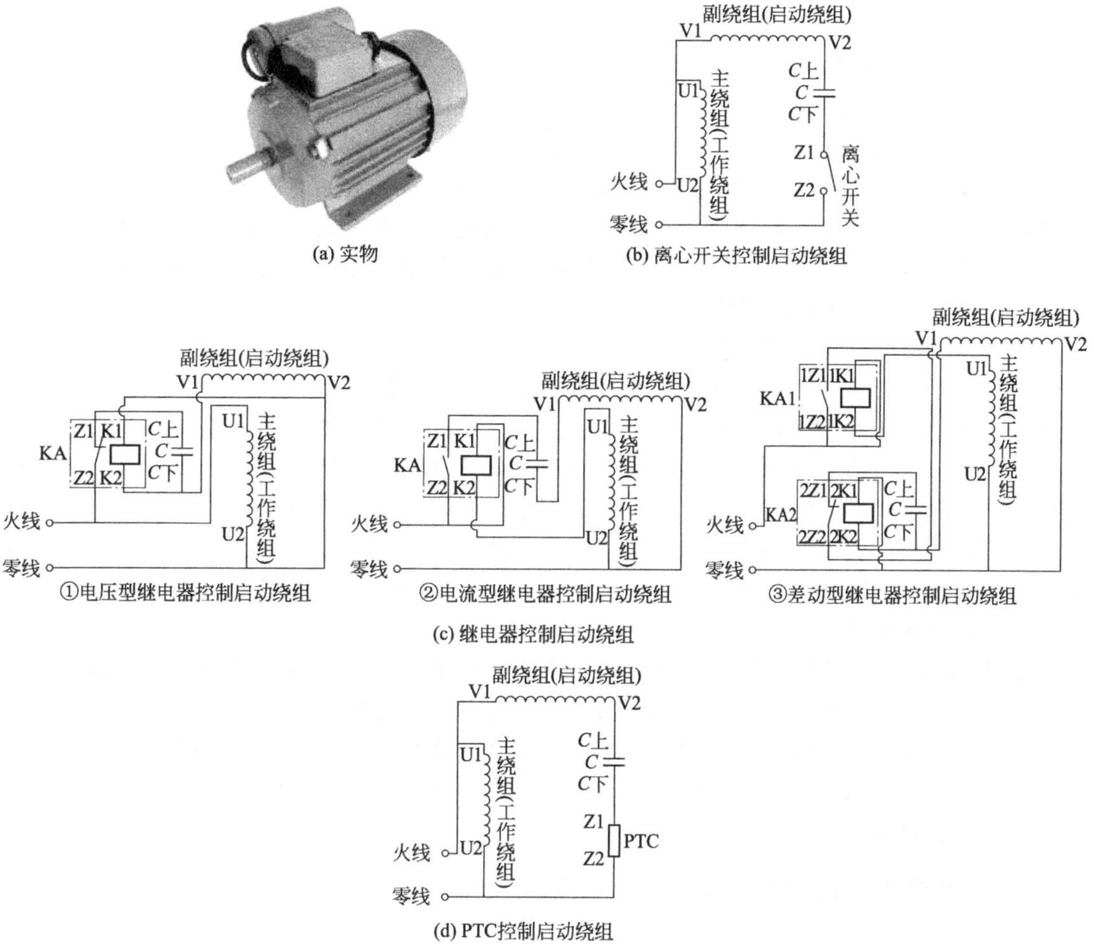

(a) 实物　(b) 离心开关控制启动绕组

①电压型继电器控制启动绕组　②电流型继电器控制启动绕组　③差动型继电器控制启动绕组

(c) 继电器控制启动绕组

(d) PTC控制启动绕组

图 3-10　单相电容启动异步电动机

代号 JY CO CO2 新代号：YC，它与单相电阻启动电动机基本上是相同的，在定子上也有主相绕组（也称工作绕组）和副相绕组（也称启动绕组），这两个绕组的轴线在空间成 90°电角度。副绕组与外接电容器接入离心开关（或继电器或 PTC），与主绕组并联，并一起接入电源，同样在达到同步转速的 75%～80%时，副相绕组（也称运行绕组）被切去，成为一台单相电动机。这种电动机的功率为 120～750W。

1. 离心开关控制启动绕组的单相电容启动异步电动机的正转和反转时绕组的连接方法

① 正转：U1 和 V1 接在一起接火线，U2 和 Z2 接在一起接零线。

② 反转：U1 和 Z2 接在一起接火线，U2 和 V1 接在一起接零线，即把主绕组首尾互换；或 U1 和 V2 接在一起接火线，U2 和 Z2 接在一起接零线，（此时 V1 和 C 上接在一起），即把副绕组首尾互换。

2. 继电器控制启动绕组的单相电容启动异步电动机的正转和反转时绕组的连接方法

（1）电压型继电器控制启动绕组

① 正转：Z2 和 U1 接在一起接火线，U2、V2 和 K1 接在一起接零线（此时 Z1 和 C 上接一起，C 下、V1 和 K2 接一起）。

② 反转：Z2 和 U2 接在一起接火线，U1、V2 和 K1 接在一起接零线（此时 Z1 和 C 上接一起，C 下、V1 和 K2 接一起），即把主绕组首尾互换；或 Z2 和 U1 接在一起接火线，U2、V1 和 K1 接在一起接零线（此时 Z1 和 C 上接一起，C 下、V2 和 K2 接一起），即把副绕组首尾互换。

（2）电流型继电器控制启动绕组

① 正转：Z2 和 K1 接一起接火线（此时 K2 和 U1 接一起），U2 和 V2 接一起接零线（此时 Z1 和 C 上接一起，C 下和 V1 接在一起）。

② 反转：Z2 和 K1 接一起接火线（此时 K2 和 U2 接一起），U1 和 V2 接一起接零线（此时 Z1 和 C 上接一起，C 下和 V1 接在一起），即把主绕组首位互换；或 Z2 和 K1 接一起接火线（此时 K2 和 U1 接一起），U2 和 V1 接一起接零线（此时 Z1 和 C 上接一起，C 下和 V2 接在一起），即把副绕组首位互换。

（3）差动型继电器控制启动绕组

① 正转：1Z2 和 1K1 接一起接火线（此时 1K2 和 U1 接一起），U2、V2 和 2K1 接一起接零线（此时 1Z1 和 2Z2 接一起，2Z1 和 C 上接一起，C 下、V1 和 2K2 接在一起）。

② 反转：1Z2 和 1K1 接一起接火线（此时 1K2 和 U2 接一起），U1、V2 和 2K1 接一起接零线（此时 1Z1 和 2Z2 接一起，2Z1 和 C 上接一起，C 下、V1 和 2K2 接在一起），即把主绕组首尾互换；或 1Z2 和 1K1 接一起接火线（此时 1K2 和 U1 接一起），U2、V1 和 2K1 接一起接零线（此时 1Z1 和 2Z2 接一起，2Z1 和 C 上接一起，C 下、V2 和 2K2 接在一起），即把副绕组首尾互换。

3. PTC 控制启动绕组的单相电容启动异步电动机的正转和反转时绕组的连接方法

① 正转：U1 和 V1 接在一起接火线，U2 和 Z2 接在一起接零线。

② 反转：U1 和 Z2 接在一起接火线，U2 和 V1 接在一起接零线，即把主绕组首尾互换；或 U1 和 V2 接在一起接火线，U2 和 Z2 接在一起接零线，（此时 V1 和 C 上接在一起），即把副绕组首尾互换。

（三）单相电容运转异步电动机（图 3-11）

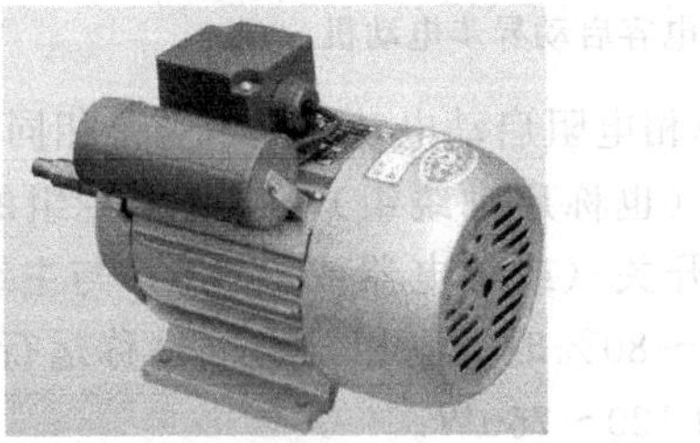

(a) 实物

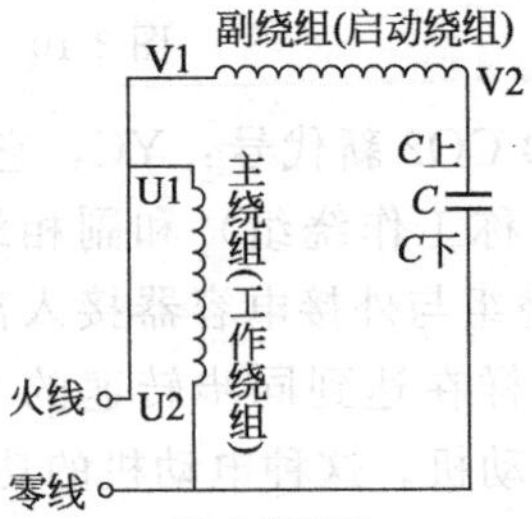

(b) 电容接法

图 3-11 单相电容运转异步电动机

代号 JX DO DO2 新代号：YY，这种电动机的定子绕组也是两套绕组，而且结构基本相同，单相电容运转电动机的运行技术指标较之前其他形式运转的电动机要好些。虽然有较好的运转性能，但是启动性能比较差，即启动转矩较低，而且电动机的容量越大，启动转矩与额定转矩的比值越小。因此，电容运转电动机的容量做的都不大，一般都小于 180W。

单相电容运转异步电动机的正转和反转时绕组的连接方法

① 正转：U1 和 V1 接在一起接火线，U2 和 C 下接在一起接零线。

② 反转：U1 和 C 下接在一起接火线，U2 和 V1 接在一起接零线，即把主绕组首尾互换；或 U1 和 V2 接在一起接火线，U2 和 C 下接在一起接零线（此时 V1 和 C 上接在一起），即把副绕组首尾互换。

注：该类单相异步电动机中还有一种称为等值单相异步电动机（即主副绕组完全一样的单相异步电动机），如图 3-12 所示，转换开关在下位是正转，在上位是反转，中位停止。

(a) 外形

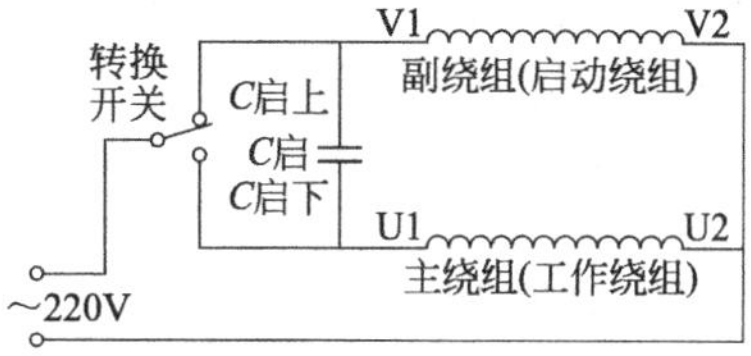

(b) 绕组联结

图 3-12　等值单相异步电动机

（四）单相电容启动和运转异步电动机（图 3-13）

单相电容启动和运转异步电动机也称双值单相异步电动机，代号 YL，这种电动机在副绕组（也称启动绕组）中接入两个电容，其中一个电容通过离心开关（或继电器或 PTC），在启动完了之后就切断电源；另一个则始终参与副绕组的工作。这两个电容器中，启动电容的容量大，而运转电容的容量小。这种单相电容启动和运转的电动机，综合单相电容启动和电容运转电动机的优点，所以这种电动机具有比较好的启动性能和运转性能，在相同的机座号，功率可以提高 1～2 个容量等级，功率可以达到 1.5～2.2kW。

1. 离心开关控制启动电容的单相电容启动和运转异步电动机的正转和反转时绕组的连接方法

① 正转：U1 和 V1 接在一起接火线，U2、Z2 和 C 运下接在一起接零线。

② 反转：U1、Z2 和 C 运下接在一起接火线，U2 和 V1 接在一起接零线，即把主绕组首尾互换；或 U1 和 V2 接在一起接火线（此时 V1、C 启上和 C 运上接在一起），U2、Z2 和 C 运下接在一起接零线，即把副绕组首尾互换。

2. 继电器控制启动电容的单相电容启动和运转异步电动机的正转和反转时绕组的连接方法

（1）电压型继电器控制启动绕组

① 正转：Z2、C 运下和 U1 接在一起接火线，U2、V2 和 K1 接在一起接零线（此时 Z1 和 C 启上接在一起，C 启下、C 运上、K2 和 V1 接在一起）。

② 反转：Z2、C 运下和 U2 接在一起接火线，U1、V2 和 K1 接在一起接零线（此时 Z1 和 C 启上接在一起，C 启下、C 运上、K2 和 V1 接在一起）即把主绕组首尾互换；或 Z2、C 运下和 U1 接在一起接火线，U2、V1 和 K1 接在一起接零线（此时 Z1 和 C 启上接在一起，C 启下、C 运上、K2 和 V2 接在一起）即把副绕组首尾互换。

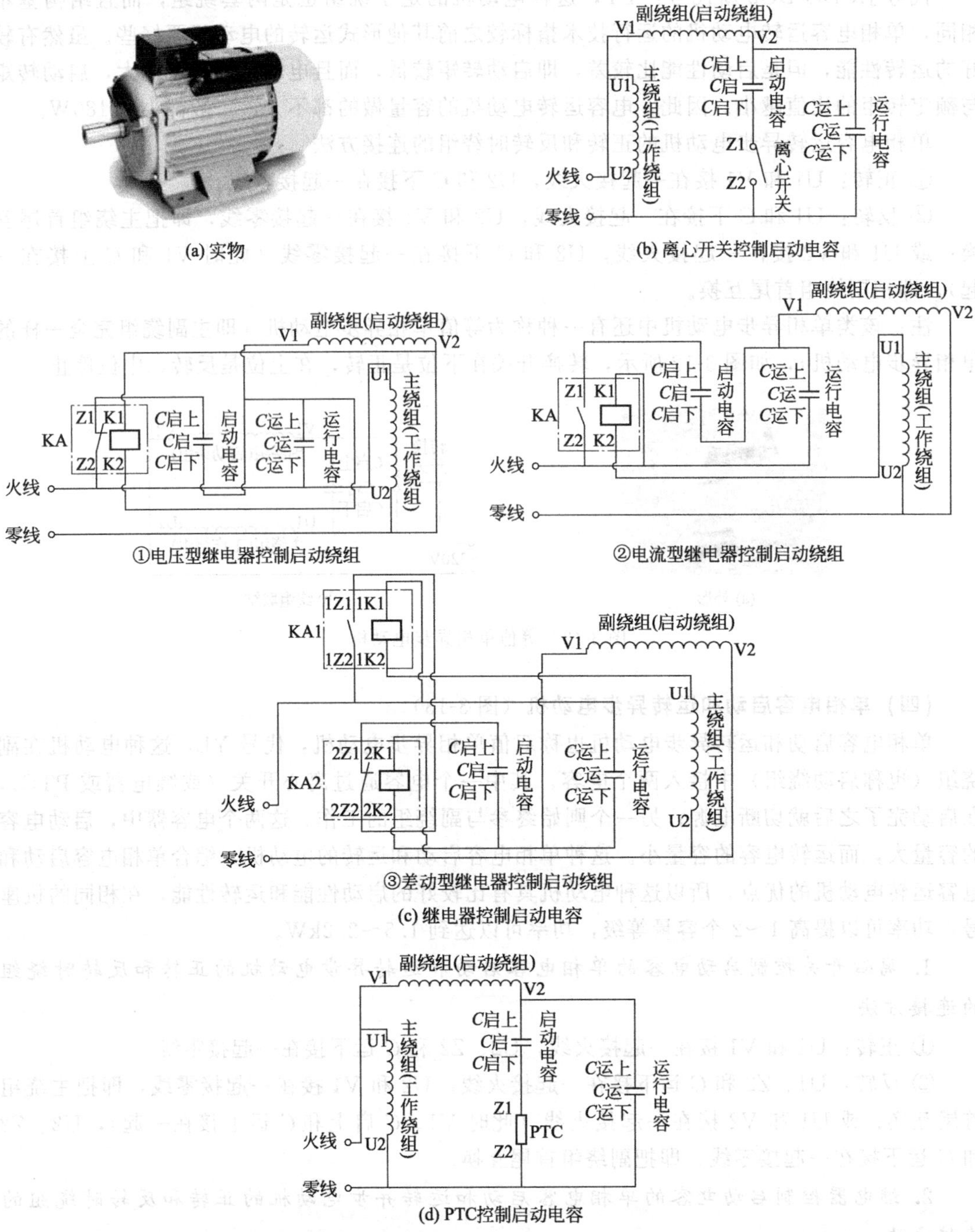

图 3-13　单相电容启动和运转异步电动机

(2) 电流型继电器控制启动绕组

① 正转：Z2、K1 和 *C* 运下接一起接火线（此时 K2 和 U1 接一起），U2 和 V2 接一起接零线（此时 Z1 和 *C* 启上接一起，*C* 启下、*C* 运上和 V1 接在一起）。

② 反转：Z2、K1 和 *C* 运下接一起接火线（此时 K2 和 U2 接一起），U1 和 V2 接一起接零线（此时 Z1 和 *C* 启上接一起，*C* 启下、*C* 运上和 V1 接在一起），即把主绕组首位互换；或 Z2、K1 和 *C* 运下接一起接火线（此时 K2 和 U1 接一起），U2 和 V1 接一起接零线

（此时 Z1 和 C 启上接一起，C 启下、C 运上和 V2 接在一起），即把副绕组首位互换。

（3）差动型继电器控制启动绕组

① 正转：1Z2、K1 和 C 运上接一起接火线（此时 1K2 和 U1 接一起），2K1、U2 和 V2 接一起接零线（此时 1Z1 和 2Z2 接一起，2Z1 和 C 启上接在一起，C 启下、2K2、C 运下和 V1 接在一起）。

② 反转：1Z2、K1 和 C 运上接一起接火线（此时 1K2 和 U2 接一起），2K1、U1 和 V2 接一起接零线（此时 1Z1 和 2Z2 接一起，2Z1 和 C 启上接在一起，C 启下、2K2、C 运下和 V1 接在一起）即把主绕组首尾互换；或 1Z2、K1 和 C 运上接一起接火线（此时 1K2 和 U1 接一起），2K1、U2 和 V1 接一起接零线（此时 1Z1 和 2Z2 接一起，2Z1 和 C 启上接在一起，C 启下、2K2、C 运下和 V2 接在一起）即把副绕组首尾互换。

3. PTC 控制启动电容的单相电容启动和运转异步电动机的正转和反转时绕组的连接方法

① 正转：U1 和 V1 接在一起接火线，U2、Z2 和 C 运下接在一起接零线。

② 反转：U2 和 V1 接在一起接火线，U1、Z2 和 C 运下接在一起接零线，即把主绕组首尾互换；或 U1 和 V2 接在一起接火线（此时 V1、C 启上和 C 运上接在一起），U2、Z2 和 C 运下接在一起接零线，即把副绕组首尾互换。

（五）单相罩极式异步电动机（图 3-14）

单相罩极式异步电动机是一种结构简单的异步电动机，一般采用凸极定子，主绕组是一个集中绕组，而副相绕组是一个单匝的短路环，称为罩级线圈。这种电动机的性能较差，但是由于结构牢固，价格便宜，所以这种电动机的生产量还是很大的，但是输出功率一般不超过 20W。

单相罩极式异步电动机原则上讲不能实现正反转，只能单一方向运行，如果非要改变转向可参照如下方法。

图 3-14　单相罩极式异步电动机

图 3-15　卸开单相罩极式异步电动机的四个螺丝

① 使用开口扳手将四条螺栓的螺母取下来（图 3-15）。

② 取下四条螺杆放在旁边，并将罩极电动机的外壳、转子、定子部位分开（图 3-16）。

③ 中间的定子位置与方向不动，使左侧的外壳、转子和右侧的外壳交换位置，同时把电源线由定子右侧移到定子左侧（图 3-17）。

图 3-16　卸开单相罩极式异步电动机

图 3-17　左侧的外壳、转子和右侧的外壳交换位置

④ 安装好转子与两侧的外壳，使其与定子连接基本吻合（图 3-18）。

图 3-18 安装

图 3-19 拧紧螺栓

⑤ 安装四条螺栓并用扳手紧固（图 3-19）。

这样，就可以更换罩极电动机的转动方向。综上所述单相罩极式异步电动机的反转是需要把电动机进行重新拆装的，所以一般情况下不要考虑其反转问题即单相罩极式异步电动机原则上讲不能实现正反转，只能单一方向运行。

【实际操作】——单相异步电动机绕组接线

一、选用工具、仪表及材料

（1）工具：活扳手、螺钉旋具、尖嘴钳、斜口钳、剥线钳、电工刀等工具。

（2）仪表：ZC35—3 型兆欧表（500V、0～500MΩ）、MF47 型万用表。

（3）器材：单相电阻启动异步电动机、单相电容启动异步电动机、单相电容运转异步电动机、单相电容启动和运转异步电动机、单相罩极式异步电动机各 1 台。

二、工具、仪表及器材的质检要求

（1）根据电动机规格检验工具、仪表、器材等是否满足要求。

（2）用万用表、兆欧表检测电动机的技术数据是否符合要求。

三、绕组接线

根据教师指定的转向要求，进行绕组接线，自检后交教师验收。

温馨提示

注意不要损坏元件。

【任务评价】

温馨提示

完成【知识准备】、【实际操作】后，进入总结评价阶段。评价分自评、教师评两种，主要是总结评价本次任务过程中做得好的地方及需要改进的地方等。根据评分的情况和本次任务的结果，填入表 3-1 和表 3-2。

表 3-1 学生自评表格

任务完成进度	做得好的方面	不足、需要改进的方面

表 3-2 教师评价表格

在本次任务中的表现	学生进步的方面	学生不足、需要改进的方面

【总结报告】

温馨提示

总结报告可涉及内容为本次任务，本次实训的心得体会等，总之，要学会随时记录工作过程，总结经验教训，为今后的工作打下良好的基础。

任务小结

本任务主要是学习掌握单相异步电动机结构、原理和分类；了解单相异步电动机的适用场合；熟练认识、选用单相异步电动。

问题探究

一、单相异步电动机常见故障及处理方法（表 3-3）

表 3-3 单相异步电动机常见故障及处理方法

故障现象	可能的故障原因	处理方法
无法启动	电源电压不正常	检查电源电压是否过低
	定子绕组断路	用万用表检查定子绕组是否完好，接线是否良好
	电容器损坏	用万用表检查电容器的好坏
	离心开关触点接触不良	修理或更换
	转子卡住	检查轴承是否灵活，定转子是否相碰，传动机构是否受阻
	过载	检查所带负载是否正常
启动缓慢，转速过低	电源电压偏低	找出原因提高电源电压
	绕组匝间短路	修理或更换绕组
	电容器击穿或容量减小	更换电容器
	电机负载过重	检查轴承及负载情况
电动机过热	绕组短路或接地	找出故障处、修理或更换
	工作绕组与启动绕组相互接错	调换接法
	离心开关触点无法断开，启动绕组长期运行	修理或更换离心开关
电动机噪声和振动过大	绕组短路或接地	找出故障点，修理或更换
	轴承损坏或缺润滑油	更换轴承或加润滑油
	定子与转子的气隙中有杂物	清除杂物
	电风扇风叶变形	修理或更换

二、单相串激电动机（图 3-20）

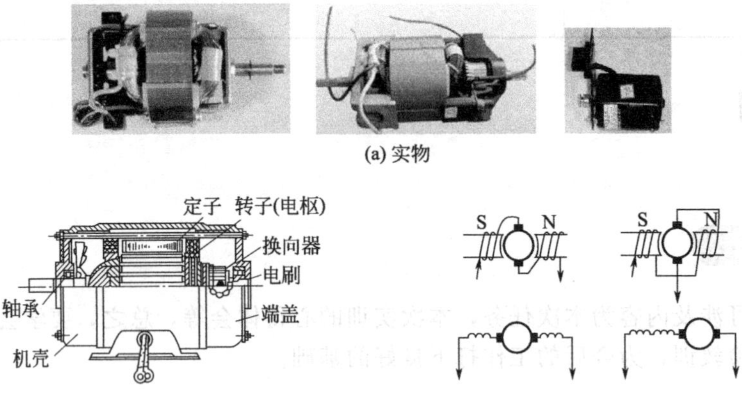

(a) 实物

(b) 结构示意图

(c) 绕组串接方式

图 3-20 单相串激电动机

单相串激电动机属于交、直两用电动机，它既可以用交流工作，也可以用直流，具有启动转矩大、转速高、体积小、重量轻、调速方便等优点，在家用电器和电动工具上得到了广泛应用，如吸尘器、食品加工机、搅拌器、榨汁机、豆浆机、电吹风机、电动缝纫机、地板打蜡机、电钻、电刨子等。

通过倒顺开关改变碳刷上零、火位置即可实现单相串激电动机的正反转，如图 3-21 所示。

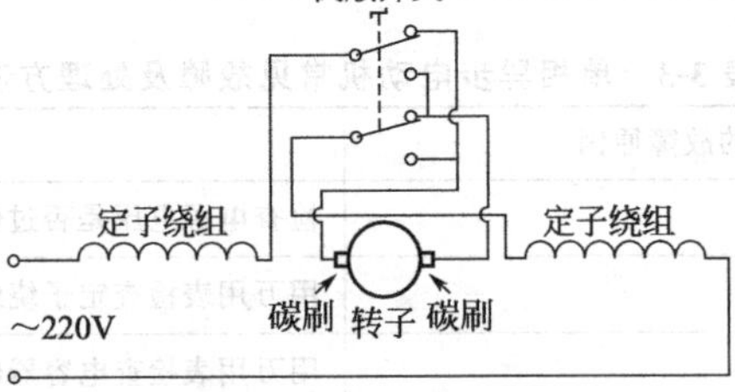

图 3-21 实现单相串激电动机的正反转

三、单相串激电动机的故障及检修（表 3-4）

表 3-4 单相串激电动机的故障及检修

故障现象	故障原因	检修方法
不能启动	电缆线折断	更换电缆线
	开关损坏	更换开关
	开关接线松脱	紧固开关接线
	内部布线松脱或断开	紧固或调换内接线
	电刷和换向器未接触	调整电刷与刷盒位置
	定子线圈断路	检修定子
	电枢绕组断路	检修电枢
转速太慢	定子转子相擦(扫堂)	修正机械尺寸及配合
	机壳和机盖轴承同轴度差,轴承运转不正常	修正机械尺寸
	轴承太紧或有赃物	清洗轴承,添加润滑油
	电枢局部短路	检修电枢

续表

故障现象	故障原因	检修方法
转速太快	定子绕组局部短路	检修定子
	电刷偏离几何中性线	调整电刷和刷盒位置
电刷火花大或换向器上出现火花	电刷不在中性线	调整电刷位置
	电刷太短	更换电刷
	电刷弹簧压力不足	更换弹簧
	电刷、换向器接触不良	去除污物、修磨电刷
	换向器表面太粗糙	修磨换向器
	换向器磨损过大且凹凸不平	更换或修磨换向器
	换向器中云母片凸出，换向不良	下刻云母片
	电刷和刷盒之间配合太松或刷盒松动	修正配合间隙尺寸，紧固刷盒
	换向器换向片间短路 ①换向片间绝缘击穿 ②换向片间有导电粉末	排除短路 ①修理或更换换向器 ②清除导电粉末
	定子绕组局部短路	修复定子绕组
	电枢绕组局部短路	修复电枢绕组
	电枢绕组局部断路	修复电枢绕组
	电枢绕组反接	换接电枢绕组
电动机运转声音异常	轴承磨损或内有杂物	更换或清洗轴承
	定子和电枢相擦	修正机械尺寸
	风扇变形或损坏	更换风扇
	风扇松动	坚固风扇
	风扇和挡风板距离不正确	调整风扇和挡风板的距离
	电刷弹簧压力太大	减小弹簧压力
	电刷内有杂质或太硬	更换电刷
	换向器表面凹凸不平	修整换向器
	云母片凸出换向器	下刻云母槽
	振动很大	电枢重校动平衡
	定子局部短路	修复定子
	电枢局部短路	修复电枢
电动机过热	轴承太紧	修正轴承室尺寸
	轴承内有杂质	清洗轴承、添加润滑脂
	电枢轴弯曲	校正电枢轴
	风量很小	检查风扇和挡风板
	定子线圈受潮	烘干定子线圈
	定子线圈局部短路	修复定子线圈
	转子线圈受潮	烘干电枢线圈

续表

故障现象	故障原因	检修方法
电动机过热	转子线圈局部短路	修复电枢绕组
	转子线圈局部断路	修复电枢绕组
	电枢绕组反接	改正电枢绕组的接线
机壳带电	定子绝缘击穿、金属机壳带电	修复定子
	电枢的基本绝缘和附加绝缘击穿	修复电枢
	换向器对轴绝缘击穿	更换换向器，修复电枢
	电刷盘簧或接线碰金属机壳	调整盘簧或紧固内接线
	内接线松脱碰金属机壳	紧固内接线
电动机接通电源后熔丝烧毁	电缆线短路	调整电缆线
	内接线松脱短路	紧固内接线
	开关绝缘损坏短路	更换开关线
	定子线圈局部短路	修复定子
	电枢绕组局部短路	修复电枢
	换向片间短路	更换换向器，修复电枢
	电枢卡死	检查电动机的装配

任务2 单相电阻启动异步电动机的安装与调试

学习目标

① 熟练绘制单相电阻启动异步电动机的控制电路的三张图；

② 熟练完成单相电阻启动异步电动机的控制电路的配盘。

工作任务

首先，熟练绘制单相电阻启动异步电动机的控制电路的三张图；其次，熟练完成单相电阻启动异步电动机的控制电路的配盘。

任务实施

【知识准备】

一、单相电阻启动异步电动机正转控制

（1）启动绕组的控制方式如图 3-22 所示。

（2）空气开关控制如图 3-23 所示。

（3）交流接触器控制如图 3-24 所示。

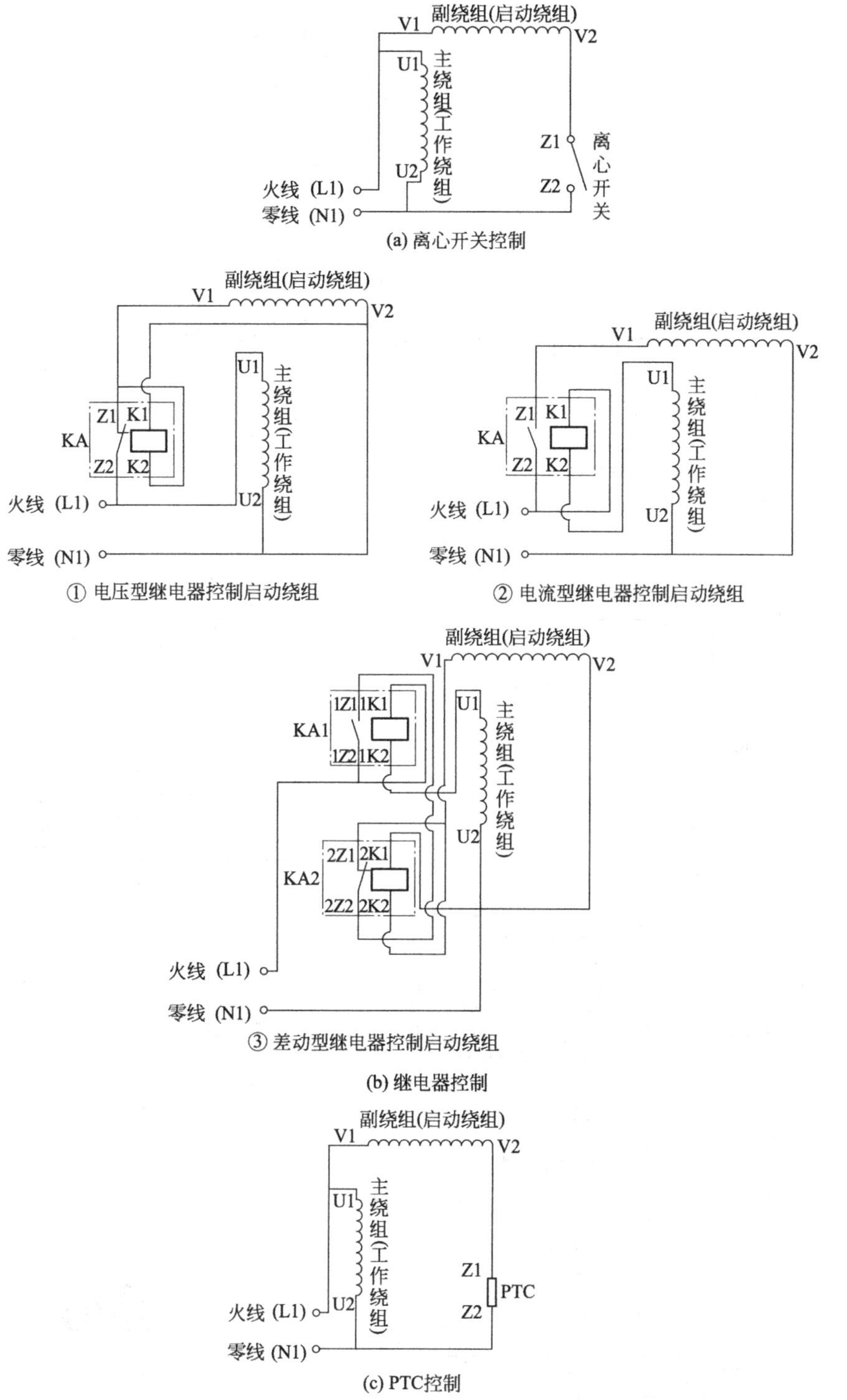

图 3-22　启动绕组的控制方式

二、单相电阻启动异步电动机反转控制

（1）启动绕组的控制方式如图 3-25 所示。

（2）空气开关控制如图 3-23 所示。

（3）交流接触器控制如图 3-24 所示。

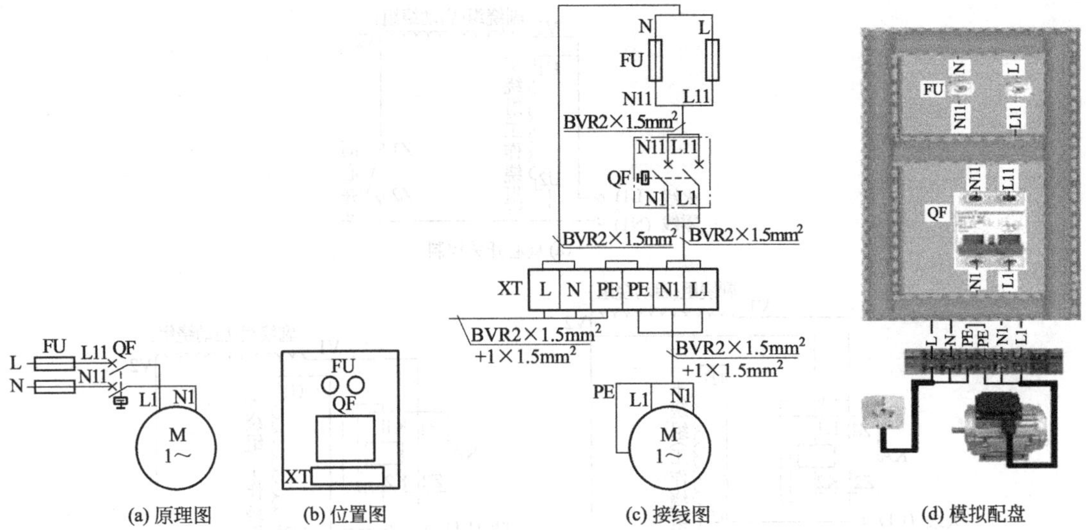

图 3-23　空气开关控制

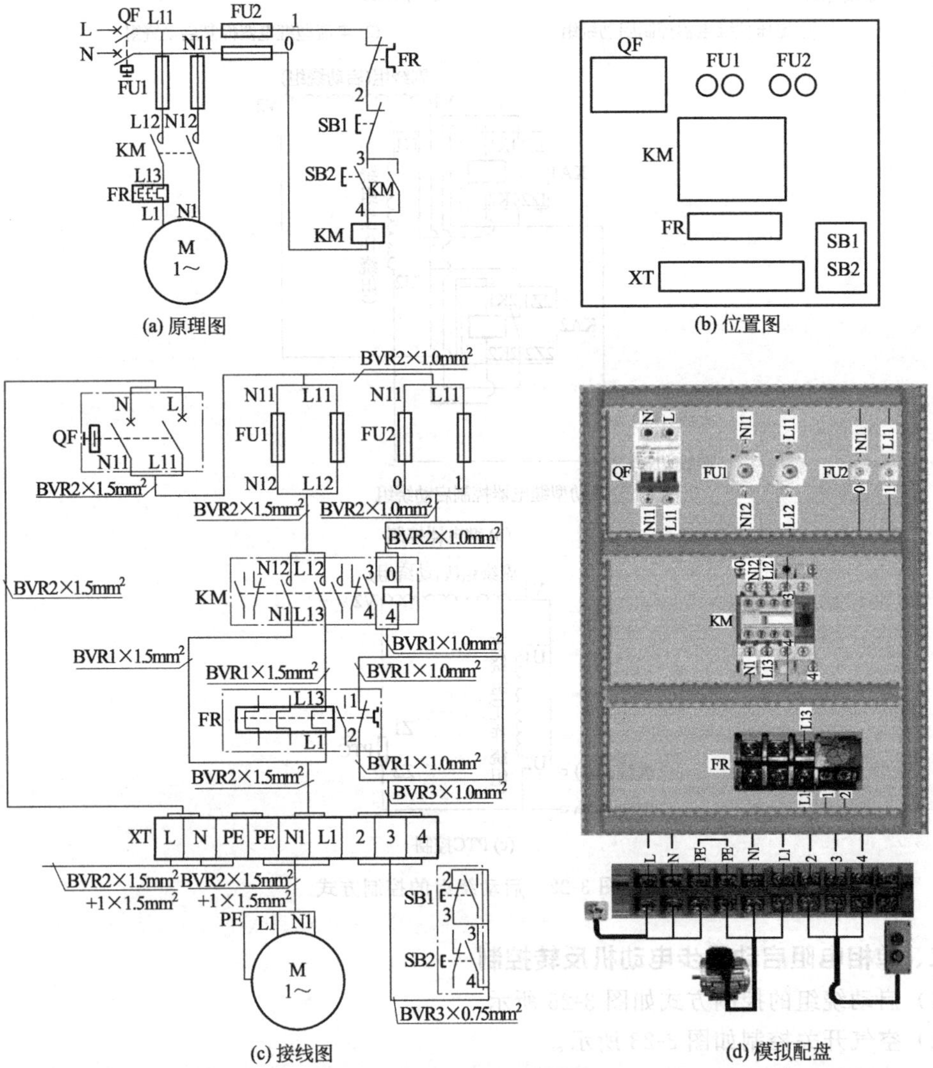

图 3-24　交流接触器控制

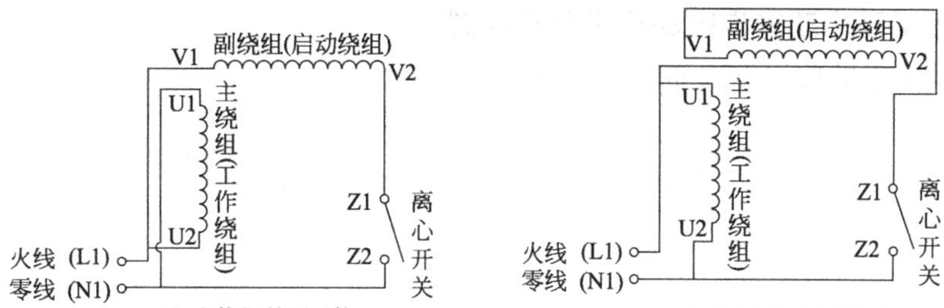

① 主绕组首尾互换　　② 启动绕组首尾互换

(a) 离心开关控制

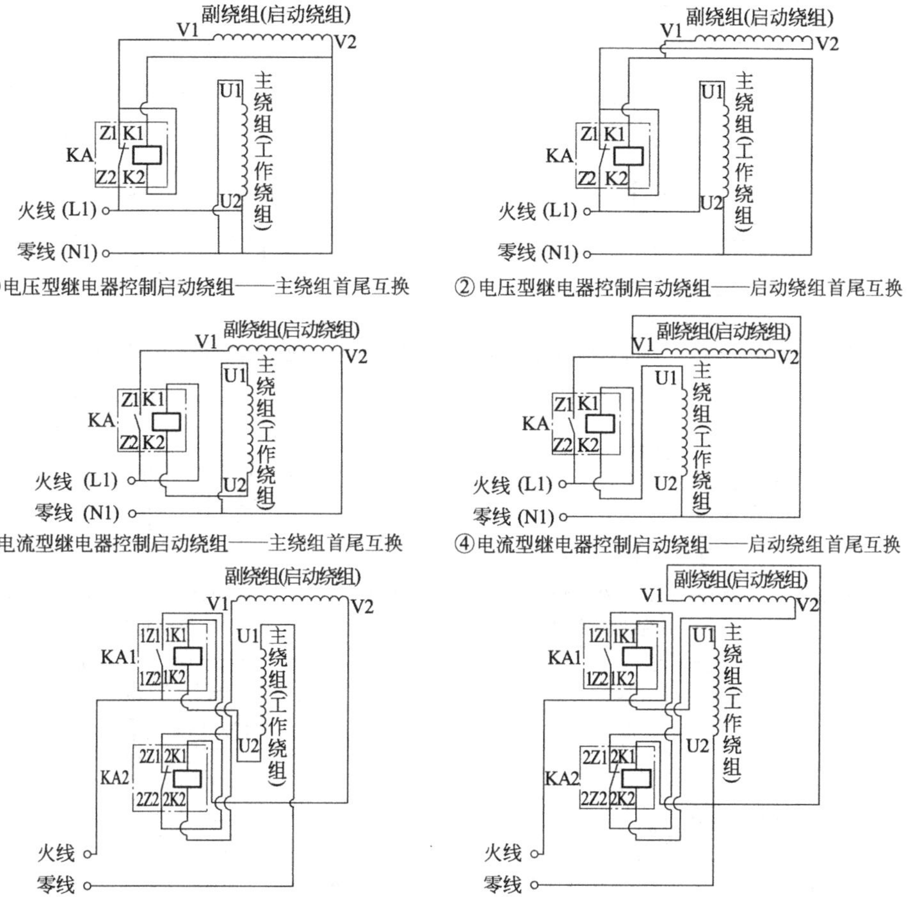

①电压型继电器控制启动绕组——主绕组首尾互换　②电压型继电器控制启动绕组——启动绕组首尾互换

③电流型继电器控制启动绕组——主绕组首尾互换　④电流型继电器控制启动绕组——启动绕组首尾互换

⑤差动型继电器控制启动绕组——主绕组首尾互换　⑥差动型继电器控制启动绕组——启动绕组首尾互换

(b) 继电器控制

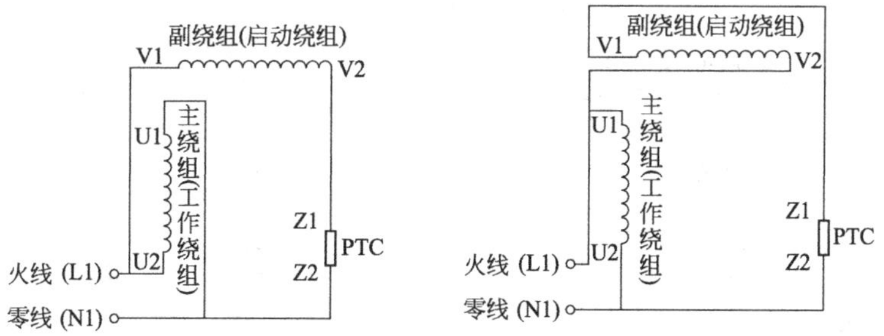

① 主绕组首尾互换　　② 启动绕组首尾互换

(c) PTC控制

图 3-25　启动绕组的控制方式

三、单相电阻启动异步电动机正反转控制

（1）启动绕组的控制方式如图 3-26 所示。

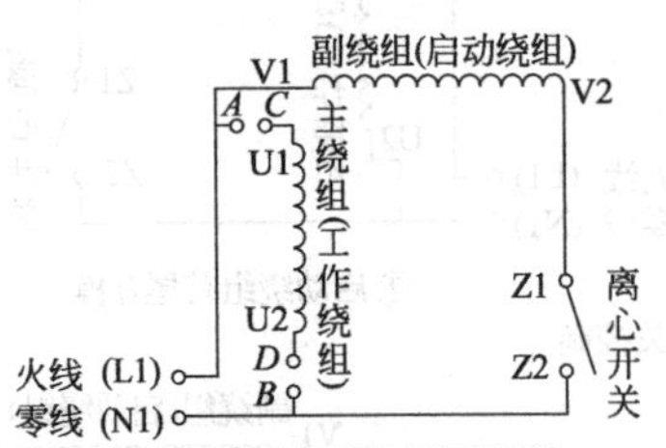

① 利用主绕组实现正反转

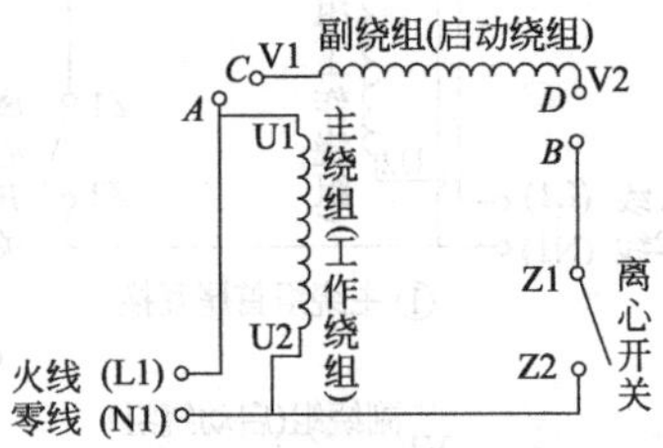

② 利用启动绕组实现正反转

(a) 离心开关控制

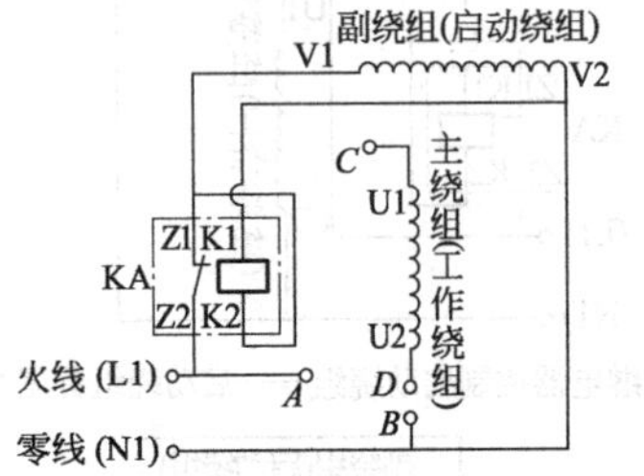

① 电压型继电器控制启动绕组——利用主绕组实现正反转

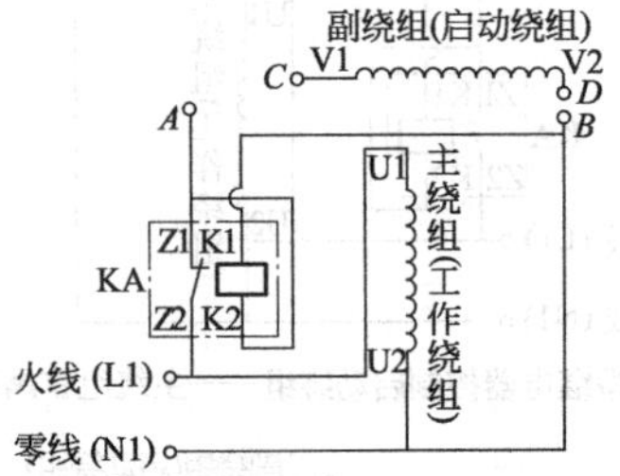

② 电压型继电器控制启动绕组——利用启动绕组实现正反转

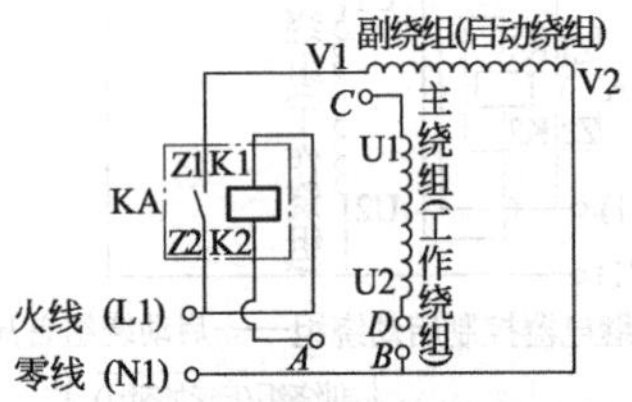

③ 电流型继电器控制启动绕组——利用主绕组实现正反转

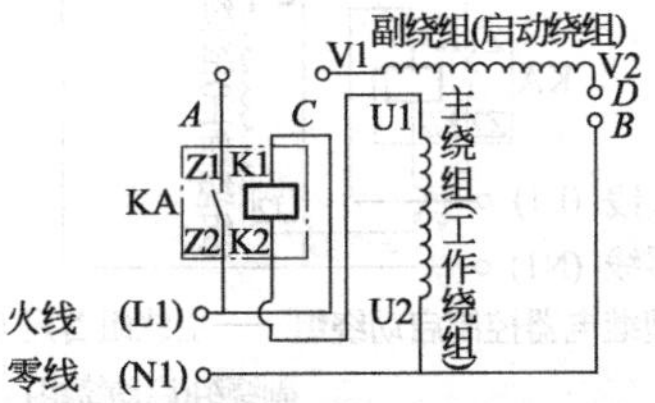

④ 电流型继电器控制启动绕组——利用启动绕组实现正反转

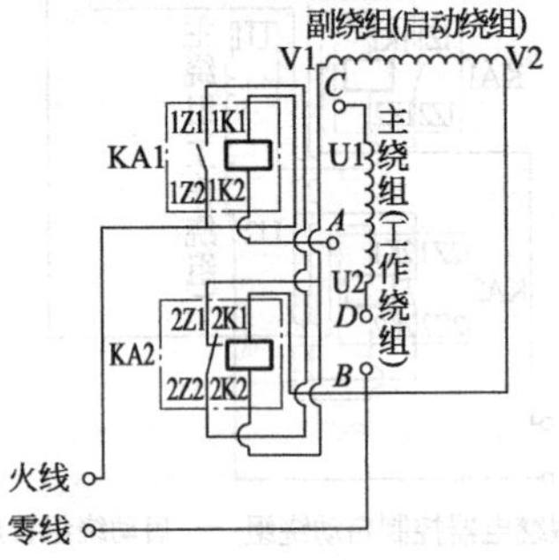

⑤ 差动型继电器控制启动绕组——利用主绕组实现正反转

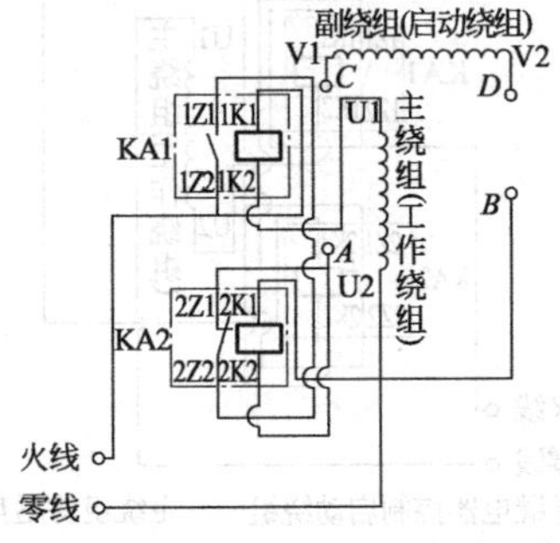

⑥ 差动型继电器控制启动绕组——利用启动绕组实现正反转

(b) 继电器控制

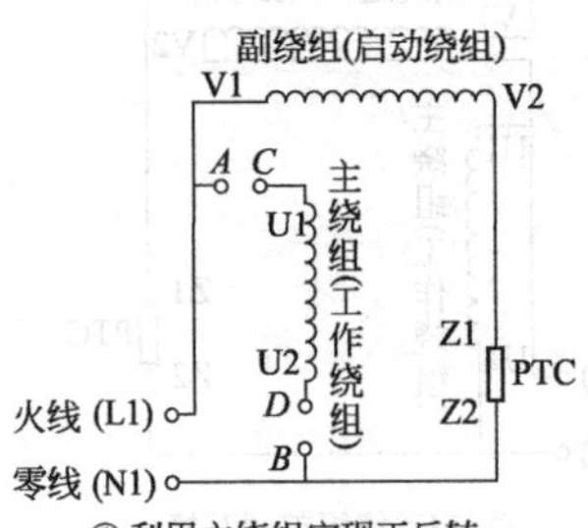

① 利用主绕组实现正反转

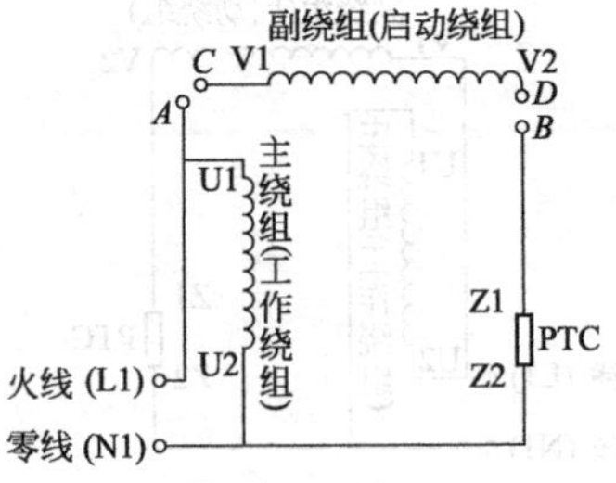

② 利用启动绕组实现正反转

(c) PTC控制

图 3-26　启动绕组的控制方式

（2）倒顺开关控制如图 3-27 所示。

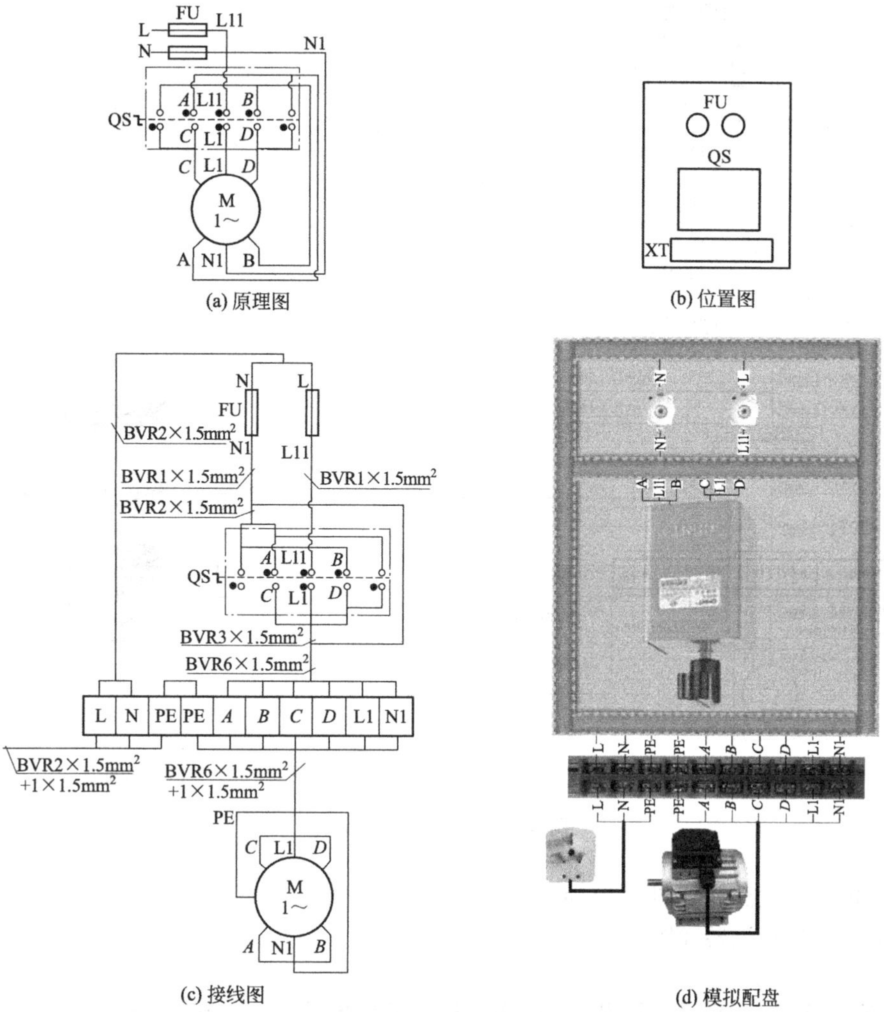

(a) 原理图　(b) 位置图

(c) 接线图　(d) 模拟配盘

图 3-27　倒顺开关控制

（3）交流接触器控制

① 电气互锁正反转如图 3-28 所示。

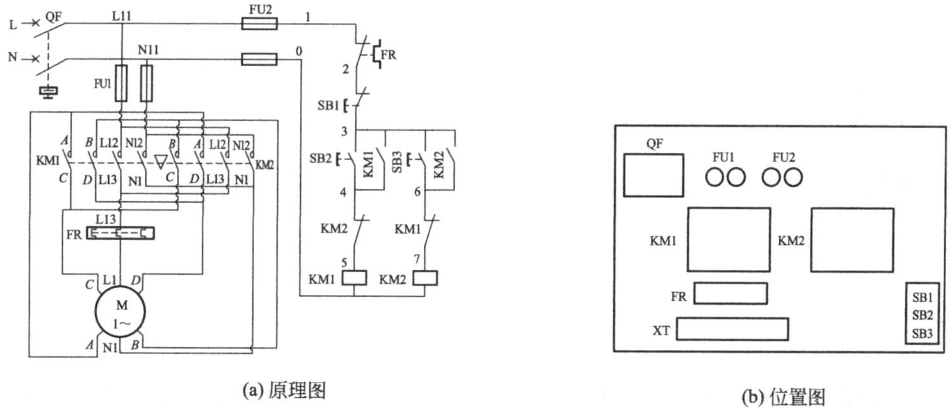

(a) 原理图　(b) 位置图

图 3-28

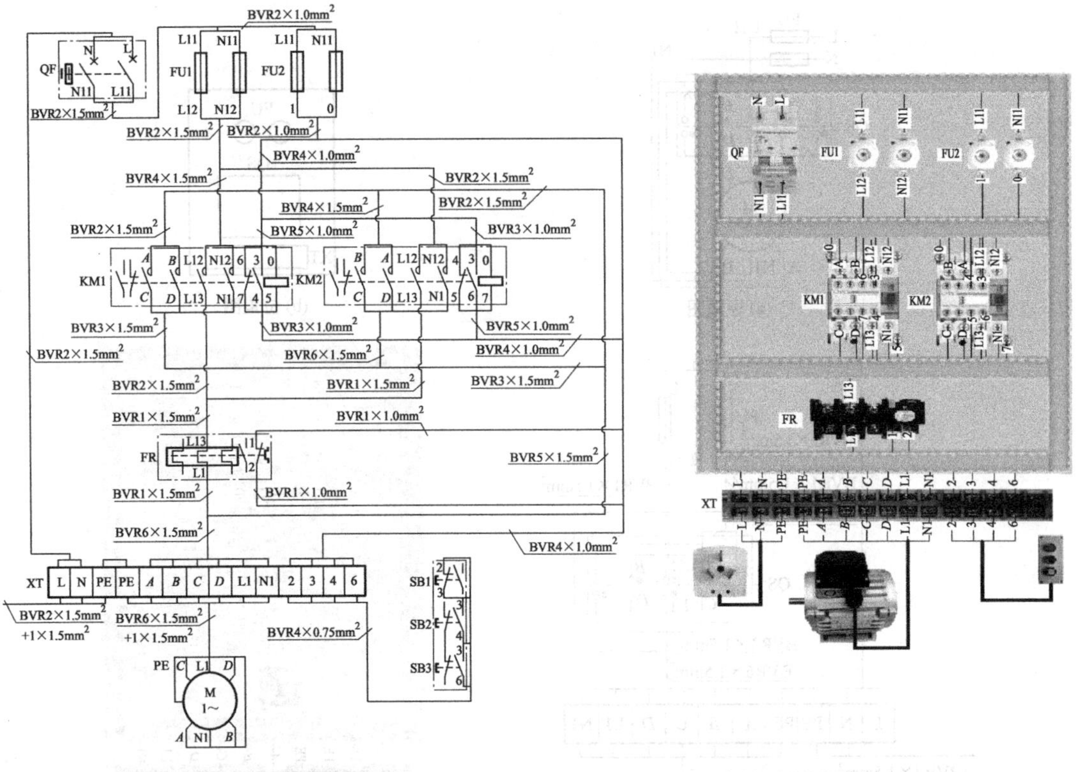

(c) 接线图　　　　(d) 模拟配盘

图 3-28　电气互锁正反转

② 机械互锁正反转如图 3-29 所示。

③ 双重互锁正反转如图 3-30 所示。

【实际操作】——单相电阻启动异步电动机控制电路配盘

教师根据实际情况，安排教学内容，最好能让学生把所有电路都做一遍。

温馨提示

注意不要损坏元件。

【任务评价】

温馨提示

完成【知识准备】、【实际操作】后，进入总结评价阶段。评价分自评、教师评两种，主要是总结评价本次安装、调试、演示过程中做得好的地方及需要改进的地方等。根据评分的

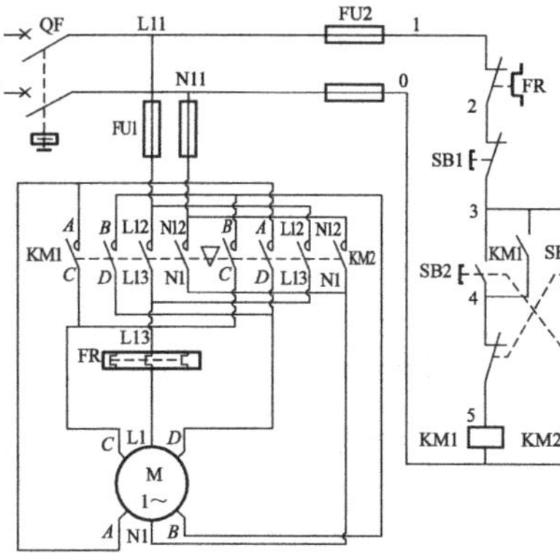

(a) 原理图

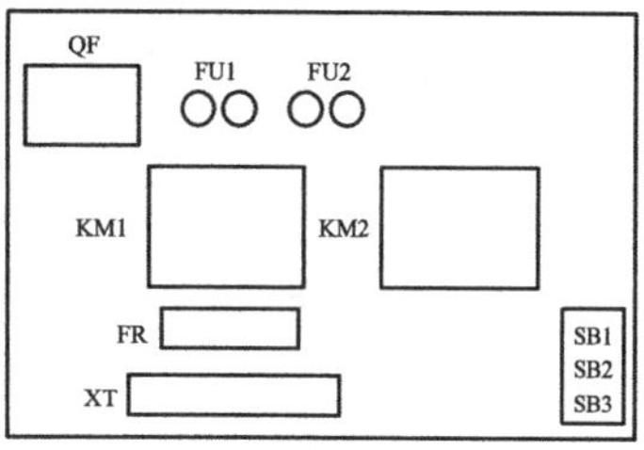

(b) 位置图

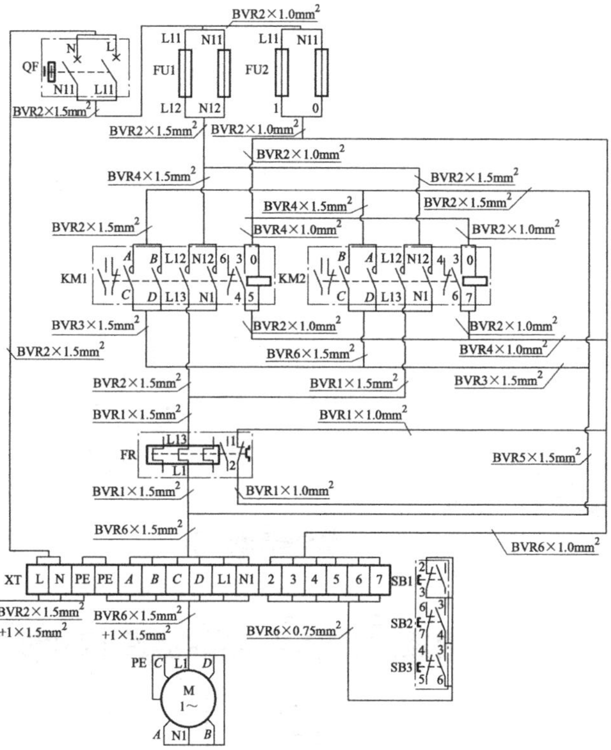

(c) 接线图

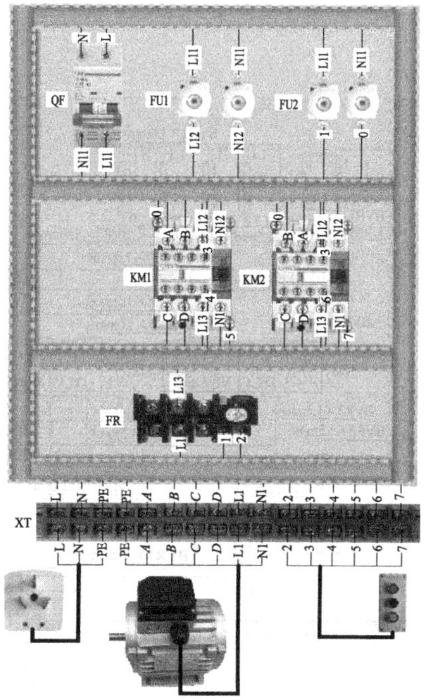

(d) 模拟配盘

图 3-29　机械互锁正反转

情况和本次任务的结果，填入表 3-5 和表 3-6。

表 3-5　学生自评表格

任务完成进度	做得好的方面	不足、需要改进的方面

表 3-6　教师评价表格

在本次任务中的表现	学生进步的方面	学生不足、需要改进的方面

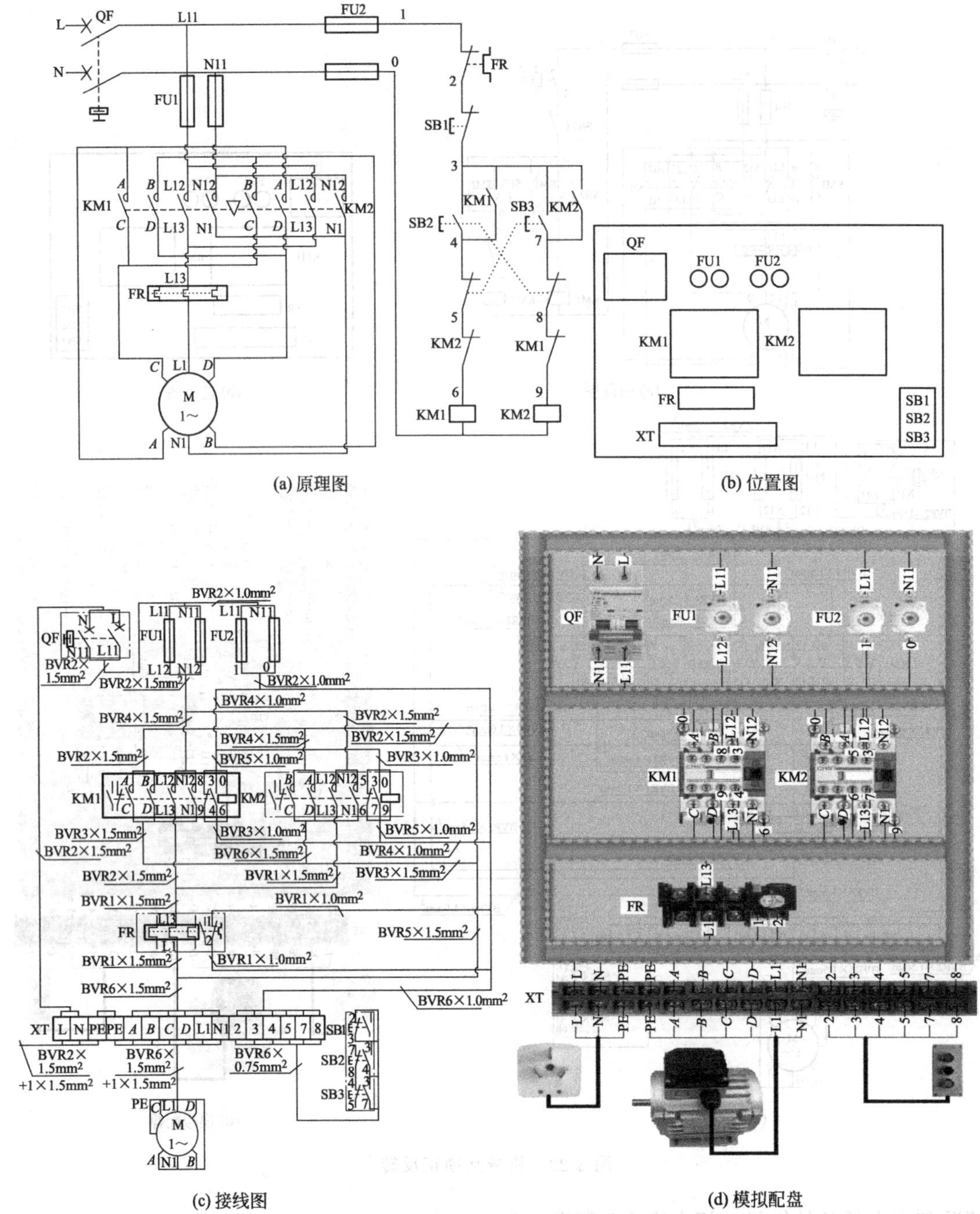

(a) 原理图　　(b) 位置图

(c) 接线图　　(d) 模拟配盘

图 3-30　双重互锁正反转

【总结报告】

温馨提示

总结报告可涉及内容为本次任务，本次实训的心得体会等，总之，要学会随时记录工作

过程，总结经验教训，为今后的工作打下良好的基础。

任务小结

本任务主要是熟练绘制单相电阻启动异步电动机的控制电路的三张图；熟练完成单相电阻启动异步电动机的控制电路的配盘。

问题探究

(1) 单相电阻分相启动异步电动机具有中等启动转矩和过载能力，适用于小型车床、鼓风机、医疗机械等设备。

(2) 为使单相电阻分相启动异步电动机副绕组得到较高的电阻对电抗的比值，可采取如下措施：

① 用较细铜线，以增大电阻；

② 部分线圈反绕，以增大电阻减少电抗；

③ 用电阻系数较高的铝线；

④ 串入一个外加电阻。

任务3　单相电容启动异步电动机的安装与调试

学习目标

① 熟练绘制单相电容启动异步电动机的控制电路的三张图；

② 熟练完成单相电容启动异步电动机的控制电路的配盘。

工作任务

首先，熟练绘制单相电容启动异步电动机的控制电路的三张图；其次，熟练完成单相电容启动异步电动机的控制电路的配盘。

任务实施

【知识准备】

一、单相电容启动异步电动机正转控制

(1) 启动绕组的控制方式如图 3-31 所示。

(2) 空气开关控制如图 3-23 所示。

(3) 交流接触器控制如图 3-24 所示。

二、单相电容启动异步电动机反转控制

(1) 启动绕组的控制方式如图 3-32 所示。

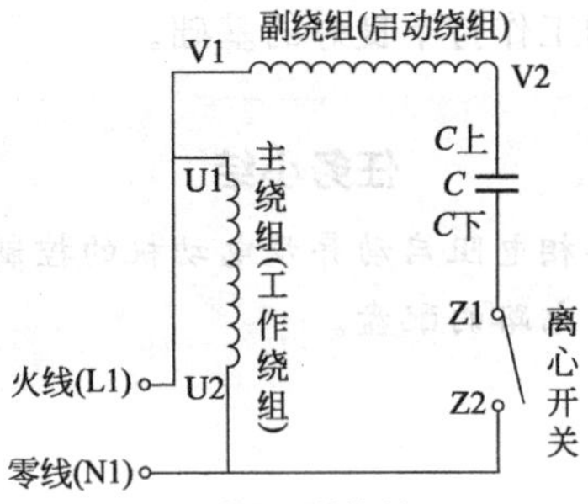

(a) 离心开关控制

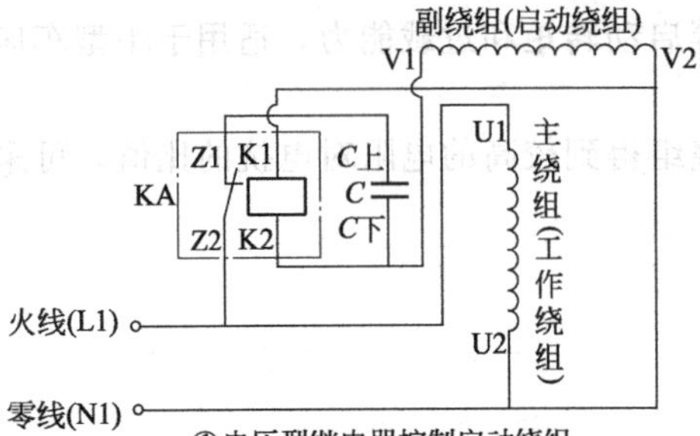

①电压型继电器控制启动绕组

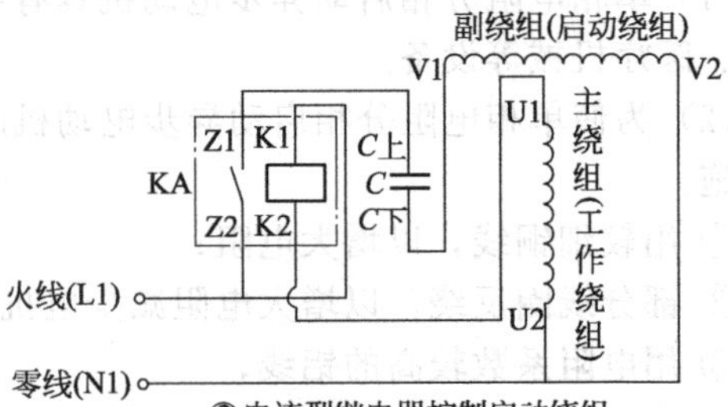

②电流型继电器控制启动绕组

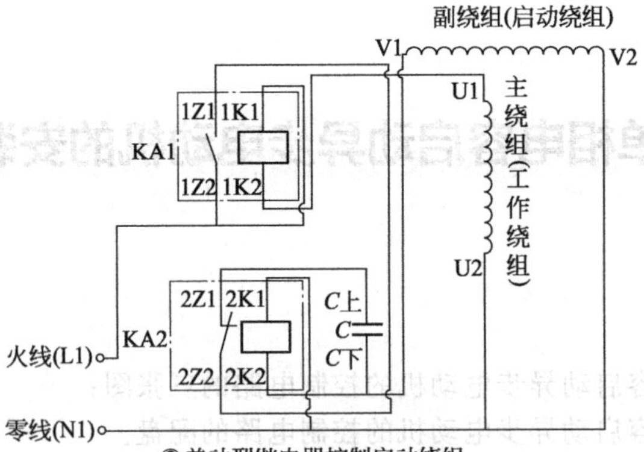

③差动型继电器控制启动绕组

(b) 继电器控制

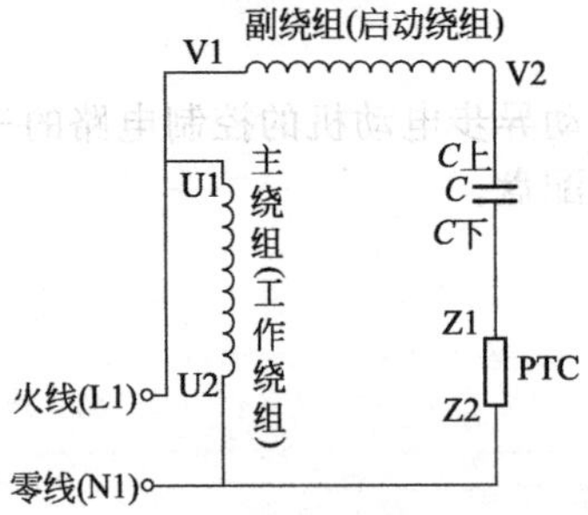

(c) PTC控制

图 3-31　启动绕组的控制方式

（2）空气开关控制如图 3-23 所示。

（3）交流接触器控制如图 3-24 所示。

三、单相电容启动异步电动机正反转控制

（1）启动绕组的控制方式如图 3-33 所示。

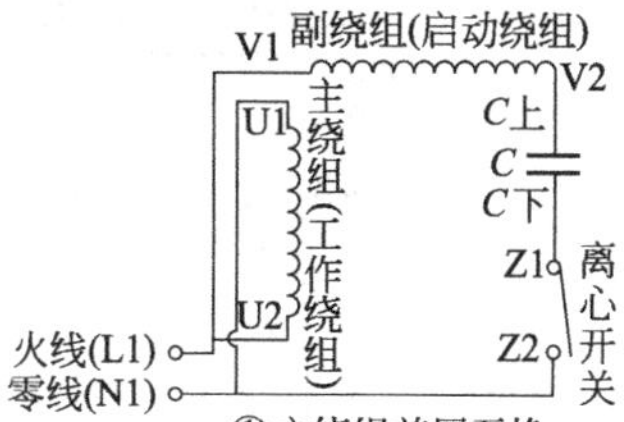

①主绕组首尾互换

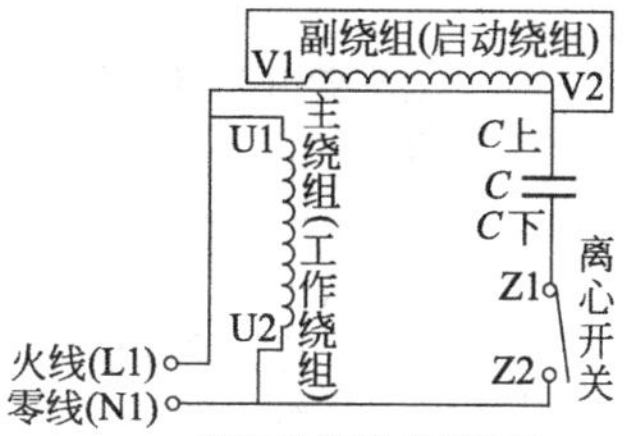

②启动绕组首尾互换

(a) 离心开关控制

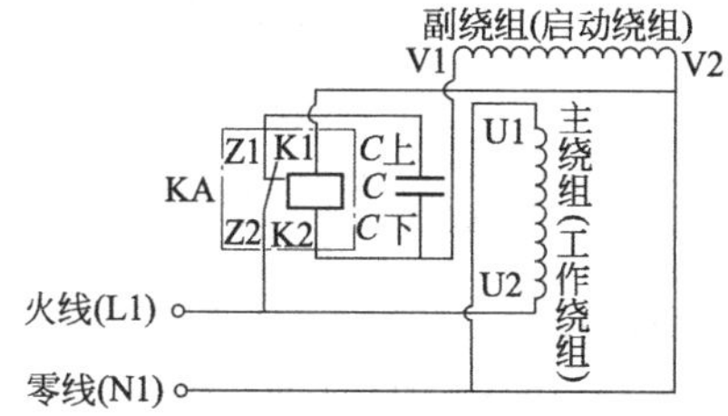

①电压型继电器控制启动绕组——主绕组首尾互换

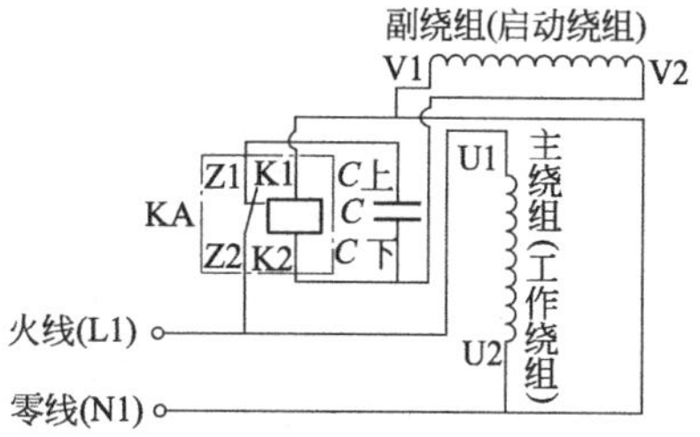

①电压型继电器控制启动绕组——启动绕组首尾互换

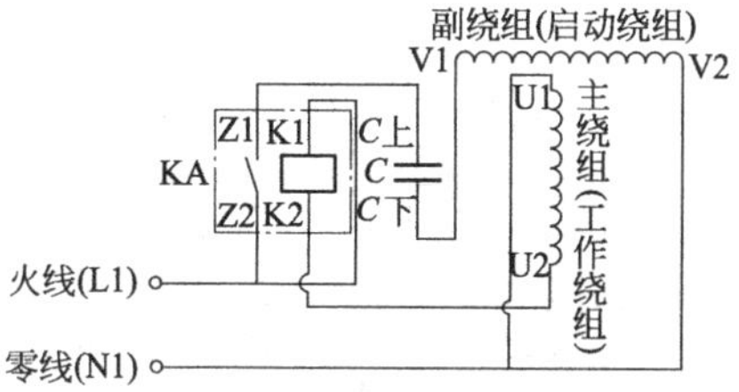

②电流型继电器控制启动绕组——主绕组首尾互换

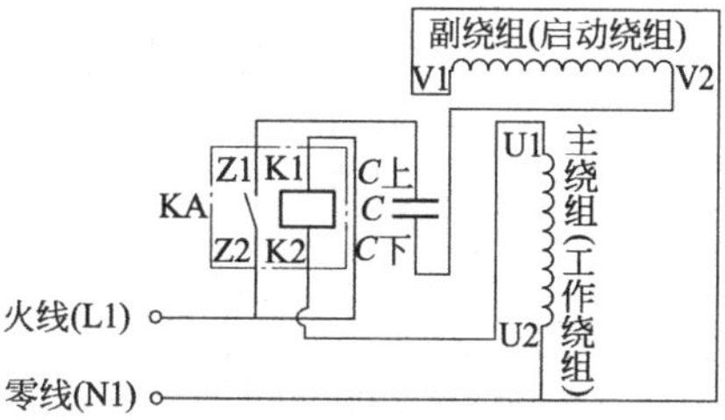

②电流型继电器控制启动绕组——启动绕组首尾互换

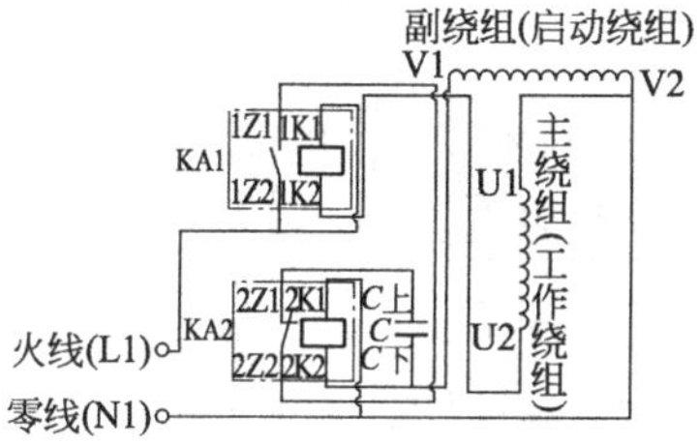

③差动型继电器控制启动绕组——主绕组首尾互换

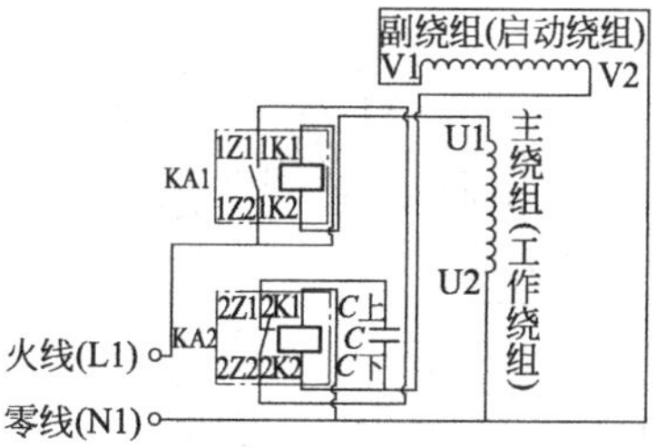

③差动型继电器控制启动绕组——启动绕组首尾互换

(b) 继电器控制

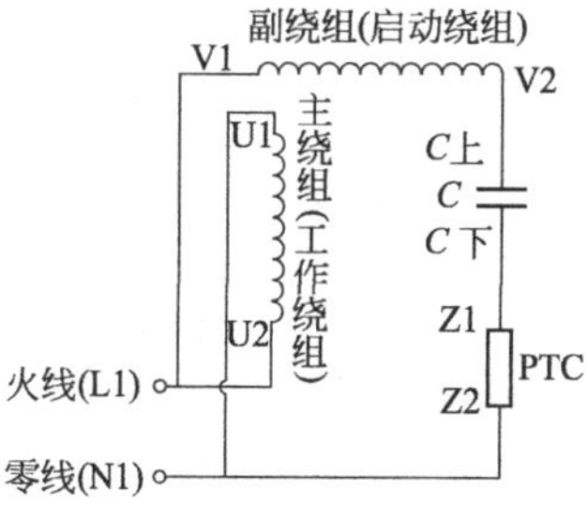

①主绕组首尾互换

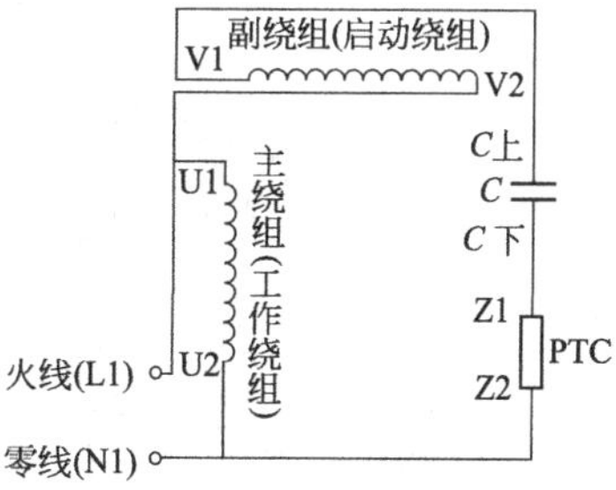

②启动绕组首尾互换

(c) PTC控制

图 3-32　启动绕组的控制方式

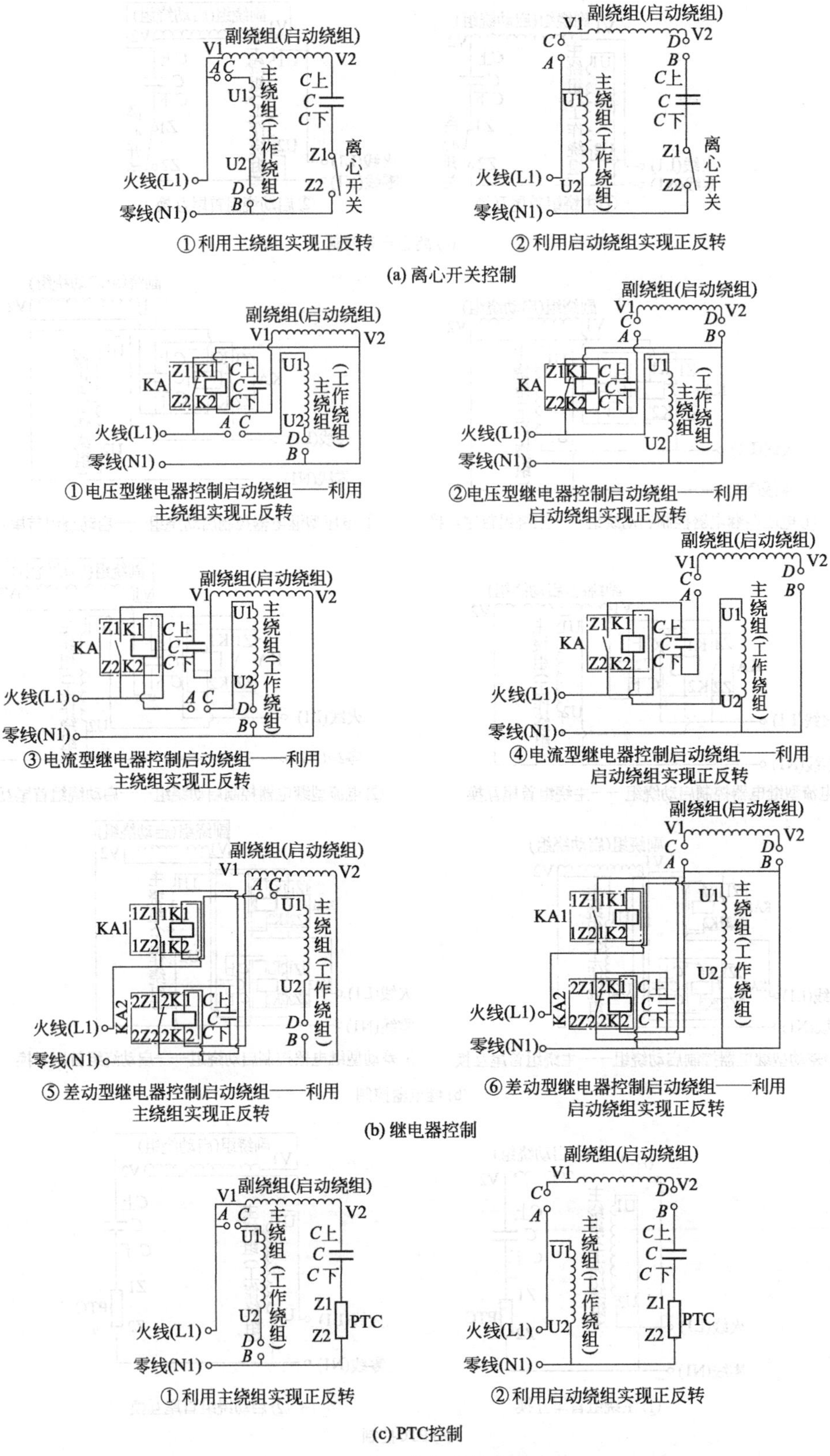

图 3-33　启动绕组的控制方式

（2）倒顺开关控制如图 3-27 所示。

（3）交流接触器控制

① 电气互锁如图 3-28 所示。

② 机械互锁如图 3-29 所示。

③ 双重互锁如图 3-30 所示。

【实际操作】——单相电容启动异步电动机控制电路的配盘

教师根据实际情况，安排教学内容，最好能让学生把所有电路都做一遍。

温馨提示

注意不要损坏元件。

【任务评价】

温馨提示

完成【知识准备】、【实际操作】后，进入总结评价阶段。评价分自评、教师评两种，主要是总结评价本次安装、调试、演示过程中做得好的地方及需要改进的地方等。根据评分的情况和本次任务的结果，填入表 3-7 和表 3-8。

表 3-7　学生自评表格

任务完成进度	做得好的方面	不足、需要改进的方面

表 3-8　教师评价表格

在本次任务中的表现	学生进步的方面	学生不足、需要改进的方面

【总结报告】

温馨提示

总结报告可涉及内容为本次任务，本次实训的心得体会等，总之，要学会随时记录工作过程，总结经验教训，为今后的工作打下良好的基础。

任务小结

本任务主要是熟练绘制单相电容启动异步电动机的控制电路的三张图；熟练完成单相电容启动异步电动机的控制电路的配盘。

问题探究

一、单相电容启动异步电动机适用场所

单相电容启动异步电动机具有较高的启动转矩，适用于小型空气压缩机、电冰箱、磨粉机、水泵及满载启动的机械等。

二、单相电容启动异步电动机的分相启动电容容量的确定

1. 电容

$$C=350000\times I/2p\times f\times U\times \cos\phi$$

式中，I 为电流；f 为频率；U 为工作电压；$2p$ 为功率因数大取 2，功率因数小取 4；$\cos\phi$ 为功率因数（0.4～0.8）。

2. 电容的耐压

电容耐压大于或等于 $1.42\times U$（U 为工作电压）。

任务4 单相电容运转异步电动机的安装与调试

学习目标

① 熟练绘制单相电容运转异步电动机的控制电路的三张图；

② 熟练完成单相电容运转异步电动机的控制电路的配盘。

工作任务

首先，熟练绘制单相电容运转异步电动机的控制电路的三张图；其次，熟练完成单相电容运转异步电动机的控制电路的配盘。

任务实施

【知识准备】

一、单相电容运转异步电动机正转控制

（1）启动绕组的控制方式如图 3-34 所示。

（2）空气开关控制如图 3-23 所示。

（3）交流接触器控制如图 3-24 所示。

二、单相电容运转异步电动机反转控制

（1）启动绕组的控制方式如图 3-35 所示。

（2）空气开关控制如图 3-23 所示。

（3）交流接触器控制如图 3-24 所示。

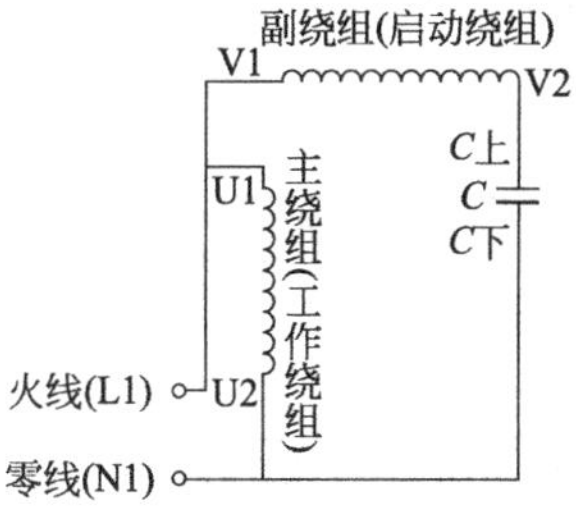

图 3-34　启动绕组的控制方式

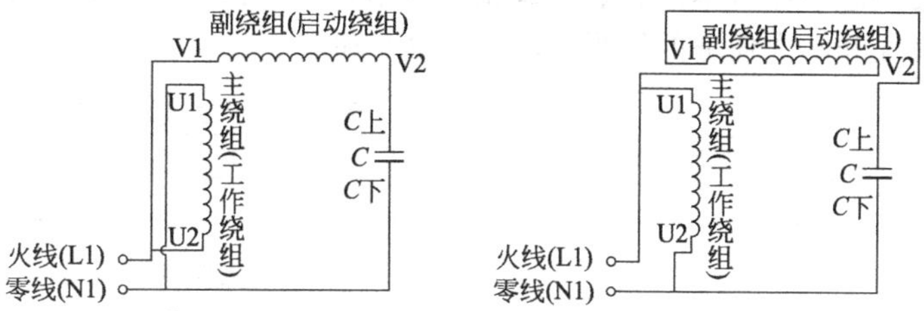

①主绕组首尾互换　②启动绕组首尾互换

图 3-35　启动绕组的控制方式

三、单相电容运转异步电动机正反转控制

（1）启动绕组的控制方式如图 3-36 所示。

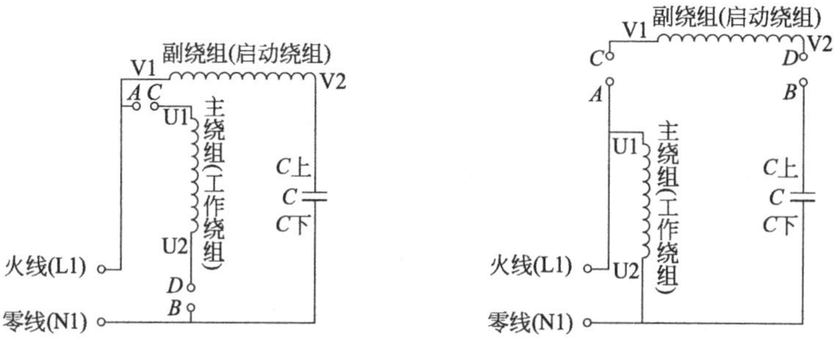

①利用主绕组实现正反转　②利用启动绕组实现正反转

图 3-36　启动绕组的控制方式

（2）倒顺开关开关控制如图 3-27 所示。

（3）交流接触器控制

① 电气互锁如图 3-28 所示。

② 机械互锁如图 3-29 所示。

③ 双重互锁如图 3-30 所示。

【实际操作】——单相电容运转异步电动机控制电路的配盘

教师根据实际情况，安排教学内容，最好能让学生把所有电路都做一遍。

温馨提示

注意不要损坏元件。

【任务评价】

温馨提示

完成【知识准备】、【实际操作】后，进入总结评价阶段。评价分自评、教师评两种，主要是总结评价本次安装、调试、演示过程中做得好的地方及需要改进的地方等。根据评分的情况和本次任务的结果，填入表 3-9 和表 3-10。

表 3-9　学生自评表格

任务完成进度	做得好的方面	不足、需要改进的方面

表 3-10　教师评价表格

在本次任务中的表现	学生进步的方面	学生不足、需要改进的方面

【总结报告】

温馨提示

总结报告可涉及内容为本次任务，本次实训的心得体会等，总之，要学会随时记录工作过程，总结经验教训，为今后的工作打下良好的基础。

任务小结

本任务主要是熟练绘制单相电容运转异步电动机的控制电路的三张图；熟练完成单相电容运转异步电动机的控制电路的配盘。

任务5　单相电容启动和运转异步电动机的安装与调试

学习目标

① 熟练绘制单相电容启动和运转异步电动机的控制电路的三张图；

② 熟练完成单相电容启动和运转异步电动机的控制电路的配盘。

工作任务

首先，熟练绘制单相电容启动和运转异步电动机的控制电路的三张图；其次，熟练完成单相电容启动和运转异步电动机的控制电路的配盘。

任务实施

【知识准备】

一、单相电容启动和运转异步电动机正转控制

（1）启动绕组的控制方式如图 3-37 所示。

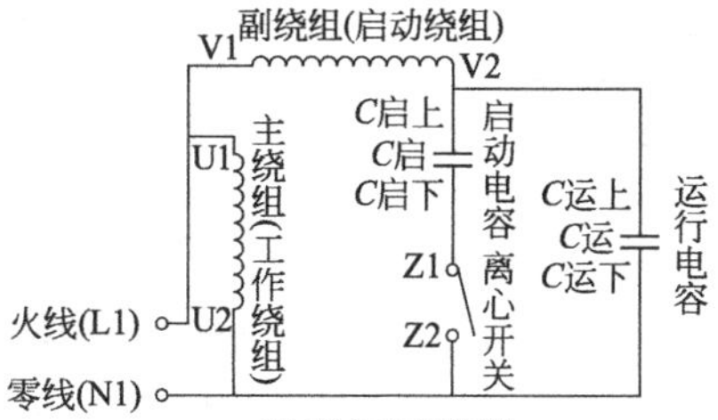

(a) 离心开关控制

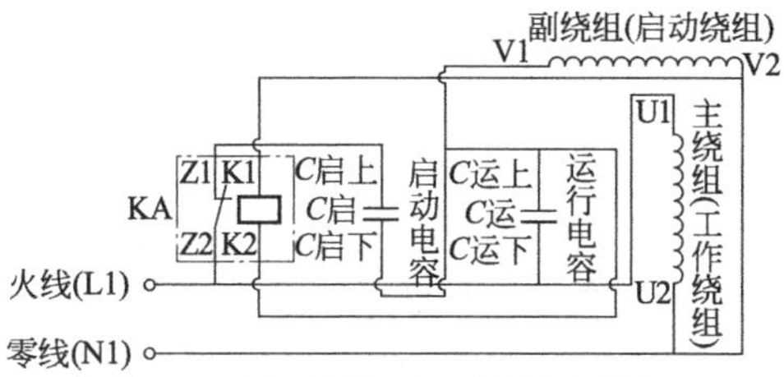

①电压型继电器控制启动绕组

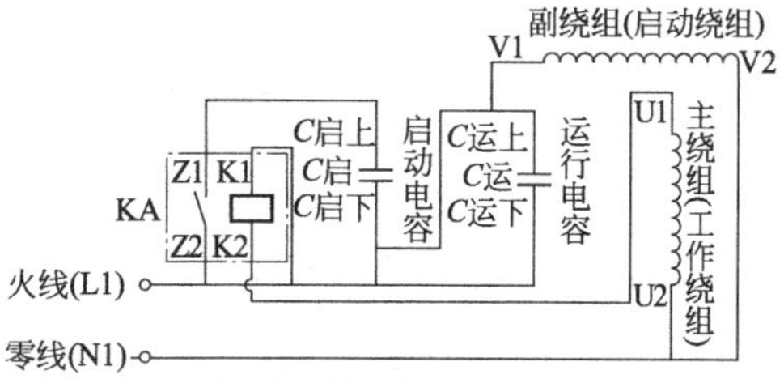

②电流型继电器控制启动绕组

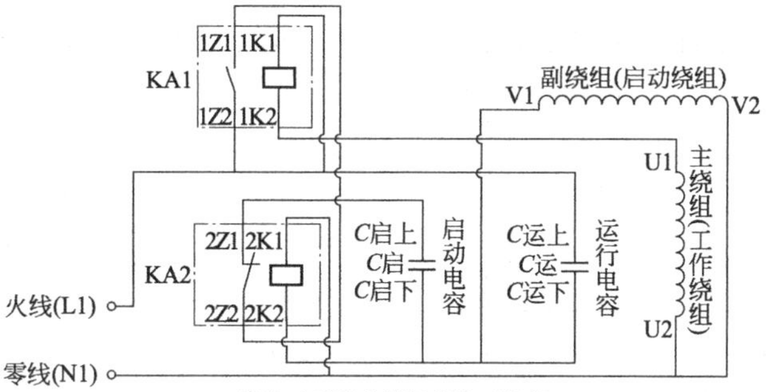

③差动型继电器控制启动绕组

(b) 继电器控制

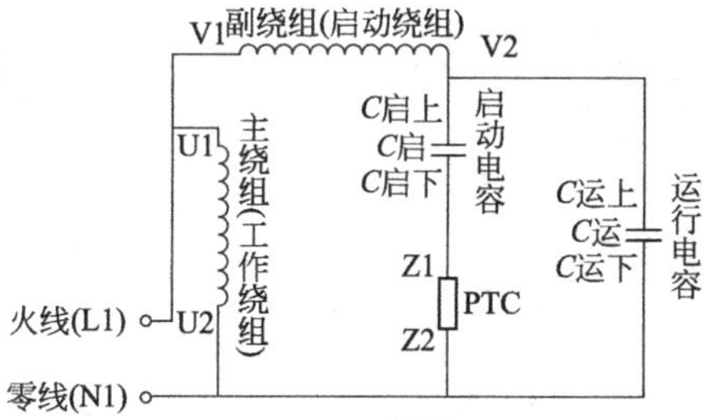

(c) PTC控制

图 3-37　启动绕组的控制方式

（2）空气开关控制如图 3-23 所示。

（3）交流接触器控制如图 3-24 所示。

二、单相电容启动和运转异步电动机反转控制

（1）启动绕组的控制方式如图 3-38 所示。

（2）空气开关控制如图 3-23 所示。

（3）交流接触器控制如图 3-24 所示。

三、单相电容启动和运转异步电动机正反转控制

（1）启动绕组的控制方式如图 3-39 所示。

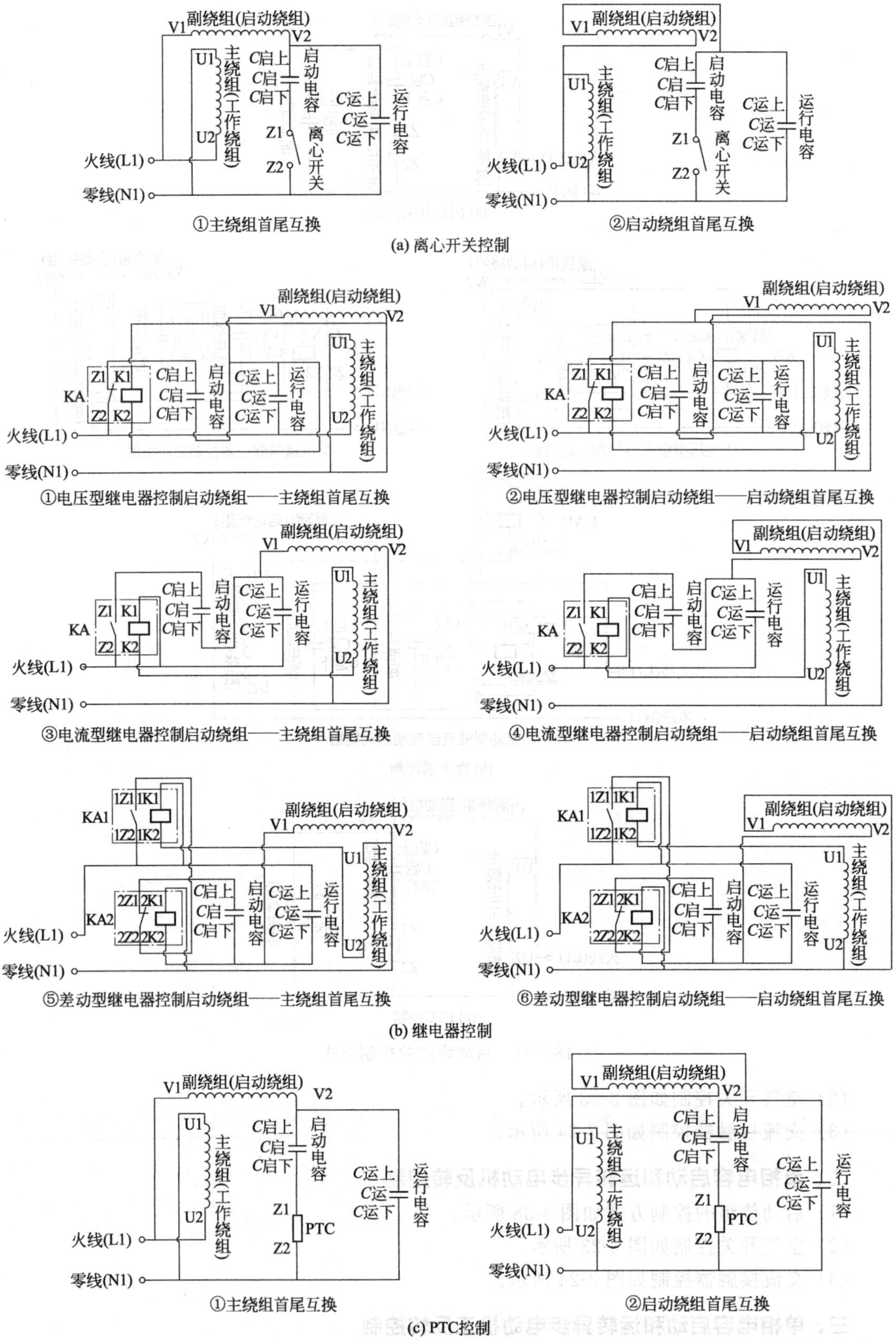

图 3-38　启动绕组的控制方式

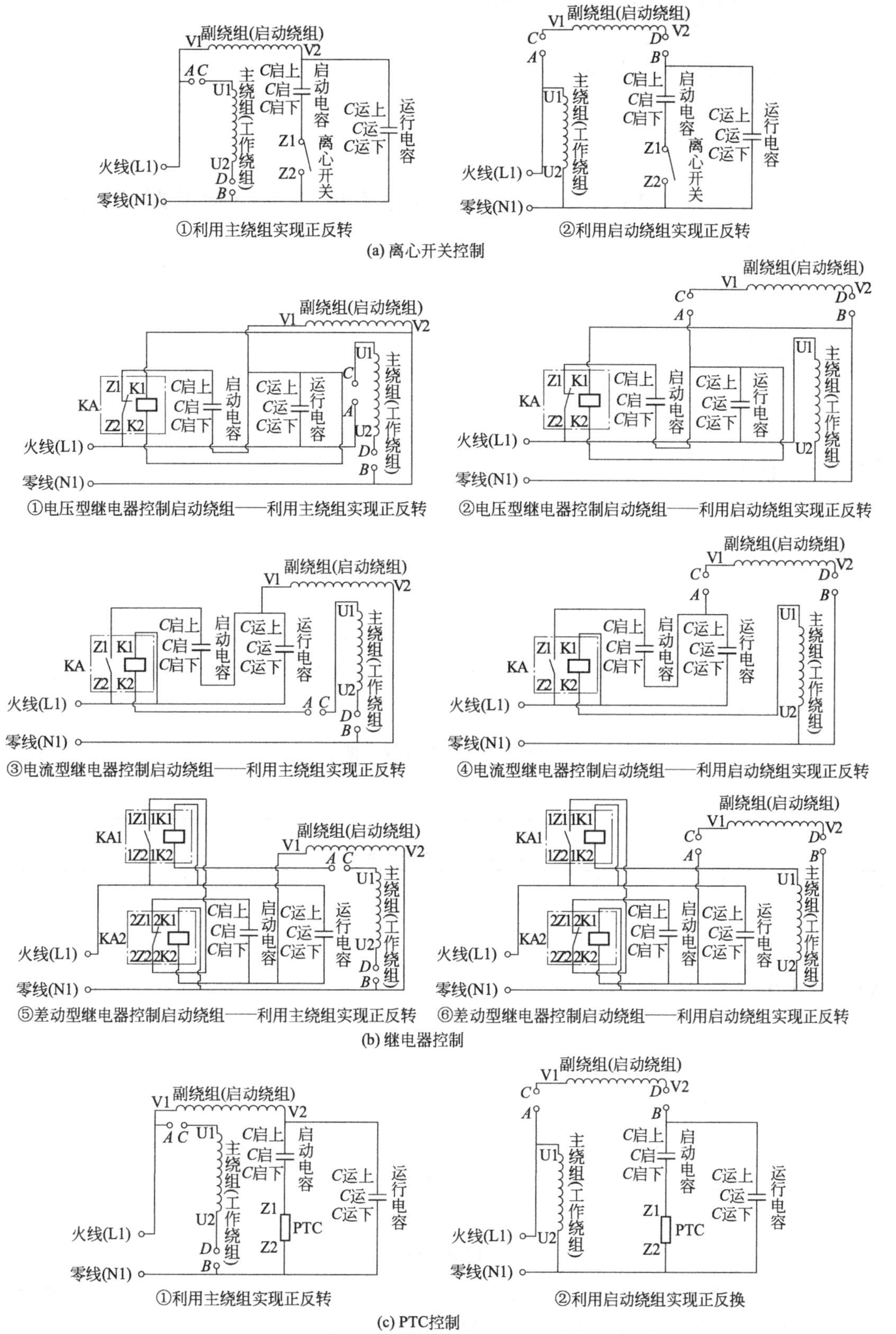

图 3-39　启动绕组的控制方式

（2）倒顺开关开关控制如图 3-27 所示。

（3）交流接触器控制

① 电气互锁如图 3-28 所示。

② 机械互锁如图 3-29 所示。

③ 双重互锁如图 3-30 所示。

【实际操作】——单相电容启动和运转异步电动机控制电路的配盘

教师根据实际情况，安排教学内容，最好能让学生把所有电路都做一遍。

温馨提示

注意不要损坏元件。

【任务评价】

温馨提示

完成【知识准备】、【实际操作】后，进入总结评价阶段。评价分自评、教师评两种，主要是总结评价本次安装、调试、演示过程中做得好的地方及需要改进的地方等。根据评分的情况和本次任务的结果，填入表 3-11 和表 3-12。

表 3-11　学生自评表格

任务完成进度	做得好的方面	不足、需要改进的方面

表 3-12　教师评价表格

在本次任务中的表现	学生进步的方面	学生不足、需要改进的方面

【总结报告】

温馨提示

总结报告可涉及内容为本次任务，本次实训的心得体会等，总之，要学会随时记录工作过程，总结经验教训，为今后的工作打下良好的基础。

任务小结

本任务主要是熟练绘制单相电容启动和运转异步电动机的控制电路的三张图；熟练完成单相电容启动和运转异步电动机的控制电路的配盘。

问题探究

1. 单相电容启动和运转异步电动机启动电容与运行电容大小关系

因为启动时所需的扭矩大电流大，所以要用大的电容来帮助启动，但是假如长时间都用大电容来运行，不仅速度提不上来而且还会烧线圈，这时就要自动换到运行（小容量）电容工作了，能保持速度就可以了。

2. 单相电容启动和运转异步电动机优点

电容启动与运转的单相异步电动机，与电容启动单相异步电动机比较，启动转矩和最大转矩有了增加，功率因数和效率有了提高，电动机的噪声较小。

任务6　单相罩极式异步电动机的安装与调试

学习目标

① 熟练绘制单相罩极式异步电动机的控制电路的三张图；

② 熟练完成单相罩极式异步电动机的控制电路的配盘。

工作任务

首先，熟练绘制单相罩极式异步电动机控制电路的三张图；其次，熟练完成单相罩极式异步电动机控制电路的配盘。

任务实施

【知识准备】

（1）单相罩极式异步电动机绕组如图 3-40 所示。

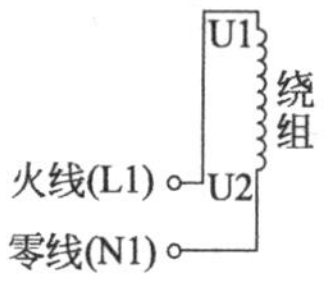

图 3-40　绕组

（2）单相罩极式异步电动机空气开关控制如图 3-23 所示。

（3）单相罩极式异步电动机交流接触器控制如图 3-24 所示。

【实际操作】——单相罩极式异步电动机控制电路的配盘

教师根据实际情况，安排教学内容，最好能让学生把所有电路都做一遍。

温馨提示

注意不要损坏元件。

【任务评价】

温馨提示

完成【知识准备】、【实际操作】后，进入总结评价阶段。评价分自评、教师评两种，主要是总结评价本次安装、调试、演示过程中做得好的地方及需要改进的地方等。根据评分的情况和本次任务的结果，填入表3-13和表3-14。

表3-13　学生自评表格

任务完成进度	做得好的方面	不足、需要改进的方面

表3-14　教师评价表格

在本次任务中的表现	学生进步的方面	学生不足、需要改进的方面

【总结报告】

温馨提示

总结报告可涉及内容为本次任务，本次实训的心得体会等，总之，要学会随时记录工作过程，总结经验教训，为今后的工作打下良好的基础。

任务小结

本任务主要是熟练绘制单相罩极式异步电动机的控制电路的三张图；熟练完成单相罩极式异步电动机的控制电路的配盘。

问题探究

1. 单相罩极式异步电动机的用途

单相罩极式异步电动机主要用在电风扇、电吹风、吸尘器等小型家用电器中。

2. 单相罩极式异步电动机反转问题

单相罩极式异步电动机理论上不能实现反转，若一定要实现反转可将电动机拆开，对调转子和端盖（详情请参看项目三任务 1）。

任务7 单相串激异步电动机的安装与调试

学习目标

① 熟练绘制单相串激异步电动机控制电路的三张图；
② 熟练完成单相串激异步电动机控制电路的配盘。

工作任务

首先，熟练绘制单相串激异步电动机控制电路的三张图；其次，熟练完成单相串激异步电动机的控制电路的配盘。

任务实施

【知识准备】

一、单相串激异步电动机正转控制

（1）绕组、换向器的连接方式如图 3-41 所示。

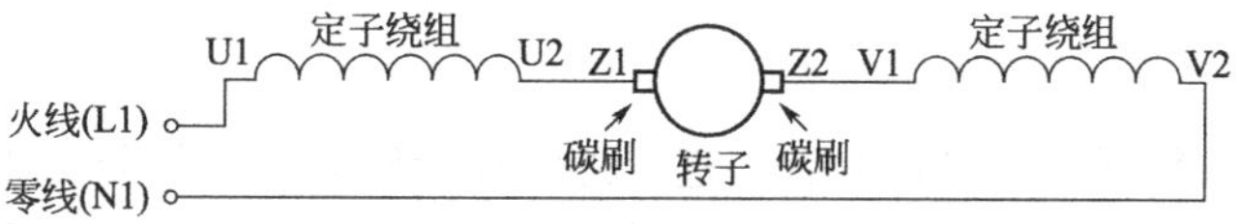

图 3-41　绕组、换向器的连接方式

（2）空气开关控制如图 3-23 所示。
（3）交流接触器控制如图 3-24 所示。

二、单相串激异步电动机反转控制

（1）绕组、换向器的连接方式如图 3-42 所示。

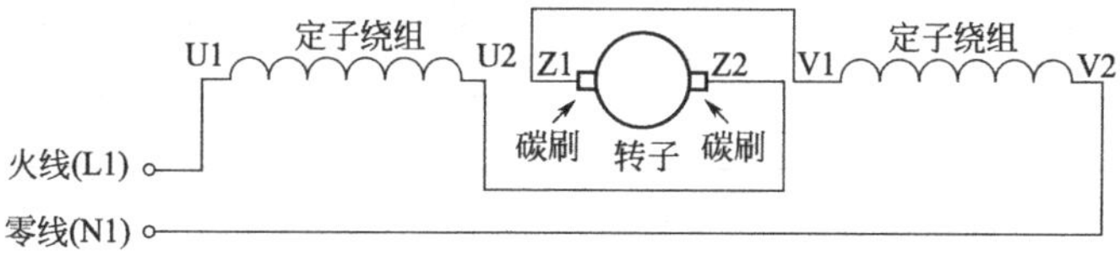

图 3-42　绕组、换向器的连接方式

（2）空气开关控制如图 3-23 所示。
（3）交流接触器控制如图 3-24 所示。

三、单相串激异步电动机正反转控制

（1）绕组、换向器的连接方式如图 3-43 所示。

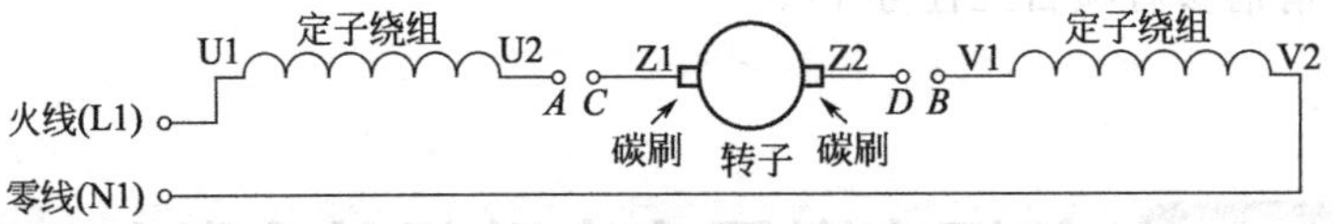

图 3-43　绕组、换向器的连接方式

（2）倒顺开关开关控制如图 3-27 所示。

（3）交流接触器控制

① 电气互锁如图 3-28 所示。

② 机械互锁如图 3-29 所示。

③ 双重互锁如图 3-30 所示。

【实际操作】——单相串激异步电动机控制电路的配盘

教师根据实际情况，安排教学内容，最好能让学生把所有电路都做一遍。

温馨提示

注意不要损坏元件。

【任务评价】

温馨提示

完成【知识准备】、【实际操作】后，进入总结评价阶段。评价分自评、教师评两种，主要是总结评价本次安装、调试、演示过程中做得好的地方及需要改进的地方等。根据评分的情况和本次任务的结果，填入表 3-15 和表 3-16。

表 3-15　学生自评表格

任务完成进度	做得好的方面	不足、需要改进的方面

表 3-16　教师评价表格

在本次任务中的表现	学生进步的方面	学生不足、需要改进的方面

【总结报告】

温馨提示

总结报告可涉及内容为本次任务，本次实训的心得体会等，总之，要学会随时记录工作

过程，总结经验教训，为今后的工作打下良好的基础。

任务小结

本任务主要是熟练绘制单相串激异步电动机控制电路的三张图；熟练完成单相串激异步电动机的控制电路的配盘。

问题探究

单相串激异步电动机常见故障及维修见表 3-17。

表 3-17　单相串激异步电动机常见故障及维修

<table>
<tr><th>故障现象</th><th colspan="2">故障原因</th><th colspan="2">检修方法</th></tr>
<tr><td rowspan="7">不能启动</td><td colspan="2">电缆线折断</td><td colspan="2">更换电缆线</td></tr>
<tr><td colspan="2">开关损坏</td><td colspan="2">更换开关</td></tr>
<tr><td colspan="2">开关接线松脱</td><td colspan="2">紧固开关接线</td></tr>
<tr><td colspan="2">内部布线松脱或断开</td><td colspan="2">紧固或调换内接线</td></tr>
<tr><td colspan="2">电刷和换向器未接触</td><td colspan="2">调整电刷与刷盒位置</td></tr>
<tr><td colspan="2">定子线圈断路</td><td colspan="2">检修定子</td></tr>
<tr><td colspan="2">电枢绕组断路</td><td colspan="2">检修电枢</td></tr>
<tr><td rowspan="4">转速太慢</td><td colspan="2">定子转子相擦(扫堂)</td><td colspan="2">修正机械尺寸及配合</td></tr>
<tr><td colspan="2">机壳和机盖轴承同轴度差,轴承运转不正常</td><td colspan="2">修正机械尺寸</td></tr>
<tr><td colspan="2">轴承太紧或有脏物</td><td colspan="2">清洗轴承,添加润滑油</td></tr>
<tr><td colspan="2">电枢局部短路</td><td colspan="2">检修电枢</td></tr>
<tr><td rowspan="2">转速太快</td><td colspan="2">定子绕组局部短路</td><td colspan="2">检修定子</td></tr>
<tr><td colspan="2">电刷偏离几何中性线</td><td colspan="2">调整电刷和刷盒位置</td></tr>
<tr><td rowspan="14">电刷火花大或换向器上出现火花</td><td colspan="2">电刷不在中性线</td><td colspan="2">调整电刷位置</td></tr>
<tr><td colspan="2">电刷太短</td><td colspan="2">更换电刷</td></tr>
<tr><td colspan="2">电刷弹簧压力不足</td><td colspan="2">更换弹簧</td></tr>
<tr><td colspan="2">电刷、换向器接触不良</td><td colspan="2">去除污物、修磨电刷</td></tr>
<tr><td colspan="2">换向器表而太粗糙</td><td colspan="2">修磨换向器</td></tr>
<tr><td colspan="2">换向器磨损过大且凹凸不平</td><td colspan="2">更换或修磨换向器</td></tr>
<tr><td colspan="2">换向器中云母片凸出,换向不良</td><td colspan="2">使云母片复位</td></tr>
<tr><td colspan="2">电刷和刷盒之间配合太松或刷盘松动</td><td colspan="2">修正配合间隙尺寸,紧固刷盒</td></tr>
<tr><td rowspan="2">换向器换向片间短路</td><td>换向片间的绝缘被击穿</td><td rowspan="2">排除短路</td><td>修理或更换换向器</td></tr>
<tr><td>换向片间有导电粉末</td><td>清除导电粉末</td></tr>
<tr><td colspan="2">定子绕组局部短路</td><td colspan="2">修复定子绕组</td></tr>
<tr><td colspan="2">电枢绕组局部短路</td><td colspan="2">修复电枢绕组</td></tr>
<tr><td colspan="2">电枢绕组局部断路</td><td colspan="2">修复电枢绕组</td></tr>
<tr><td colspan="2">电枢绕组反接</td><td colspan="2">换接电枢绕组</td></tr>
</table>

续表

故障现象	故障原因	检修方法
电动机运转声音异常	轴承磨损或内有杂物	更换或清洗轴承
	定子和电枢相擦	修正机械尺寸
	风扇变形或损坏	更换风扇
	风扇松动	坚固风扇
	风扇和挡风板距离不正确	调整风扇和挡风板的距离
	电刷弹簧压力太大	减小弹簧压力
	电刷内有杂质或太硬	更换电刷
	换向器表面凹凸不平	修整换向器
	换向器中云母片凸出	使云母片复位
	振动很大	电枢重校动平衡
	定子局部短路	修复定子
	电枢局部短路	修复电枢
电动机过热	轴承太紧	修正轴承室尺寸
	轴承内有杂质	清洗轴承、添加润滑脂
	电枢轴弯曲	校正电枢轴
	风量很小	检查风扇和挡风板
	定子线圈受潮	烘干定子线圈
	定子线圈局部短路	修复定子线圈
	转子线圈受潮	烘干电枢线圈
	转子线圈局部短路	修复电枢绕组
	转子线圈局部断路	修复电枢绕组
	电枢绕组反接	改正电枢绕组的接线
机壳带电	定子绝缘击穿、金属机壳带电	修复定子
	电枢的基本绝缘和附加绝缘击穿	修复电枢
	换向器对轴绝缘击穿	更换换向器，修复电枢
	电刷盘簧或接线碰金属机壳	调整盘簧或紧固内接线
	内接线松脱碰金属机壳	紧固内接线
电动机接通电源后熔丝烧毁	电缆线短路	调整电缆线
	内接线松脱短路	紧固内接线
	开关绝缘损坏短路	更换开关线
	定子线圈局部短路	修复定子
	电枢绕组局部短路	修复电枢
	换向片间短路	更换换向器，修复电枢
	电枢卡死	检查电动机的装配

项目四

交流异步电动机的调速

任务1 三相异步电动机的调速

学习目标

① 学习掌握三相异步电动机的调速原理和分类；
② 了解三相异步电动机的调速方法和适用场合；
③ 熟练掌握三相异步电动机的变频调速。

工作任务

首先，学习掌握三相异步电动机的调速原理和分类；其次，了解三相异步电动机的调速方法和适用场合，熟练掌握三相异步电动机的变频调速。

任务实施

【知识准备】

三相异步电动机的转速公式为 $n=60f/p(1-s)$，由此可见，改变供电频率 f、电动机的极对数 p 及转差率 s 均可达到改变转速的目的。从调速的本质来看，不同的调速方式无非是改变交流电动机的同步转速或不改变同步转速两种。

在生产机械中传统调速方法是不改变同步转速，主要有绕线式电动机的转子串电阻调速、斩波调速、串级调速以及应用电磁转差离合器、液力偶合器、油膜离合器等调速；现代调速方法是改变同步转速，主要有改变定子极对数的多速电动机调速，改变定子电压、频率的变频调速等。

从调速时的能耗来看，有高效调速方法与低效调速方法两种：①高效调速是指时转差率不变，因此无转差损耗，如多速电动机、变频调速以及能将转差损耗回收的调速方法（如串级调速等）。②有转差损耗的调速方法属低效调速，如转子串电阻调速方法，能量损耗在转子回路中。③电磁离合器的调速方法，能量损耗在离合器线圈中。④液力偶合器调速，能量损耗在液力偶合器的油中。一般来说转差损耗随调速范围扩大而增加，如果调速范围不大，能量损耗是很小的。

一、变极对数调速方法

变极对数调速就是改变极对数 P，进而改变同步转速，在转差率和电源频率不变的情况下，转速 n 就改变了。对于笼型异步电动机（图 4-1）来说，就是改变定子绕组的接线方式。这种调速方法可以获得恒转矩或恒功率的调速方式。缺点只能有级调速，而且级数有限调速不平滑，适用于不需要无级调速的生产机械，如金属切削机床、升降机、起重设备、风机、水泵等。

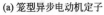

(a) 笼型异步电动机定子　　(b) 笼型异步电动机定子接线盒

图 4-1　笼型异步电动机

1. Y-YY 形变极接法（图 4-2）

Y 形连接时，每相有两个绕组串联，极对数为 $2p$，同步转速为 n_1；YY 形连接时，每相有两个绕组并联，极对数为 p，同步转速为 $2n_1$。

特点：恒转矩。

（1）Y 形连接时

$$P_{\mathrm{y}}=\sqrt{3}UnIl\cos\varphi_1\times\eta$$
$$T_{\mathrm{y}}=9550P_{\mathrm{y}}/n_1$$

（2）YY 形连接时

$$P_{\mathrm{yy}}=\sqrt{3}Un(2Il)\cos\varphi_1\times\eta=2P_{\mathrm{y}}$$
$$T_{\mathrm{yy}}=9550P_{\mathrm{yy}}/2n_1=9550\times2P_{\mathrm{y}}/2n_1=T_{\mathrm{y}}$$

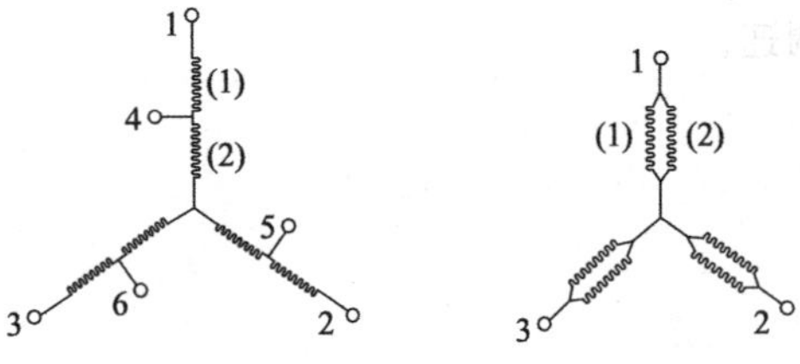

(a) Y形连接　　(b) YY形连接

图 4-2　Y-YY 形变极接法

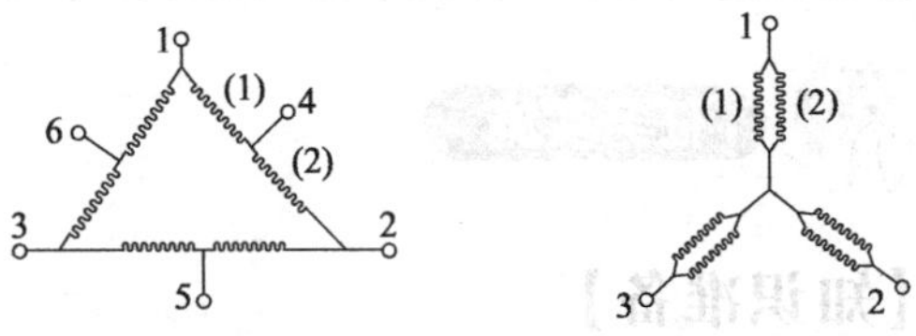

(a) △形连接　　(b) YY形连接

图 4-3　△-YY 变极接法

2. △-YY 变极接法（图 4-3）

△形连接时，每相有两个绕组串联，极对数为 $2p$，同步转速为 n_1，YY 形连接时，每相有 2 个绕组并联，极对数为 p，同步转速为 $2n_1$。

特点：恒功率

(1) △形连接时

$$P_{\triangle}=\sqrt{3}Un(\sqrt{3}Il)\cos\varphi_1\times\eta$$
$$T_{\triangle}=9550P_{\triangle}/n_1$$

(2) YY 形连接时

$$P_{\mathrm{yy}}=\sqrt{3}Un(2Il)\cos\varphi_1\times\eta=2P_{\triangle}/\sqrt{3}\approx P_{\triangle}$$
$$T_{\mathrm{yy}}=9550P_{\mathrm{yy}}/2n_1=T_{\triangle}/\sqrt{3}$$

二、变频调速方法

变频调速是改变电动机定子电源的频率，从而改变其同步转速的调速方法。变频调速系统主要设备是提供变频电源的变频器，变频器可分成交流-直流-交流变频器和交流-交流变频器两大类，目前国内大都使用交-直-交变频器（图 4-4）。

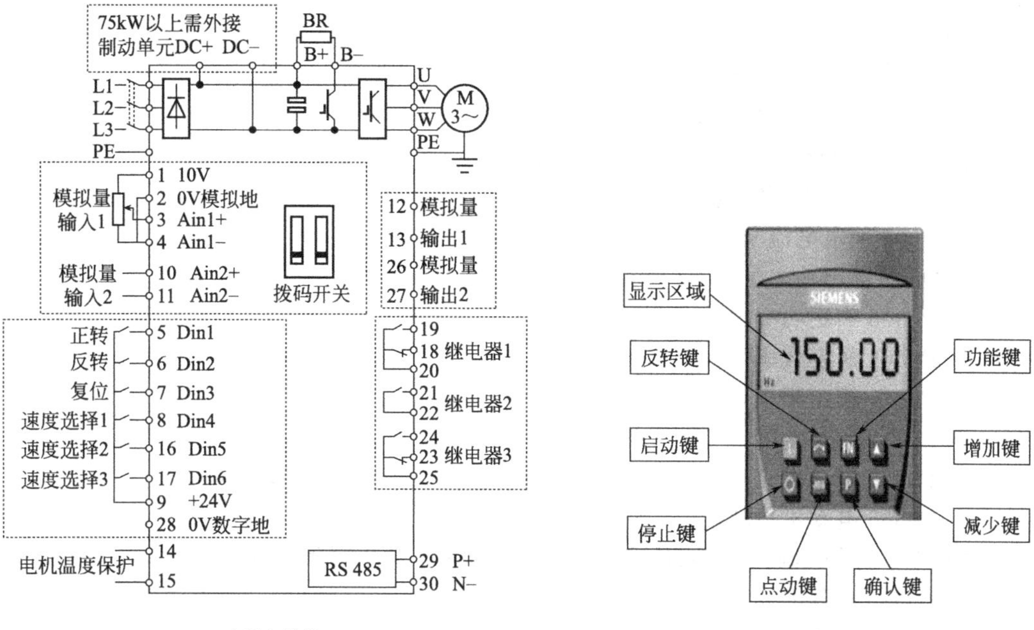

(a) 安装与接线　　(b) 基本操作面板

图 4-4　变频器

其特点：效率高，调速过程中没有附加损耗；应用范围广，可用于笼型异步电动机；调速范围大，特性硬，精度高；技术复杂，造价高，维护检修困难。

变频器的参数设置如下所示。

1. 复位为工厂的缺省设置值

设定　（1）P0010＝30；

（2）P0970＝1

0 禁止复位 1 参数复位

保留参数：P0918（CB 地址），P2010（USS 波特率）和 P2011（USS 地址）

2. 基本参数

（1）P0003 用户访问级可设定值

0 为用户定义的参数表；1 为标准级，可以访问最经常使用的一些参数；2 为扩展级，允许扩展访问参数的范围，例如变频器的 I/O 功能；3 为专家级，只供专家使用；4 为维修级，只供授权的维修人员使用，具有密码保护。

（2）P0004 参数过滤器

0 为全部参数；2 为变频器参数；3 为电动机参数；4 为速度传感器；5 为工艺应用对象/装置；7 为命令，二进制 I/O 命令和数字 I/O；8ADC（模-数）和 DAC（数-模）为模拟 I/O；10 为设定值通道/RFG（斜坡函数发生器）；12 为驱动装置的特征；13 为电动机的控制；20 为通信（P918 CB 通信板地址）；21 为报警/警告/监控；22 为工艺参数控制器（例如 PID）。

（3）P0010 调试参数过滤器

0 为准备调试；1 为快速调试；2 为变频器；29 为下载；30 为工厂的设定值。

（4）P0100

0 为欧美-【KW】，频率缺省值 50Hz；1 为北美-【hp】，频率缺省值 60Hz；2 为北美-【KW】，频率缺省值 60Hz。

（5）P0205 变频器应用

0 为恒转矩；1 为变转矩。

（6）P0300 选择电动机类型

1 为同步；2 为异步。

（7）P0304 电动机额定电压

（8）P0305 额定电流

（9）P0307 额定功率

（10）P0308 额定功率因数

（11）P0309 额定效率（P0100＝1）

（12）P0310 额定频率

（13）P0311 额定速度

（14）P0320 电动机磁化电流 P3900 为 1 或为 2，由变频器内部计算

（15）P0335 电动机冷却

0 为自冷；1 为强制；2 为自冷和内置冷却风机；3 为强制和内置。

（16）P0640 过载因数

（17）P0700 选择命令源

0 为工厂的缺省值设定；1 为 BOP（键盘）设置；2 为有端子排输入；4 为 BOP 链路的 USS 设置；5 为 COM 链路的 USS 设置；6 为 COM 链路的通信板（CB）设置。

（18）P1000 频率设定值选择

0 为无主设定值；1 为 MOP 设定值；2 为模拟设定值；3 为固定频率。

（19）P1080 最低频率

（20）P1082 最高频率

（21）P1120 斜坡上升时间

（22）P31121 斜坡下降时间

（23）P1135 OFF3 的斜坡下降时间

（24）P1300 变频器控制方式

（25）P1500 选择转矩设定值

（26）P1910 是否自检测＝1

（27）P3900 结束快速调试

0 为不用快速调试；1 为结束，并按工厂设置室参数复位；2 为结束；3 为结束，只进行电动机数据计算。

3. 使用状态显示板操作时变频器的缺省设置（表 4-1）

表 4-1　使用状态显示板操作时变频器的缺省设置

输入	端子号	参数设置值	缺省的操作
数字输入 1	5	P0701＝‘1’	ON，正向运行
数字输入 2	6	P0702＝‘12’	反向运行
数字输入 3	7	P0703＝‘9’	故障确认
数字输入 4	8	P0704＝‘15’	固定频率
数字输入 5	16	P0705＝‘15’	固定频率

续表

输入	端子号	参数设置值	缺省的操作
数字输入 6	17	P0706＝‘15’	固定频率
数字输入 7	经由 AIN1	P0707＝‘0’	不激活
数字输入 8	经由 AIN2	P0708＝‘0’	不激活

三、串级调速方法

串级调速是指绕线式电动机转子回路中串入可调节的附加电势来改变电动机的转差，达到调速的目的。大部分转差功率被串入的附加电势所吸收，再利用产生附加的装置，把吸收的转差功率返回电网或转换能量加以利用。根据转差功率吸收利用方式，串级调速可分为电动机串级调速、机械串级调速及晶闸管串级调速形式，多采用晶闸管串级调速，其特点是：可将调速过程中的转差损耗回馈到电网或生产机械上，效率较高；装置容量与调速范围成正比，投资省，适用于调速范围在额定转速 70%～90% 的生产机械上；调速装置故障时可以切换至全速运行，避免停产；晶闸管串级调速功率因数偏低，谐波影响较大；适合于风机、水泵及轧钢机、矿井提升机、挤压机上使用。串级调速系统原理如图 4-5 所示，双闭环三相异步电动机串级调速接线图如图 4-6 所示。

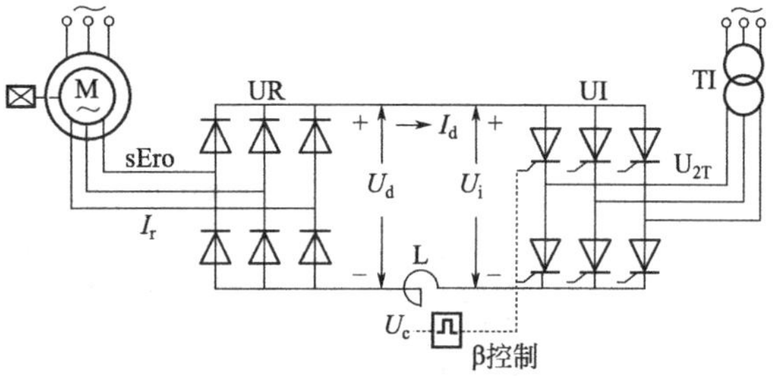

图 4-5　串级调速系统原理

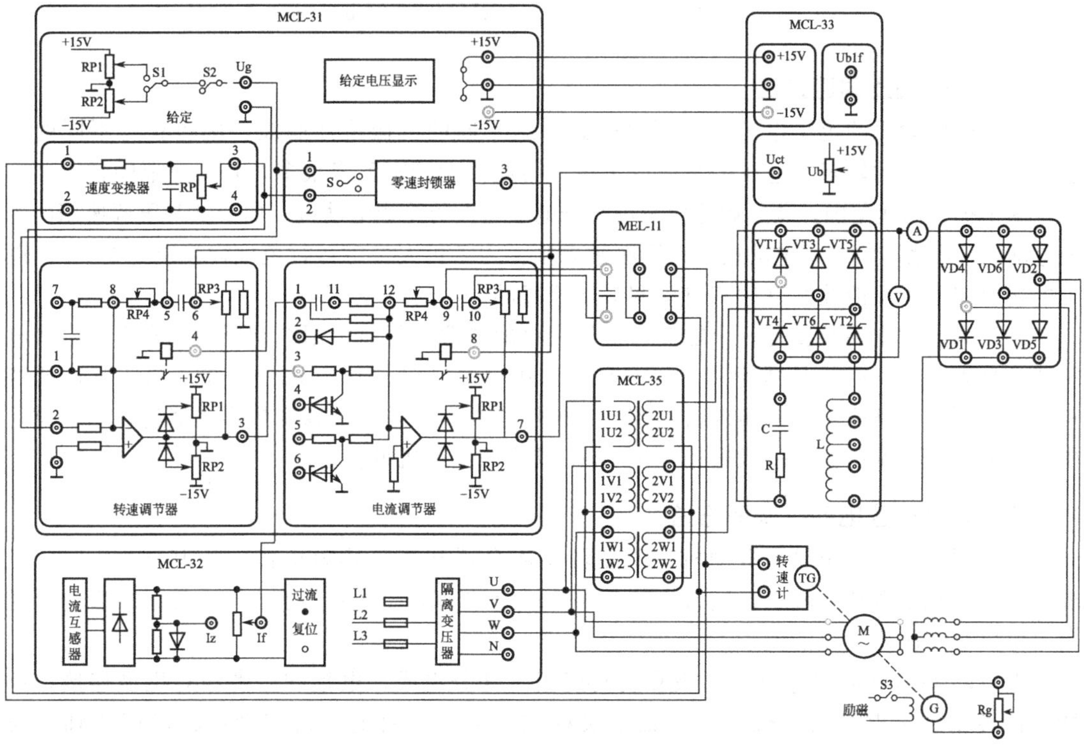

图 4-6　双闭环三相异步电动机串级调速接线图

四、绕线式电动机转子串电阻调速方法

绕线式异步电动机转子串入附加电阻，使电动机的转差率加大，电动机在较低的转速下运行。串入的电阻越大，电动机的转速越低。此方法设备简单，控制方便，但转差功率以发热的形式消耗在电阻上。属有级调速，机械特性较软。绕线式电动机转子串电阻调速控制电路如图 4-7 所示。

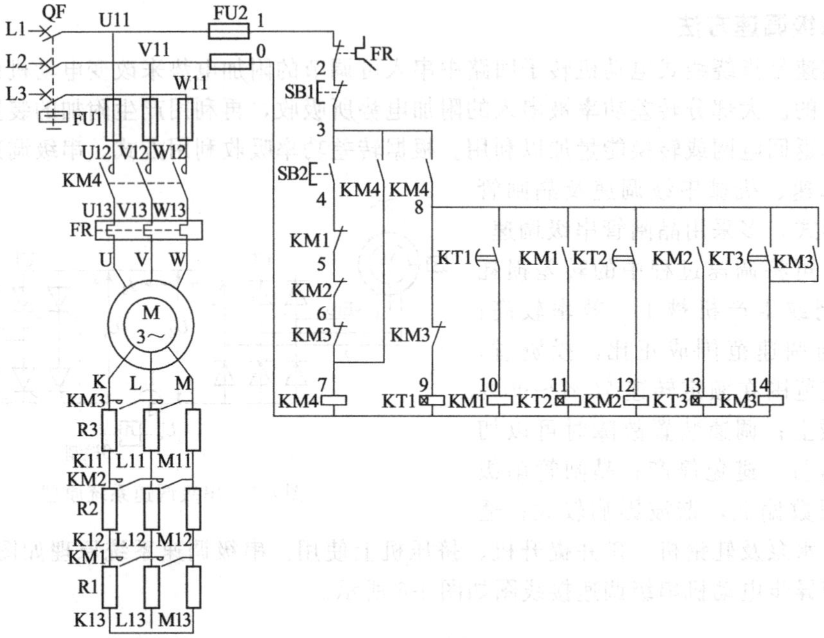

图 4-7　绕线式电动机转子串电阻调速控制电路图

五、定子调压调速方法

当改变电动机的定子电压时，可以得到一组不同的机械特性曲线，从而获得不同的转速。由于电动机的转矩与电压的平方成正比，因此最大转矩下降很多，其调速范围较小。

为了扩大调速范围，调压调速应采用转子电阻值大的笼型电动机，如专供调压调速用的力矩电动机，或者在绕线式电动机上串联频敏电阻。为了扩大稳定运行范围，当调速在 2∶1 以上的场合应采用反馈控制以达到自动调节转速目的。

调压调速的主要装置是一个能提供电压变化的电源，目前常用的调压方式有串联饱和电抗器、自耦变压器以及晶闸管调压等几种。其中以晶闸管调压方式为最佳。调压调速的特点：调压调速线路简单，易实现自动控制；调压过程中转差功率以发热形式消耗在转子电阻中，效率较低；调压调速一般适用于 100kW 以下的生产机械。

六、电磁调速电动机调速方法

电磁调速电动机由笼型电动机、电磁转差离合器和直流励磁电源（控制器）3 部分组成。直流励磁电源功率较小，通常由单相半波或全波晶闸管整流器组成，改变晶闸管的导通角，可以改变励磁电流的大小。

电磁转差离合器由电枢、磁极和励磁绕组 3 部分组成。电枢和后者没有机械连接，都能自由转动。电枢与电动机转子同轴连接称主动部分，由电动机带动；磁极用联轴节与负载轴对接称从动部分。当电枢与磁极均为静止时，如励磁绕组通以直流，则沿气隙圆

周表面将形成若干对 N、S 极性交替的磁极，其磁通经过电枢。当电枢随拖动电动机旋转时，由于电枢与磁极间相对运动，使电枢感应产生涡流，此涡流与磁通相互作用产生转矩，带动有磁极的转子按同一方向旋转，但其转速恒低于电枢的转速 n_1，这是一种转差调速方式，变动转差离合器的直流励磁电流，便可改变离合器的输出转矩和转速。电磁调速电动机的调速特点：装置结构及控制线路简单、运行可靠、维修方便；调速平滑、无级调速；对电网无谐影响；速度失大、效率低。本方法适用于中、小功率，要求平滑动、短时低速运行的生产机械。

七、液力耦合器调速方法

液力耦合器是一种液力传动装置，一般由泵轮和涡轮组成，统称工作轮，放在密封壳体中。壳中充入一定量的工作液体，当泵轮在原动机带动下旋转时，处于其中的液体受叶片推动而旋转，在离心力作用下沿着泵轮外环进入涡轮时，就在同一转向上给涡轮叶片以推力，使其带动生产机械运转。液力耦合器的动力转输能力与壳内相对充液量的大小是一致的。在工作过程中，改变充液率就可以改变耦合器的涡轮转速，做到无级调速，其特点为：功率适应范围大，可满足从几十千瓦至数千千瓦不同功率的需要；结构简单，工作可靠，使用及维修方便，且造价低；尺寸小，能容大；控制调节方便，容易实现自动控制。本方法适用于风机、水泵的调速。

【实际操作】——三相异步电动机的变频调速

一、选用工具、仪表及材料

(1) 工具：钢锯、验电笔、螺钉旋具、尖嘴钳、斜口钳、剥线钳、电工刀等工具。

(2) 仪表：ZC35—3 型兆欧表（500V、0～500MΩ）、MG3—1 型钳流表、MF47 型万用表。

(3) 器材

① M→三相笼型异步电动机（WDJ26，40W、380V、0.2A、△、1430r/min）1 台；

② QF→空气开关（DZ47—60，三极、380V、1A）1 个；

③ 西门子变频器（MM440）1 台；

④ SB→按钮（LA4—2H，保护式、按钮数 2）6 个；

⑤ XT→端子板（YDG—603）若干节并配导轨；

⑥ 三相四线插头 1 个；

⑦ 线号套管（配 BVR1.5mm^2、BVR1.0mm^2 及 BVR0.75mm^2 导线用）若干；

⑧ 油性记号笔 1 支；

⑨ 网孔板（700mm×590mm）1 块；

⑩ 胀销及配套自攻钉，规格是与网孔板配套，数量若干；

⑪ 导线（BVR1.5mm^2、BVR1.0mm^2 及 BVR0.75mm^2）若干；

⑫ 接地线（BVR1.5mm^2 黄绿）若干；

⑬ 线槽（VDR2030F，20mm×30mm）若干。

二、工具、仪表及器材的质检要求

(1) 根据电动机规格检验工具、仪表、器材等是否满足要求。

(2) 电气元件外观应完整无损，附件备件齐全。

(3) 用万用表、兆欧表检测元件及电动机的技术数据是否符合要求。

三、安装步骤及工艺要求

第一步，根据控制要求绘制原理图、位置图和接线图，要求绘制的图纸在满足控制要求的前提下，必须符合现行国家标准。

第二步，在控制板上按位置图固定元件及线槽，要求电器元件安装应牢固，并符合工艺要求。

第三步，接线，工艺要求如下所示。

(1) 槽内导线不得有接头及破损；

(2) 一般应先控制电路后主电路及外部电路。

第四步，自检，工艺要求如下所示。

(1) 通断检测；

(2) 绝缘检测。

第五步，清理现场，要求符合4S管理规定。

第六步，交验，通知教师验检。

第七步，试车，在教师的监护下送电试车。

第八步，检修，教师设故障学生自行排除。

四、评分标准

1. 绘图（10分）

(1) 未实现要求功能扣10分，且不能继续考核，应整改后继续。

(2) 未按国家标准每处扣1分，最高扣分为10分。

(3) 图面不整洁每张扣2分。

2. 元件检查（5分）

(1) 电动机质量漏检扣5分。

(2) 元件漏检或检错，每处扣1分。

3. 安装（5分）

(1) 元件安装位置与位置图不符，每处扣1分。

(2) 元件松动，每个扣1分。

(3) 线槽没做45°拼角，每处扣1分。

4. 接线（30分）

(1) 接线顺序错误，每根扣5分。

(2) 漏套线号套管，每处扣5分。

(3) 漏标线号或线号标错，每处扣5分。

(4) 不会接线或与接线图不符，扣30分。

(5) 导线及线号套管使用错误，每根扣5分。

5. 自检（20分）

(1) 通断检测

① 不会检测或检测错误，扣15分。

② 漏检，每处扣5分。

(2) 绝缘检测

① 不会检测或检测错误，扣15分。

② 漏检，每处扣5分。

6. 交验试车（10 分）

（1）未通知教师私自试车，扣 10 分。

（2）一次校验不合格，扣 5 分。

（3）二次校验不合格，扣 10 分。

7. 检修（20 分）

（1）检不出故障，扣 20 分。

（2）查出故障但排除不了，扣 10 分。

（3）制造出新故障，每处扣 5 分。

8. 安全文明生产

违反安全文明生产规程，扣 5～40 分。

9. 定额时间

定额时间 60min，每超过 10min（不足 10min 按 10min 计）扣 5 分。

备注：除定额时间和安全文明生产外其他扣分不应超过配分。

温馨提示

注意不要损坏元件。

【任务评价】

温馨提示

完成【知识准备】、【实际操作】后，进入总结评价阶段。评价分自评、教师评两种，主要是总结评价本次安装、调试、演示过程中做得好的地方及需要改进的地方等。根据评分的情况和本次任务的结果，填入表 4-2 和表 4-3。

表 4-2　学生自评表格

任务完成进度	做得好的方面	不足、需要改进的方面

表 4-3　教师评价表格

在本次任务中的表现	学生进步的方面	学生不足、需要改进的方面

【总结报告】

温馨提示

总结报告可涉及内容为本次任务，本次实训的心得体会等，总之，要学会随时记录工作

过程，总结经验教训，为今后的工作打下良好的基础。

任务小结

本任务主要是学习掌握三相异步电动机的调速原理和分类；了解三相异步电动机的调速方法和适用场合；熟练掌握三相异步电动机的变频调速。

问题探究

一、西门子 MM440BOP 修改参数

例：将参数 P1000 的第 0 组参数，即设置 P1000 [0]=1 的流程（表 4-4）。

表 4-4 将参数 P1000 的第 0 组参数，即设置 P1000 [0]=1 的流程

操作步骤		BOP 显示结果
1	按 P 键，访问参数	r0000
2	按 ▲ 键，直到显示 P1000	P1000
3	按 P 键，显示 in000，即 P1000 的第 0 组值	in000
4	按 P 键，显示当前值 2	2
5	按 ▼ 键，达到所要求的数值 1	1
6	按 P 键，存储当前设置	P1000
7	按 FN 键显示 r0000	r0000
8	按 P 键，显示频率	50.00

二、故障复位操作

当变频器运行中发生故障或者报警，变频器会出现提示，并会按照设定的方式进行默认的处理（一般是停车）。此时，需要用户查找并排除故障发生的原因后，在面板上确认故障的操作。这里通过一个 F0003（电压过低）的故障复位过程来演示具体的操作流程。当变频器欠电压时，面板将显示故障代码 F0003。按 FN 键，如果故障点已经排除，变频器将复位到运行准备状态，显示设定频率 .50.00 闪烁。如果故障点仍然存在，则故障 F0003 代码重现。

任务2 单相异步电动机的调速

学习目标

① 学习掌握单相异步电动机的调速原理和分类；

② 了解单相异步电动机的调速方法和适用场合；

③ 熟练掌握单相异步电动机的变频调速。

工作任务

首先，学习掌握单相异步电动机的调速原理和分类；其次，了解单相异步电动机的调速方法和适用场合，熟练掌握单相异步电动机的变频调速。

任务实施

【知识准备】

单相电机调速的常用方式方法有：高效调速包括变极对数调速（适用笼型电动机）、变频调速（适用笼型电动机）、串级调速（适用绕线式电动机）、换向器电机调速（适用同步电动机）；低效调速包括定子调压调速（适用笼型电动机）、电磁滑差离合器调速（适用笼型电动机）。

一、串电抗器调速

将电抗器与电动机定子绕组串联，利用电抗器上产生压降使加到电机定子绕组上的电压低于电源电压，从而达到降低电动机转速的目的（图 4-8）。此种调速方法，只能是由电动机的额定转速往低调，多用在吊扇及台扇上。

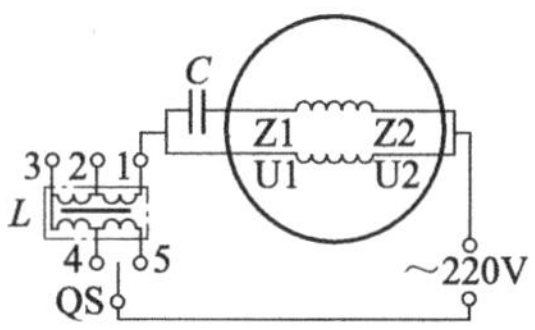

图 4-8　串电抗器调速

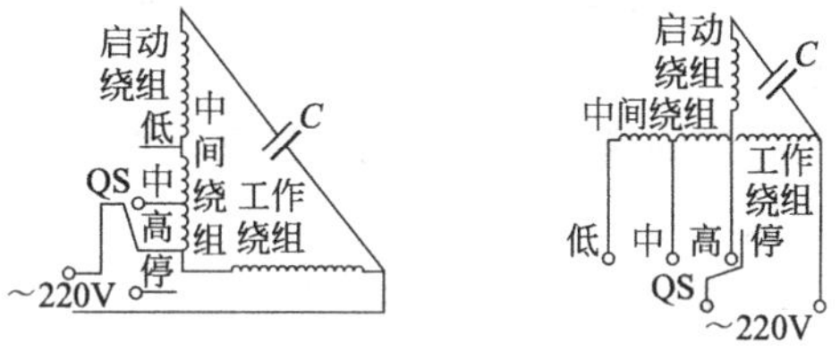

(a) L型　(b) T型

图 4-9　电动机绕组内部抽头调速

二、电动机绕组内部抽头调速

通过调速开关改变中间绕组与启动绕组及工作绕组的接线方法，从而达到改变电动机内部气隙磁场的大小，达到调节电动机转速的目的，有 L 型和 T 型两种接法（图 4-9）。

三、交流晶闸管调速

利用改变晶闸管的导通角，来实现调节加在单相电动机上的交流电压的大小，从而达到调速的目的（图 4-10）。此方法可以实现无级调速，缺点是有一些电磁干扰。常用于电风扇的调速上。

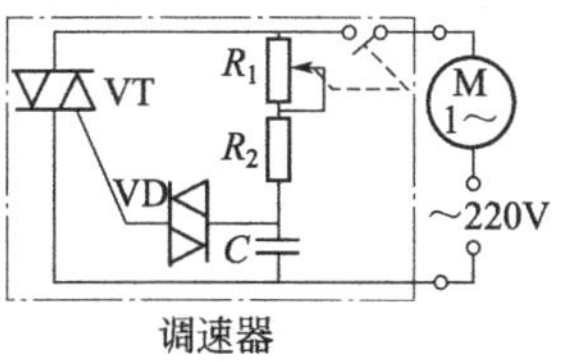

图 4-10　交流晶闸管调速

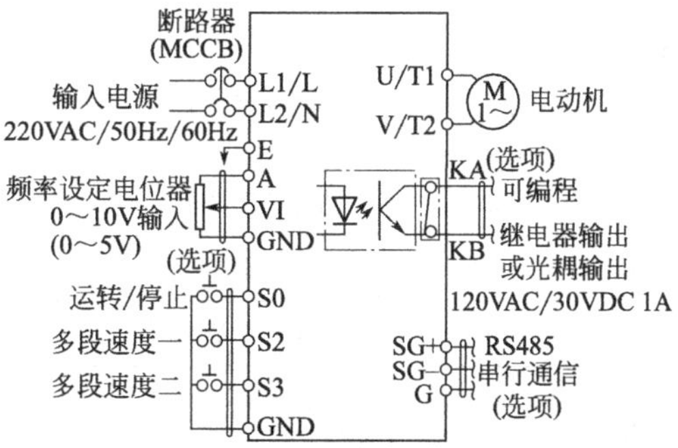

图 4-11　单相电动机变频器调速基本接线图

四、变频器调速

1. 基本接线图（图 4-11）

注：模拟输入与多段速为选项

2. 变频器电源端子（表 4-5 和图 4-12）

表 4-5　变频器电源端子

E	L1/L	L2/N	U/T1	V/T2

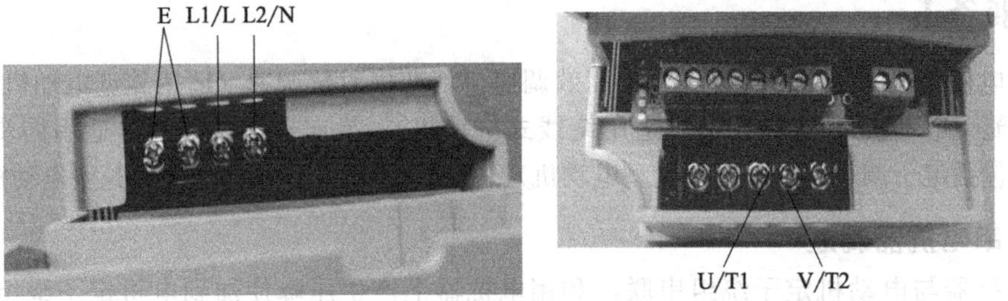

图 4-12　变频器电源端子说明

注：E 为变频器机壳的接地端子，不要和电网的工作地相连；L1/L、L2/N 为 220V 电源输入端子，连接单相交流输入电源；U/T1、V/T2 为变频器输出端子，与电动机连接；严禁把变频器的输入、输出端子接反，否则将导致变频器内部的损坏；PB、P、W/T2 端悬空，禁止接线。

3. 变频器控制端子（表 4-6）

表 4-6　变频器控制端子

A	VI	GND	S0	S2	S3	GND	SG+	SG−		

4. 变频器端子功能（表 4-7）

表 4-7　变频器端子功能

类别	端子符号	端子名称	端子功能	备注
电源端子	L1/L、L2/N	主电源输入	连接单相 220V 电源到变频器	连接时务必小心，输入、输出切勿接反
	U/T1、V/T2	变频器输出	输出连接电动机	
模拟频率设定	A	频率设定电源	10V/5V 电压源输出	选件
	VI	模拟电压给定输入	电压输入(DC0～10V/5V)	
	GND	频率给定用公共端子 A、VI、S0、S2、S3、SG+、SG−	用公共端子	
输入信号	S0	功能辅助端子	运转/停止功能辅助端子	
	S2	功能辅助端子	多段速度一	
	S3	功能辅助端子	多段速度二	
RS485 通信	SG+	通信＋	RS485 的通信端子	选件
	SG−	通信−		

5. 键盘及操作说明（图 4-13）

（1）指示灯。RUN，红灯亮表示运转；FWD，红灯亮表示正转；REV，红灯亮表示反转；STOP，红灯亮表示正转。

（2）MODE 键。出现故障时，按 MODE 键可复位。

（3）显示内容（表 4-8）

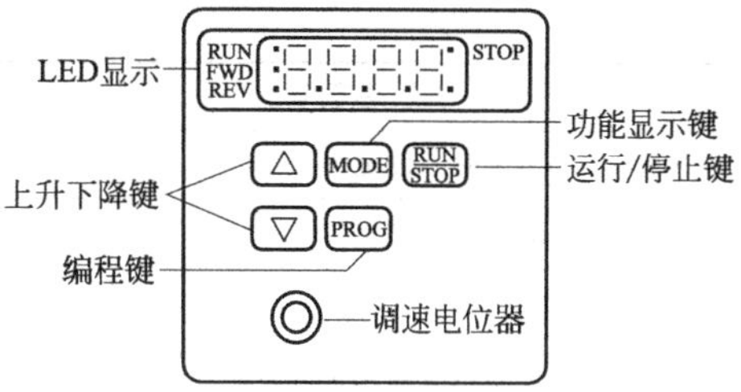

图 4-13　键盘

表 4-8　显示内容

显示	说明	显示	说明
F60.0	显示变频器目前的设定频率	H60.0	显示变频器实际输出到电动机的频率
A 4.2	显示变频器输出侧的输出电流	U60.0	显示用户定义的物理量
0-	显示参数群名称	0-00	显示参数群下各项参数项
d0	显示参数内容值	End	若由显示区读到 End 的信息，大约 1s，表示资料已被接受并自动存入内部存储器
Err	若设定的资料不被接受或数值超出时即会显示		

（4）键盘操作说明（图 4-14）

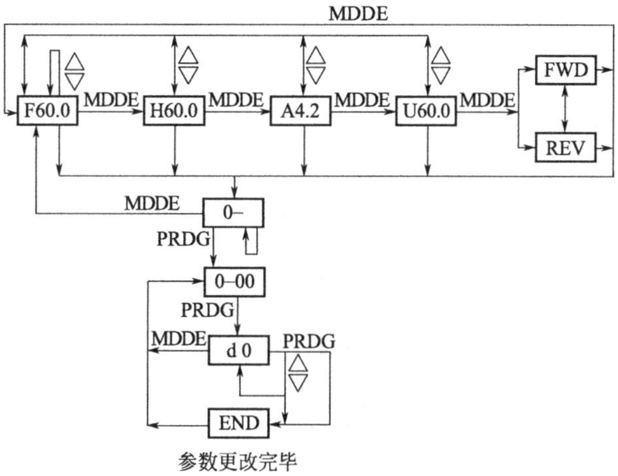

图 4-14　键盘操作说明

（5）功能/参数（表 4-9）

表 4-9　功能/参数

参数	参数功能	设定范围	出厂值
0-01	额定电流显示仅供读取	400W：2.5A	工厂设定
0-03	开机显示	0：F(频率指令) 1：H(输出频率) 2：U(使用者定义) 3：A(输出电流)	0
1-00	最高操作频率设定	50.0～400Hz	50.0
1-01	最大电压频率设定	10.0～400Hz	50.0
1-08	输出频率下限设定	0～100%	40

续表

参数	参数功能	设定范围	出厂值
1-09	加速时间设定	0.1～600s	3.0
1-10	减速时间设定	0.1～600s	10.0
2-00	频率指令输入来源设定	0:由操作面板控制 1:由外部端子输入 0～+10V/5V 3:由面板上 V、R 控制 4:由 RS—485 通信界面操作	0
2-01	运转指令来源设定	0:由键盘操作 1:由外部端子操作,键盘 STOP 键有效 3:由 RS—485 通信界面操作,键盘 STOP 键有效	0
4-04	多功能输入选择一(S1) (d 0～d 20)	0:无功能 1:S0:运转/停止	1
4-05	多功能输入选择二(S2)	7:多段速指令一	7
4-06	多功能输入选择三(S3)	8:多段速指令二	8
5-00	第一段速	0.0～400Hz	0
5-01	第二段速	0.0～400Hz	0
5-02	第三段速	0.0～400Hz	0
7-02	转矩补偿设定	0～10	5
9-00	通信地址	1～247	1
9-01	通信传送速度	0:Baud rate 4800 1:Baud rate 9600 2:Baud rate 19200	1
9-02	传输错误处理	0:警告并继续运转 1:警告且减速停车 2:警告且自由停车 3:不警告继续运转	0
9-03	传输超时 watchdog 设定	0:无效 1:1～20s	0
9-04	通信资料格式	ASCII mode 0:7,N,2 1:7,E,1 2:7,O,1 3:8,N,2 4:8,E,1 5:8,O,1	0

(6) 在变频控制器上用 2 个触点预设 4 个速度（表 4-10）

表 4-10 用 2 个触点预设 4 个速度

开关 1	开关 2	参数显示	速度设置
OFF	OFF		当前速度设定值(50Hz)
ON	OFF	5-00	预设速度 1(0Hz)
OFF	ON	5-01	预设速度 2(0Hz)
ON	ON	5-02	预设速度 3(0Hz)

注意：除表 4-10 所列参数外，请勿修改其他参数，否则会损坏变频器。

五、自耦变压器调速（图 4-15）

① 调速时整台电动机降压：低速挡启动性能差。

② 工作绕组降压：低速挡启动性能较好，接线复杂。

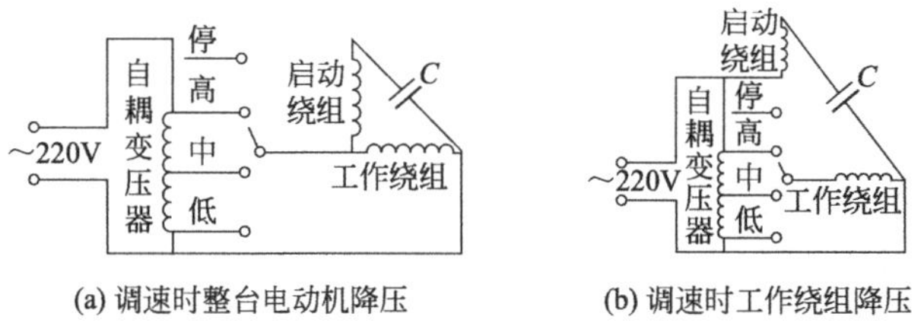

图 4-15　自耦变压器调速

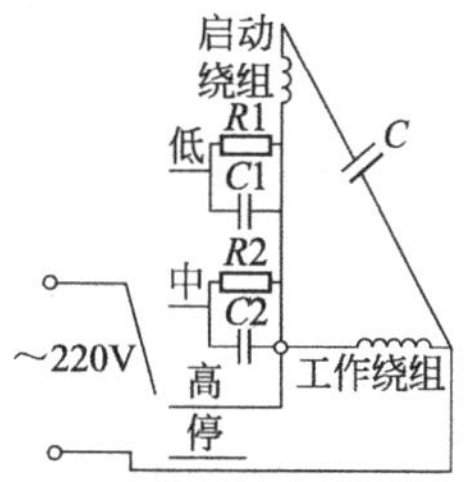

图 4-16　串电容调速

六、串电容调速（图 4-16）

电容与容抗成反比，即电容量大则容抗小，相应的电压降也小，n 就高，R 为泄防电阻。特点：电动机启动性能好，正常运行时无功率损耗，效率高。

注：以上为单相异步电动机常用的调速方法，除此之外还有变极调速等，由于使用率不高故在此不做介绍。

【实际操作】——单相异步电动机的变频调速

一、选用工具、仪表及材料

（1）工具：钢锯、验电笔、螺钉旋具、尖嘴钳、斜口钳、剥线钳、电工刀等工具。

（2）仪表：ZC35—3 型兆欧表（500V、0～500MΩ）、MG3—1 型钳流表、MF47 型万用表。

（3）器材

① M→单相笼型异步电动机（WDJ26，40W、380V、0.2A、△、1430r/min）1 台；

② QF→空气开关（DZ47—60，三极、380V、1A）1 个；

③ 智人 ADS310S 单相电机专用变频器 1 台；

④ SB→按钮（LA4—3H，保护式、按钮数 3）1 个；

⑤ XT→端子板（YDG—603）若干节并配导轨；

⑥ 三相四线插头 1 个；

⑦ 线号套管（配 BVR1.5mm^2、BVR1.0mm^2 及 BVR0.75mm^2 导线用）若干；

⑧ 油性记号笔 1 支；

⑨ 网孔板（700mm×590mm）1 块；

⑩ 胀销及配套自攻钉，规格是与网孔板配套，数量若干；

⑪ 导线（BVR1.5mm^2、BVR1.0mm^2 及 BVR0.75mm^2）若干；

⑫ 接地线（BVR1.5mm^2 黄绿）若干；

⑬ 线槽（VDR2030F，20mm×30mm）若干。

二、工具、仪表及器材的质检要求

（1）根据电动机规格检验工具、仪表、器材等是否满足要求。

（2）电气元件外观应完整无损，附件备件齐全。

(3) 用万用表、兆欧表检测元件及电动机的技术数据是否符合要求。

三、安装步骤及工艺要求

第一步，根据控制要求绘制原理图、位置图和接线图，要求绘制的图纸在满足控制要求的前提下，必须符合现行国家标准。

第二步，在控制板上按位置图固定元件及线槽，要求电器元件安装应牢固，并符合工艺要求。

第三步，接线，工艺要求如下所示。

(1) 槽内导线不得有接头及破损；

(2) 一般应先控制电路后主电路及外部电路。

第四步，自检，工艺要求如下所示

(1) 通断检测；

(2) 绝缘检测。

第五步，清理现场，要求符合 4S 管理规定。

第六步，交验，通知教师验检。

第七步，试车，在教师的监护下送电试车。

第八步，检修，教师设故障学生自行排除。

四、评分标准

1. 绘图（10 分）

(1) 未实现要求功能扣 10 分，且不能继续考核，应整改后继续。

(2) 未按国家标准每处扣 1 分，最高扣分为 10 分。

(3) 图面不整洁每张扣 2 分。

2. 元件检查（5 分）

(1) 电动机质量漏检扣 5 分。

(2) 元件漏检或检错，每处扣 1 分。

3. 安装（5 分）

(1) 元件安装位置与位置图不符，每处扣 1 分。

(2) 元件松动，每个扣 1 分。

(3) 线槽没做 45°拼角，每处扣 1 分。

4. 接线（30 分）

(1) 接线顺序错误，每根扣 5 分。

(2) 漏套线号套管，每处扣 5 分。

(3) 漏标线号或线号标错，每处扣 5 分。

(4) 不会接线或与接线图不符，扣 30 分。

(5) 导线及线号套管使用错误，每根扣 5 分。

5. 自检（20 分）

(1) 通断检测

① 不会检测或检测错误，扣 15 分。

② 漏检，每处扣 5 分。

(2) 绝缘检测

① 不会检测或检测错误，扣15分。

② 漏检，每处扣 5 分。

6. 交验试车（10 分）

（1）未通知教师私自试车，扣 10 分。

（2）一次校验不合格，扣 5 分。

（3）二次校验不合格，扣 10 分。

7. 检修（20 分）

（1）检不出故障，扣 20 分。

（2）查出故障但排除不了，扣 10 分。

（3）制造出新故障，每处扣 5 分。

8. 安全文明生产

违反安全文明生产规程，扣 5～40 分。

9. 定额时间

定额时间 60min，每超过 10min（不足 10min 按 10min 计）扣 5 分。

备注：除定额时间和安全文明生产外其他扣分不应超过配分。

温馨提示

注意不要损坏元件。

【任务评价】

温馨提示

完成【知识准备】、【实际操作】后，进入总结评价阶段。评价分自评、教师评两种，主要是总结评价本次安装、调试、演示过程中做得好的地方及需要改进的地方等。根据评分的情况和本次任务的结果，填入表 4-11 和表 4-12。

表 4-11　学生自评表格

任务完成进度	做得好的方面	不足、需要改进的方面

表 4-12　教师评价表格

在本次任务中的表现	学生进步的方面	学生不足、需要改进的方面

【总结报告】

温馨提示

总结报告可涉及内容为本次任务，本次实训的心得体会等，总之，要学会随时记录工作

过程，总结经验教训，为今后的工作打下良好的基础。

任务小结

本任务主要是学习掌握单相异步电动机的调速原理和分类；了解单相异步电动机的调速方法和适用场合；熟练掌握单相异步电动机的变频调速。

问题探究

1. 交流变频器驱动单相电动机时，必须注意的事项

（1）采用交流变频器驱动单相电动机时，其能量损失比直接采用商用电源驱动时高。

（2）单相电动机在低速运转时，因散热风扇转速低，导致电动机温升较高，故不可长时间低速运转。

（3）单相电动机在低速运转时，输出转矩变低，降低负载使用。

（4）单相电动机的额定转速为50Hz，超过此速度时，必须考虑电动机动态平衡及转子耐久性。

（5）以交流变频器驱动时，电动机转矩特性与直接采用商用电源驱动不同。

（6）ADS310S变频器以高载波PWM调变方式控制，电动机振动几乎与商用电源驱动时相同，但必须注意下列问题。

① 机械共振：尤其是经常不定速运转之机械设备，请安装防振橡胶。

② 电动机不平衡：尤其是50Hz以上高速运转。

③ 当电动机与变频器配线距离超过50m以上时，对于电动机的绝缘能力及电压降需作仔细评估。

（7）电动机在50Hz以上高速运转时，风扇噪声变得非常明显。

（8）传动机构使用减速机，传动带，链条等传动机构装置时，必须注意低速运转时润滑功能降低，50Hz以上高速运转时，传动机构装置的噪声、使用寿命、重心、强度、振动等问题。

2. 电源端子配线注意事项

（1）为输入和输出提供的线应该具有足够的线径，以保证电压降小于2%。如果在变频器和电动机之间的配线过长。

（2）同时变频器在低频状态下运行，由于配线引起的电压降将导致电极转矩下降。总的配线长度不应该超过50m。

（3）不要在变频器的输出侧安装前相电容器，浪涌滤波器和无线噪声滤波器，这样做的话，将导致变频器损坏，或者损坏电容器和浪涌滤波器。

（4）在配线时，要检查电源直流母线上的电压。在电源断开的时候，电容器仍然充满高压，十分危险，一定要小心操作。

项目五

课程设计

任务1 了解电力拖动设计的一般原则和方法

学习目标

① 学习掌握电力拖动设计的一般原则；

② 熟练掌握电力拖动设计的方法。

工作任务

首先，学习掌握电力拖动设计的一般原则；其次，熟练掌握电力拖动设计的方法，为完成本课程设计做好准备。

任务实施

【知识准备】

一、电力拖动设计的主要任务

（1）拖动方案的确定和选择电动机。

（2）设计电气控制线路。

二、电力拖动设计的一般原则

1. 最大限度满足生产工艺要求

设计前，应充分了解生产工艺对电气控制系统提出的要求，这是做好设计的基础和依据。如生产机械对拖动电动机的启动、制动、调速、反转的要求，需要设置哪些保护环节，电气和机械的配合及联锁等。

2. 可靠性，安全性

元器件质量好，可靠性高，抗干扰能力强；控制线路中电器连接正确；电器线圈正确连接；电器触点正确连接，同一个电器的常开触点和常闭触点相距很近，如果分别接在电源的不同极上或不同相上，可能造成触点间形成飞弧，或者由于绝缘损坏，引起电源短路；在没有特殊要求时，控制线路尽量避免许多电器依次动作才能接通另一个电器的情况，这样如果一个电器故障，影响所有电路；控制电路中，要防止寄生电路的产生；频繁操作的可逆线路中，正反向接触器之间，不仅要有电气互锁，还要有机械互锁；小容量继电器触点控制大容量接触器线圈时，要计算继电器通断容量，如容量不够，要加小容量接触器或中间继电器；设置过载、短路、过电流、过电压、失电压等保护。

注意：交流控制线路中，两个线圈不能串联。因为交流电路中，加在串联线圈上的电压按阻抗大小分配，交流阻抗大小和磁路有关。即使外加电压正好为两个电器线圈额定电压之和，但两个电器动作总是有先后，不可能同时吸合。如果其中之一先吸合，则它的磁路闭合，线圈电感显著增加，线圈上压降增大，使另一个接触器线圈达不到动作电压，所以线路不能可靠工作。

3. 简便性

尽量选用标准的常用的控制线路；尽量减少电器数量，采用标准件和相同型号的电器；尽量减少导线数量，缩短导线长度；减少不必要的触点；控制线路工作时，尽量减少通电电器；为使操作方便，应采用多地控制，并设点动控制。

三、电力拖动的设计方法

（1）经验设计法：利用现有的典型电气控制环节，修改补充及综合加工得到，此法广泛应用。

（2）逻辑设计法：利用逻辑知识设计线路。

四、电力拖动设计时应有的保护环节

1. 短路保护

电动机绕组和导线的绝缘破坏或线路发生故障时都会造成短路现象，产生的短路电流会引起设备绝缘损坏、电气设备破坏以及火灾等，所以线路发生短路时必须迅速切断电源。常用的短路保护元件有熔断器和低压断路器。

2. 过载保护

对于三相异步电动机常用热继电器作过载保护，由于热惯性原因，热继电器不会受电动机短时冲击或短路电流影响瞬时动作，所以使用热继电器作过载保护时，还必须设置短路保护，并且短路保护的熔断器熔体电流不超过 4 倍热继电器热元件电流。

3. 过电流保护

常用于直流电动机和绕线式异步电动机，对笼型异步电动机，由于短时大电流不会对电动机本身产生严重后果，可不设过电流保护。

过电电流常常是由于不正确启动和过大负载引起，一般较短路电流小，在电动机运行过程中产生过电流的可能性较发生短路的可能性大。

常用过电流继电器作过电流保护，同时起短路保护作用，过电流继电器的整定值常为启动电流的 1.2 倍。

4. 断相保护

电动机运行过程中，由于电网故障或一相熔断器熔断引起三相电源缺一相，电动机在缺相电源中低速运转或堵转，定子电流很大，是造成电动机绝缘及绕组烧损的常见故障之一，所以电动机应设断相保护。断相保护可由带断相保护功能的热继电器实现。

5. 零压欠电压保护

电动机运行过程中，如电源电压因某种原因消失，那么电源电压一旦恢复，电动机将自启动，这可能造成人身、设备安全事故；同时，对电网而言，许多电动机和用电设备同时启动也会引起不允许的过电流及电网瞬间电压下降，所以为了防止电网电压失电后恢复供电时电动机自行启动的保护环节，这种保护环节叫零压保护，一般用零压继电器进行零压保护。

电动机运行时，电源电压过低将引起一些电器释放，造成控制线路工作不正常，甚至发生事故；电网电压过低，负载不变，会造成电动机电流增大，引起电动机发热，严重时烧坏电动机，所以电源电压降低到允许值以下时需采用保护及时切断电源，常用欠电压继电器作欠电压保护。

许多控制电路中，利用按钮，接触器的自锁作用，也可完成电动机的零压和欠电压保护，不必另设继电器作保护。

6. 弱磁保护

对直流电动机而言，如果启动时磁场太弱，电动机的启动电流将很大；运行过程中，如果磁场太弱或消失，电动机转速会迅速升高甚至发生飞车，所以直流电动机需设弱磁保护。弱磁保护可通过在磁场回路串入欠电流继电器来实现。

五、三相异步电动机启动方式

1. 直接启动

直接启动又称全压启动，即启动时电源电压全部施加在电动机定子绕组上。优点是所用电气设备少，线路简单，维修量小；缺点是启动电流大（一般是额定电流的 4～7 倍），在电源变压器容量不够大，而且电动机功率较大时会导致电源变压器输出电压下降，不仅会减小电动机本身的启动转矩，而且会影响同一供电线路中其他设备的正常工作。

2. 降压启动

启动时将电源电压降低一定数值后再施加到电动机定子绕组，待电动机转速接近同步速后，再使电动机在电源电压下运行。优点是减小了启动对电源电压、自身电机和其他设备的影响；缺点是启动转矩大为下降，只适合空载或轻载启动，而且所用电气设备多，线路复杂，维修量大。

3. 软启动

施加到电动机定子绕组上的电压从零开始按预设的关系逐渐上升，直到启动过程结束，再使电动机在全电压下运行。

【实际操作】

针对前面学习的各种控制电路，结合本次课的学习，具体说明常用电力拖动控制电路的设计方法，为完成本课程设计奠定基础。

【任务评价】

温馨提示

完成【知识准备】、【实际操作】后，进入总结评价阶段。评价分自评、教师评两种，主要是总结评价本次任务过程中做得好的地方及需要改进的地方等。根据评分的情况和本次任务的结果，填入表 5-1 和表 5-2。

表 5-1 学生自评表格

任务完成进度	做得好的方面	不足、需要改进的方面

表 5-2 教师评价表格

在本次任务中的表现	学生进步的方面	学生不足、需要改进的方面

【总结报告】

温馨提示

总结报告可涉及内容为本次任务的心得体会等，总之，要学会随时记录工作过程，总结经验教训，为今后的工作打下良好的基础。

任务小结

本任务主要是学习掌握电力拖动设计的一般原则；熟练掌握电力拖动设计的方法。

问题探究

一、自锁

接触器（或电流继电器或电压继电器或中间继电器）通过自身的常开辅助触头使线圈总是处于得电状态的现象称为自锁。

在接触器（或电流继电器或电压继电器或中间继电器）线圈得电后，利用自身的常开辅助触点保持回路的接通状态，一般对象是对自身回路的控制。如把常开辅助触点与启动按钮并联，这样，当按下启动按钮，接触器（或电流继电器或电压继电器或中间继电器）动作，常开辅助触点闭合，进行状态保持，此时再松开启动按钮，接触器（或电流继电器或电压继电器或中间继电器）也不会失电断开。一般来说，在启动按钮和常开辅助触点并联之外，还要在串联一个按钮，起停止作用。

二、互锁和联锁

互锁是几个回路之间，利用某一回路的辅助触点，去控制对方的线圈回路，进行状态保持或功能限制。一般用于对其他回路的控制。

联锁就是设定的条件没有满足，或内外部触发条件变化引起相关联的电气、工艺控制设备工作状态、控制方式的改变。

三、全压启动和降压启动选择原则

1. 交流电动机启动时，配电母线上的电压变化情况

《通用用电设备配电设计规范》（GB50055—1993）第 2.3.2 条交流电动机启动时，配电母线上的电压应符合下列规定。

（1）在一般情况下，电动机频繁启动时，不宜低于额定电压的 90%；电动机不频繁启动时，不宜低于额定电压的 85%。

（2）配电母线上未接照明或其他对电压波动较敏感的负荷，且电动机不频繁启动时，不应低于额定电压的 80%。

（3）配电母线上未接其他用电设备时，可按保证电动机启动转矩的条件确定；对于低压电动机，还应保证接触器线圈的电压不低于释放电压。

2. 笼型电动机和同步电动机启动方式的选择

《通用用电设备配电设计规范》（GB50055—1993）第 2.3.3 条笼型电动机和同步电动机

启动方式的选择，应符合下列规定。

（1）当符合下列条件时，电动机应全压启动：

① 电动机启动时，配电母线的电压应符合本规范第 2.3.2 条的规定；

② 机械能承受全压启动时的冲击力矩；

③ 制造厂对电动机的启动方式无特殊规定。

（2）当不符合全压启动的条件时，电动机宜降压启动，或选择其他适当的启动方式。

（3）当有调速要求时，电动机的启动方式应与调速方式相配合。

3. 全压启动和降压启动选择的一般经验

（1）电源容量在 180kVA 以上，电机容量在 7kW 以下的三相异步电动机可直接启动。

（2）满足下列条件可全压启动否则必须降压启动

$$\frac{I_{st}}{I_N} \leqslant \frac{3}{4} + \frac{S}{4P}$$

式中，I_{st} 为电动机全压启动电流，A；I_N 为电动机额定电流，A；S 为电源变压器容量，kVA；$4P$ 为电动机功率，kW。

任务2　电力拖动课程设计

学习目标

① 了解课程设计的概念；

② 熟知课程设计的过程；

③ 熟知设计报告的格式、内容；

④ 明确本次课程设计的题目；

⑤ 独立完成本次课程设计。

工作任务

了解课程设计的概念；熟知课程设计的过程；熟知设计报告的格式、内容；然后明确本次课程设计的题目；最后独立完成本次课程设计。

任务实施

【知识准备】

一、课程设计的概念

课程设计（Practicum）：是某一课程的综合性实践教学环节，一般是完成一项涉及本课程主要内容的综合性、应用性的开发题目、设计图纸等。

二、课程设计的过程

首先，领取课程设计任务；其次，认真阅读、理解设计任务，明确设计的目的；第三，建立自己的设计思路和方向。切忌盲从！第四，查阅资料，完成自己的设计方案；第五，实施，（1）编写设计报告—杜绝抄袭！（2）绘制完整准确的图纸（一般应包括原理图、位置图和接线图）（3）完成相关电机、低压电器、导线等材料的选取（4）完成配盘（5）在老师的监督、指导下试车，并发现和完善自己的设计（包括设计图、配盘和设计报告等）（6）准备答辩（相关知识的准备、相关问题的准备以及答辩用 PPT 的准备）第六，答辩。

三、设计报告的格式

（1）纸张：A4，页边距上、下 2.0cm，左、右 3.0cm，装订线在左侧。

（2）打印：双面打印。

（3）课程设计首页如图 5-1 所示。

（4）课程设计目录如图 5-2 所示。

（5）课程设计正文如图 5-3 所示。

（6）参考文献页如图 5-4 所示。

（7）课程设计尾页如图 5-5 所示。

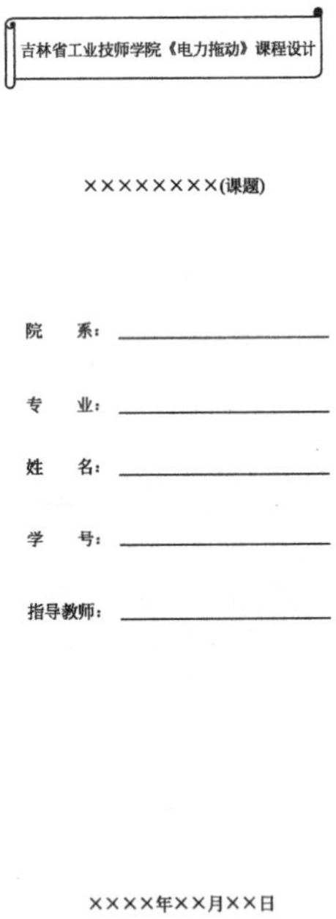
吉林省工业技师学院《电力拖动》课程设计

××××××××(课题)

院　系：________

专　业：________

姓　名：________

学　号：________

指导教师：________

××××年××月××日

图 5-1　课程设计首页

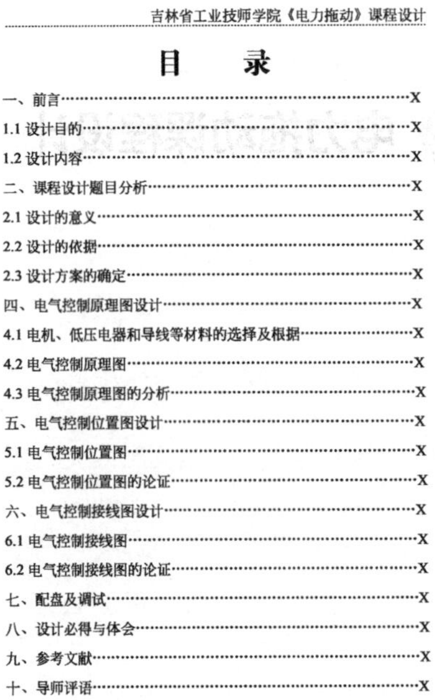
吉林省工业技师学院《电力拖动》课程设计

目　录

一、前言……X
1.1 设计目的……X
1.2 设计内容……X
二、课程设计题目分析……X
2.1 设计的意义……X
2.2 设计的依据……X
2.3 设计方案的确定……X
四、电气控制原理图设计……X
4.1 电机、低压电器和导线等材料的选择及根据……X
4.2 电气控制原理图……X
4.3 电气控制原理图的分析……X
五、电气控制位置图设计……X
5.1 电气控制位置图……X
5.2 电气控制位置图的论证……X
六、电气控制接线图设计……X
6.1 电气控制接线图……X
6.2 电气控制接线图的论证……X
七、配盘及调试……X
八、设计必得与体会……X
九、参考文献……X
十、导师评语……X

图 5-2　课程设计目录

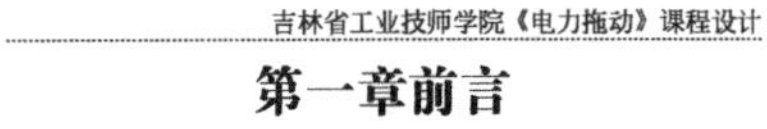
吉林省工业技师学院《电力拖动》课程设计

第一章前言

图 5-3　课程设计正文

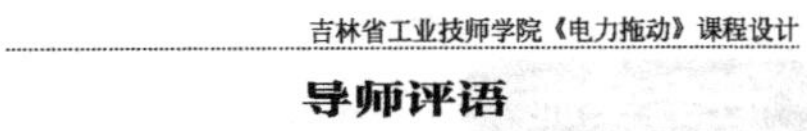
吉林省工业技师学院《电力拖动》课程设计

导师评语

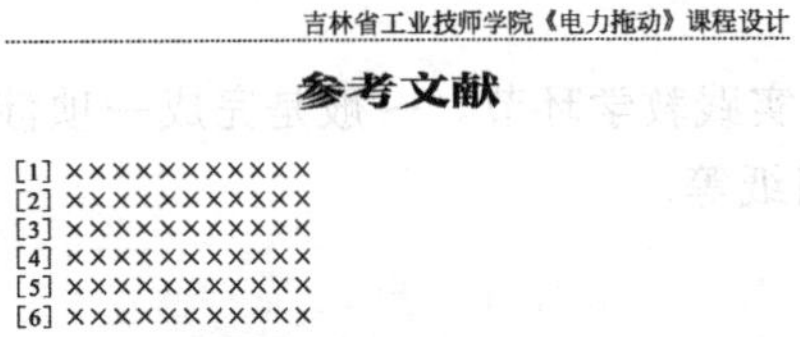
吉林省工业技师学院《电力拖动》课程设计

参考文献

[1] ×××××××××××
[2] ×××××××××××
[3] ×××××××××××
[4] ×××××××××××
[5] ×××××××××××
[6] ×××××××××××

图 5-4　参考文献页　　　　图 5-5　课程设计尾页

【课程设计指导书】

要完成好电力拖动的设计任务，除掌握必要的电力拖动设计基础知识外，还必须经过反复实践，深入生产现场，将不断积累的经验应用到设计中来。课程设计正是为这一目的而安排的实践性教学环节，它是一项初步的工程训练。通过课程设计，了解一般电力拖动的设计要求、设计内容和设计方法。电力拖动设计包含原理设计和工艺设计两个方面，不能忽视任何一面，对于应用型人才更应重视工艺设计。课程设计虽然属于练习性质，但是也应当考虑设计结果在生产中的可行性，进而培养学生理论联系实际的能力，从而达到与企业无缝对接，最大限度地避免培养出一些“华而不实”的“技术工人”。

一、本课程设计的目的

本课程设计的主要目的之一是通过某一生产设备的电气控制装置的设计实践，了解一般电力拖动的设计过程、设计要求、应完成的工作内容和具体设计方法。通过设计也有助于复习、巩固以往所学的知识，达到灵活应用的目的。电力拖动设计必须满足生产设备和生产工艺的要求，因此，设计之前必须了解设备的用途、结构、操作要求和工艺过程，在此过程中培养从事设计工作的整体观念。

本课程设计的主要目的之二是强调能力培养，在独立完成设计任务的同时，还要注意其他几方面能力的培养与提高，如理论联系实际的能力，市场（企业）实际情况的调研、分析能力，独立工作能力与创造力，综合运用专业及基础知识解决实际工程技术问题的能力，查阅图书资料、产品手册和各种工具书的能力，工程绘图的能力，书写技术报告和编制技术资料的能力等。

二、设计要求

在课程设计中，学生是主体，应充分发挥他们的主动性和创造性。教师的主要作用是引导其掌握完成设计内容的方法。

为保证顺利完成设计任务还应做到以下几点。

（1）在接受设计任务后，应根据设计要求和应完成的设计内容制定进度计划，确定各阶段应完成的工作量，妥善安排时间。

（2）在方案确定过程中应主动提出问题，以取得指导教师的帮助，同时要广泛讨论，依据充分。在具体设计过程中要多思考，尤其是主要参数，要经过计算论证和实验检验。

（3）所有电气图样的绘制必须符合国家标准，包括线条、图形符号、项目代号、回路标号、技术要求、标题栏、元器件明细表以及图样的折叠和装订。

（4）说明书要求文字通顺、简练，字迹端正、整洁。

（5）应在规定的时间内完成所有的设计任务。

（6）应对自己的设计线路进行试验论证，考虑进一步改进的可能性。

三、设计任务

课程设计要求是以设计任务书的形式表达，设计任务书应包括以下内容。

（1）设备的名称、用途、基本结构、动作原理以及工艺过程的简要介绍。

（2）拖动方式、运动部件的动作顺序、各动作要求和控制要求。

（3）联锁、保护要求。

（4）照明、指示、报警等辅助要求。

（5）应绘制的图样。

（6）说明书要求。

原理设计的中心任务是绘制电气原理图和选用电器元件。工艺设计的目的是为了得到电气设备制造过程中需要的施工图样。图样的类型、数量较多，设计中主要以电气设备总体配置图、电器板元器件布置图、控制面板布置图、接线图、电气箱以及主要加工零件（电器安装底板、控制面板等）为练习对象。原理图及工艺图样均应按要求绘制，元器件布置图应标注总体尺寸、安装尺寸和相对位置尺寸。接线图的编号应与原理图一致，要标注组件所有进出线编号、配线规格、进出线的连接方式（采用端子板或接插板）。

四、设计方法

在具体的电力拖动设计方面应按原理设计和工艺设计两方面进行。

1. 原理图设计的步骤

（1）根据要求拟定设计任务。

（2）根据拖动要求设计主电路。在绘制主电路时，可考虑以下几个方面。

① 每台电动机的控制方式，应根据其容量及拖动负载性质考虑其启动要求，选择适当的启动线路。对于容量小（7.5kW 以下）、启动负载不大的电动机，可采用直接启动；对于大容量电动机应采用降压启动。

② 根据运动要求决定转向控制。

③ 根据每台电动机的工作情况，决定是否需要设置过载保护或过电流控制措施。

④ 根据拖动负载及工艺要求决定停车时是否需要制动控制，并决定采用何种控制方式。

⑤ 设置短路保护及其他必要的电气保护。

⑥ 考虑其他特殊要求：调速要求、主电路参数测量、信号检测等。

（3）根据主电路的控制要求设计控制回路，其设计方法如下所示。

① 正确选择控制电路电压种类及大小。

② 根据每台电动机的启动、运行、调速、制动及保护要求依次绘制各控制环节（基本单元控制线路）。

③ 设置必要的联锁（包括同一台电动机各动作之间以及各台电动机之间的动作联锁）。

④ 设置短路保护以及设计任务书中要求的位置保护（如极限位、越位、相对位置保护）、电压保护、电流保护和各种物理量保护（温度、压力、流量等）。

⑤ 根据拖动要求，设计特殊要求控制环节，如自动抬刀、变速与自动循环、工艺参数测量等控制。

⑥ 按需要设置应急操作。

（4）根据照明、指示、报警等要求设计辅助电路。

（5）总体检查、修改、补充及完善。主要包括以下内容。

① 校核各种动作控制是否满足要求，是否有矛盾或遗漏。

② 检查接触器、继电器、主令电器的触点使用是否合理，是否超过电器元器件允许的数量。

③ 检查联锁要求能否实现。

④ 检查各种保护能否实现。

⑤ 检查发生误操作所引起的后果与防范措施。

（6）进行必要的参数计算。

（7）正确、合理地选择各电器元器件，按规定格式编制元件目录表。

(8) 根据完善后的设计草图，按电气制图标准绘制电气原理线路图，按《电气技术中的项目代号》要求标注器件的项目代号，按《绝缘导线的标记》的要求对线路进行统一编号。

2. 工艺设计步骤

(1) 根据电气设备的总体配置及电器元件的分布状况和操作要求划分电器组件，绘制电气控制系统的总装配图和接线图。

(2) 根据电器元器件的型号、外形尺寸、安装尺寸绘制每一组件的元件布置图。

(3) 根据元器件布置图及电气原理编号绘制组件接线图，统计组件进出线的数量、编号以及各组件之间的连接方式。

(4) 绘制并修改工艺设计草图后，使可按机械、电气制图要求绘制工程图。最后按设计过程和设计结果编写设计说明书及使用说明书。

【课程设计题目】

一、CA6140 普通车床

二、X62W 万能铣床

三、枪式手电钻

四、普通台式专床

五、Z3040 摇臂钻

六、高层楼房供水

温馨提示

以上题目建议由老师指定，尽量因人而异，最好在学生中穿插进行，这样既可达到分层教学的目的（即优者高要求、一般者普通要求，尽量做到各取所需、各有定位），又可最大限度地杜绝抄袭。

【准备并完成答辩】

温馨提示

注意观察学习他人优点，沉着冷静面对答辩。

【任务评价】

温馨提示

完成【知识准备】【本次课程设计的指导书】【课程设计题目】【准备并完成答辩】后，进入总结评价阶段。评价分自评、教师评两种，主要是总结评价本次课程设计中做得好的地方及需要改进的地方等。根据评分的情况和本次任务的结果，填入表 5-3 和表 5-4。

表 5-3 学生自评表格

任务完成进度	做得好的方面	不足、需要改进的方面

表 5-4 教师评价表格

在本次任务中的表现	学生进步的方面	学生不足、需要改进的方面

【写总结报告】

温馨提示

总结报告可涉及内容为本次任务，本次课程设计及答辩的心得体会等，总之，要学会随时记录工作过程，总结经验教训，为今后的工作打下良好的基础。

任务小结

本任务主要是学习掌握电力拖动设计的一般原则；熟练掌握电力拖动设计的方法。

问题探究

继电器-接触器控制系统设计的基本步骤

一、明确任务

通过拟订和落实设计任务书等手段，明确该控制系统的设计任务：系统的用途、工艺过程、动作要求、传动参数、工作条件，还要明确以下主要技术经济指标。

（1）电气传动基本要求及控制精度。

（2）项目成本及经费限额。

（3）设备布局，控制箱（盒、板、箱、盘、柜、台、屏）的布置，操作照明、信号指示、报警方式等的要求。

（4）工期进度、验收标准及验收方式。

二、技术调研

1. 技术准备

查阅、收集、比较、研究有关的资料：标准、规范、规程、规定、文献、书刊、情报及其他材料。

2. 开展调研

通过现场调研、生产调研、市场调研、用户调研等技术调研手段，与软件资料相互比较，构思和研讨系统结构和主要环节，综合而成可供选择的意向方案和规划。

三、系统初步方案

（1）选定初步设计方案，确定系统组成、电力拖动型式、控制方式，明确主要环节结构、功能及其关系。

（2）选择电动机的容量、类型、结构形式以及数量等。方案中应尽可能采用新技术、新器件和新的控制方式。

四、技术设计

设计并绘制电气控制系统图、原理图，接线图；选择设备、元件，编制元器件目录清单；编写技术说明书。

这一阶段，是“继电器-接触器控制系统设计”的主要阶段。通常设计步骤如下所示

（1）首先设计各控制环节中拖动电动机的启动、正反转运转、制动、调速、停机的主电路和执行元件的电路。

（2）接着设计满足各电动机运转功能，和与工作状态相对应的控制电路。

（3）然后连接各单元环节，构成满足整机生产工艺要求，实现加工过程所需的自动/半自动和调整功能要求的控制电路。

（4）再来设计保护、联锁、检测、信号和照明等环节的控制电路。

（5）最后全面检查所设计的电路，力求完善整个控制系统。特别注意在工作过程中不应因误动作或突然失电等异常情况，致使电气控制系统产生事故。

总之，设计电力拖动电路时，应反复全面地检查。在有条件的情况下，应进行模拟试验，进一步完善所设计的电气控制电路。

五、施工设计

继电器-接触器控制系统的设计者，进入到工程阶段，该面对并协同解决生产制造和施工安装反映出来的实际工程问题。这一设计阶段中，要按步骤完成以下任务：绘制安装布置图、互连接线图、外部接线图、安装大样图；提出各种材料定额单，编制技术说明、试验验收方法等施工工艺文件。

控制系统进入总装、调试阶段后，要进行模拟负载实验、型式或系统实验，系统试车，竣工验收及全面总结。

参考文献

[1] 马志敏．电工电子技术与技能［M］．西安：西安交大出版社，2015．
[2] 马志敏．设备电气控制技术［M］．西安：西北工业大学出版社，2014．
[3] 李敬梅．电力拖动控制线路与技能［M］．北京：中国劳动社会保障出版社，2007．
[4] 李贤温．电机与控制［M］．北京：化学工业出版社，2015．
[5] 葛芸萍．电机拖动与控制［M］．北京：化学工业出版社，2014．
[6] 葛芸萍．电机调速应用技术及实训［M］．北京：化学工业出版社，2013．